工业管输压缩机典型控制逻辑解析及最佳实践

张海宁　李学亮　兰明勇　主编

西北工業大學出版社

西　安

【内容简介】 本书内容包括独山子输油气分公司压缩机运维概述、控制模块说明、机组顺控相关逻辑解读、燃机部分相关逻辑解读及对比优化、电驱系统相关逻辑解读及对比优化、压缩机部分相关逻辑解读及对比优化、辅助系统相关逻辑解读及对比优化以及站场工艺系统停机逻辑解读对比。

本书可作为工业管输压缩机相关专业逻辑初学者的指导书。

图书在版编目(CIP)数据

工业管输压缩机典型控制逻辑解析及最佳实践 /张海宁,李学亮,兰明勇主编. -- 西安:西北工业大学出版社,2024.12. -- ISBN 978-7-5612-9677-6

Ⅰ. TE832.3

中国国家版本馆 CIP 数据核字第 2024ZJ3307 号

GONGYE GUANSHU YASUOJI DIANXING KONGZHI LUOJI JIEXI JI ZUIJIA SHIJIAN

工业管输压缩机典型控制逻辑解析及最佳实践

张海宁　李学亮　兰明勇　主编

责任编辑: 杨　兰　　**策划编辑:** 孙显章

责任校对: 成　瑶　　**装帧设计:** 高永斌　董晓伟

出版发行: 西北工业大学出版社

通信地址: 西安市友谊西路 127 号　　**邮编:** 710072

电　　话: (029)88493844,88491757

网　　址: www.nwpup.com

印 刷 者: 西安五星印刷有限公司

开　　本: 787 mm×1 092 mm　　1/16

印　　张: 17.875

字　　数: 446 千字

版　　次: 2024 年 12 月第 1 版　　2024 年 12 月第 1 次印刷

书　　号: ISBN 978-7-5612-9677-6

定　　价: 120.00 元

《工业管输压缩机典型控制逻辑解析及最佳实践》

编 委 会

主　编　张海宁　李学亮　兰明勇

编　者　张海宁　李学亮　兰明勇　葛建刚　李星星
袁　博　罗易洲　周　圆　高　鹏　官明俊
顾奕新　黄　川　刘飞宇　刘　鑫　刘　旭
李执凯　聂　磊　王　旭　魏振翰　岳　超
张文博　吾尔坎·黑那牙提

前　　言

国家管网集团联合管道有限责任公司西部分公司独山子输油气分公司，置身于“丝绸之路经济带”核心区域，地处西部油气能源战略大通道的“龙头”位置，运营管理着21台（套）天然气压缩机组。保障天然气压缩机组平稳、高效、安全运行，是独山子输油气分公司全体员工的不懈追求。

机组控制系统是机组的核心和大脑，燃驱机组的控制系统尤为复杂。独山子输油气分公司技术人员在压缩机控制系统维护检修技术方面，始终坚持学习、消化、吸收和创新，在自主创新和升级优化方面积累了一定经验。为了做好传承，特编写了本书，供读者学习和参考。

工业管输天然气压缩机组是西气东输的核心加压输气设备，机组控制系统主要以进口设备为主，且各控制系统均有不同特点。在长时间的使用过程中，现场运维人员针对控制系统逻辑进行了梳理和解读，对存在隐患和不足的逻辑进行了优化。本书以西二、三线在用的通用电气（GE）燃驱压缩机组、GE电驱压缩机组、西门子燃驱压缩机组、沈鼓电驱压缩机为典型压缩机组代表，针对机组的运行情况以及所使用的控制系统软件进行了介绍和说明，对机组的顺控逻辑进行了详细解读，对航改型燃机控制逻辑、电驱机组控制逻辑、压缩机控制逻辑以及机组辅助系统控制逻辑进行了解读和分析，结合现场的长期运用实践情况，总结出各类机型的逻辑特点，给出相关最佳的优化建议，同时对给出的4类机型相同系统逻辑进行比对、分析，为读者提供现场使用经验和理论依据，给出最佳使用建议。

本书共分8章，主要对不同类型机组各系统逻辑进行了梳理、对比。第1章概述独山子输油气分公司压缩机运维情况，第2章针对控制模块进行说明和解读，第3章针对机组顺控相关逻辑进行解读，第4章针对燃机部分相关逻辑进行解读及对比优化，第5章针对电驱系统相关逻辑进行解读及对比优化，第6章针对压缩机部分相关逻辑进行解读及对比优化，第7章针对机组辅助系统相关逻辑进行解读及对比优化，第8章针对站场工艺系统停机逻辑进行解读对比。本书内容均由独山子输油气分公司压缩机技术人员解读编制，可作为工业管输压缩机相关专业逻辑初学者的指导书。

本书由张海宁负责第1章和第8章内容的编写，李学亮负责第2～4章内容的编写，兰明勇负责第5～7章内容的编写。

在编写本书的过程中，笔者得到了国家管网集团西部管道公司独山子输油气分公司各级领导和广大技术人员的大力支持和帮助，也参阅了相关文献资料，在此一并表示衷心感谢！

本书所涉及的内容均由国家管网集团西部管道公司独山子输油气分公司压缩机专业技术人员，根据现场使用和实践情况编写。由于水平有限，书中难免存在疏漏和不足之处，敬请广大读者批评指正，以便不断改进完善。

编　者

2024年7月

目　　录

第 1 章　独山子输油气分公司压缩机运维概述

1.1　GE 燃驱压缩机组概述

1.1.1　概述

本节主要讲述 PGT25 PLUS SAC/PCL803 燃气轮机/压缩机组启动前的启动模式选择、启动过程检查、正常运行检查、停机模式、机组切换、主要参数、运行监视及有关操作、维护标准和注意事项。

本节内容适用于西部管道公司独山子输油气分公司所安装的由美国通用电气新比隆公司(GE/NP 公司)生产的 PGT25 PLUS SAC/PCL803 燃气轮机/压缩机组的运行与维护操作。

1.1.2　引用标准

本标准引用美国通用电气公司(GE 公司)标准 GEK 95977、GEK 97310,PGT25 PLUS 燃气发生器操作维护手册,PCL803 离心式压缩机操作维护手册,PGT25 PLUS SAC/PCL804N 控制手册,可供燃气轮机/压缩机组的运行人员和维护人员及其他有关人员学习、参考。

1.1.3　一般说明

1.1.3.1　机组说明

PGT25 PLUS SAC＋HSPT 燃气轮机是由 GE/NP 公司生产的带有 17 级高压压气机的双轴燃气轮机,该燃气轮机安装有单一的环形燃烧室和二级高速动力涡轮。燃气轮机/压缩机组基本结构示意图如图 1－1 所示。

高速动力涡轮(HSPT)通过一根连轴器和燃气轮机的动力涡轮输出端通过法兰连接在一起。动力涡轮在燃气发生器排放气体的驱动下转动,同时带动压缩机旋转,压缩机将天然气从上游泵至下游,进行长距离的天然气输送。

燃气轮机被安装在一个箱体内,该箱体是带有消声装置的钢结构的箱体。箱体内除安装有燃气轮机以外,还安装有消防灭火系统,以防止机组在运行时发生火灾。箱体内还带有通风系统和箱体内照明系统。

图 1-1 燃气轮机/压缩机组基本结构示意图

本机组属于低功率范围，在标准状态下，动力涡轮转速在 6 100 r/min 时的功率约为 31 364 kW(约等于 42 000 hp)。

1.1.3.2 燃气轮机的运行数据

(1)T2(℃)：入口温度

①怠速：4.4～21.1 ℃。

②最大功率：4.4～21.1 ℃。

③最大运转限定：无。

(2)P2(kPa，绝对值)：入口压力

①怠速：99.97～102.04 kPa。

②最大功率：99.97～102.04 kPa。

③最大运转限定：无。

(3)NGG(r/min)：燃气发生器转速

①怠速：5 900～6 100 r/min。

②最大功率：9 150～9 600 r/min。

③最大运转限定：10 050 r/min(在 T2＝14.9 ℃ NGG 限定)。

④若 T2 在－12.2～48.8 ℃范围内，则 NGG 限定为 9 563～10 100 r/min，停车限定为 10 200 r/min。

(4)PS3(kPa，绝对值)：压缩机排气压力

①怠速：275.8～379.2 kPa。

②最大功率：1 930.5～2 206.3 kPa。

③最大运转限定：3 068.3～2 309.7 kPa(停车限定为 2 585.5 kPa，绝对值)。

(5)T3(℃)：压气机排气温度

①怠速：140.6～184.9 ℃。

②最大功率：446.1～476.6 ℃。

③最大运转限定：501.6 ℃。

(6)BTU/Ib(44.162 kJ/kg):气体燃料

①怠速:544.3～680.4 kJ/kg。

②最大功率:5 170.9～6 485.4 kJ/kg。

③最大运转限定:无。

(7)PT5.4(kPa,绝对值):动力涡轮入口压力

①怠速:117.2～131.0 kPa。

②最大功率:413.7～482.6 kPa。

③最大运转限定:无。

(8)T5.4(℃):动力涡轮入口温度

①怠速:621.1～732.2 ℃。

②最大功率:790.6～826.7 ℃。

③最大运转限定:834.9 ℃(在 3 600 r/min 的动力涡轮上面限定为 834.9 ℃,停车限定为 871.1 ℃)。

(9)VSV 度:可变定子叶片位置角度

①怠速:30°～34°。

②最大功率:4°～8°。

③最大运转限定:无。

(10)润滑油供油压力(kPa)

①怠速:55.2～103.4 kPa。

②最大功率:137.9～413.7 kPa。

(11)润滑油供油温度(℃)

①怠速:59.9～71.1 ℃。

②最大功率:59.9～71.1 ℃。

③最大运转限定:93.3 ℃(仅有报警)。

(12)润滑油回油压力(kPa)

①最大功率:34.4～689.4 kPa。

②最大运转限定:758.4 kPa(仅有报警)。

(13)润滑油回油温度(A/TGB 油箱,℃)

①怠速:5.5～16.6 ℃。

②最大功率:16.6～36.1 ℃。

③最大运转限定:171.1 ℃(回油温度提高到润滑油供给温度之上,警报限定为 148.9 ℃)。

(14)润滑油回油温度(B 油箱,℃)

①怠速:回油温度提高到润滑油供给温度之上,警报限定为 148.9 ℃。

②最大功率:5.5～8.3 ℃。

③最大运转限定:38.8～66.6 ℃。

(15)润滑油回油温度(油箱,℃)

①怠速:回油温度提高到润滑油供给温度之上,警报限定为 148.9 ℃。

②最大功率:5.5～22.2 ℃。

③最大运转限定:33.3～61.6 ℃。

(16)允许的最长点火时间

应用气体燃料,≥10 s。

(17)启动机最长脱开时间

90 s,NGG>4 500 r/min。

(18)到达怠速的最长时间

120 s,NGG≥6 050 r/min。

1.1.3.3 燃气发生器 LM2500+SAC 简介

如图 1-2 所示,燃气发生器由一个 17 级高压压气机(HPC)、一个单环形燃烧室、一个二级高压涡轮(HPT)、一个附加驱动系统、控制系统和附件组成。

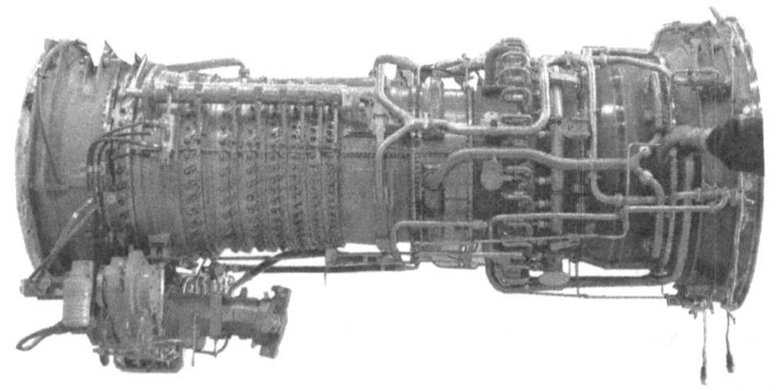

图 1-2 燃气发生器 LM2500+SAC

HPC 和 HPT 通过燃烧室连接起来。当从后面向前看时,HPT 的转子按照顺时针方向转动。高压压气机机匣和高压压气机转子组成了高压压气机组件。

进气机匣和压气机组件是燃气发生器的输入部分,结构框架是由转子、轴承、压气机定子和高压涡轮组成的支撑架。

1.1.3.4 高速动力涡轮简介

高速动力涡轮(HSPT)是一台气动连接到燃气发生器,并由燃气发生器的排气驱动的二级高速涡轮,如图 1-3 所示。

高速动力涡轮连接到由通用电气公司制造的 LM2500 PLUS 型燃气发生器,构成 LM2500 PLUS GT 型燃气轮机。

LM2500 PLUS 型燃气发生器是气动改进型燃气发生器。它配备有 17 级轴流压气机、标准或干式低排放(DLE)型燃烧系统和两级高温、高压涡轮的单轴发动机。前 8 级轴流压气机具有气动机械伺服系统控制的可变几何外形。发动机可以由天然气燃料系统或液体燃料系统供应燃料。

高速动力涡轮的工作转速范围:3 050～6 405 r/min。

标称转速(100%):6 100 r/min。

转子质量为 2 233 kg(不包括联轴节)。

图 1-3　高速动力涡轮

高速动力涡轮由一个涡轮转子、一个涡轮定子、一个涡轮排放架、一个扩散架和一个外轴承的圆筒式轴承支架组成。

1.1.3.5　PCL803 型离心式压缩机简介

通过使用 PCL803 型离心式压缩机(见图 1-4),对天然气进行压缩。再经过一台型号为 PGT25 PLUS 的燃气轮机(由 Nuovo Pignone 提供),驱动压缩机。此燃气轮机直接连到轴上,要和燃气轮机的安装基板分开。该离心式压缩机的安装基板包括润滑油储油池。

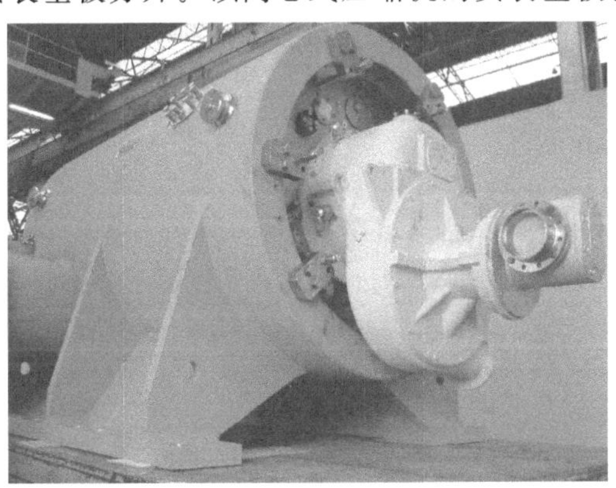

图 1-4　PCL803 型离心式压缩机

1.1.4　机组总配置

PGT25 PLUS 燃气轮机+PCL803 离心式压缩机:

①制造厂家:美国通用电气新比隆公司(GE/NP 公司)。

②型式:LM2500 型双轴航改型工业燃气轮机压缩机组。

③循环方式:简单循环。

④基本功率:31 364 kW。

⑤控制系统:Mark VIe 控制系统。

⑥燃料:天然气。

⑦旋转方向:逆时针方向(从进气侧看)。

⑧额定转速:6 100 r/min。
⑨性能:功率 31 364 kW(ISO);效率 41.1%(ISO)。
⑩排气温度:499.7 ℃(ISO)。

1.1.4.1 燃气发生器

①型式:LM2500+SAC。
②压气机:共 17 级,压比为 23∶1,前 7 级静叶片可调。
③涡轮:共 2 级,冲/反动式。
④燃烧室:单环形燃烧室,燃料喷嘴 30 个,火花塞 2 个。
⑤燃料:单燃料(天然气)。
⑥燃料气点火转速:1 700 r/min。
⑦转子自持速度:4 500 r/min。
⑧怠速:6 100 r/min。
⑨最大速度:10 500 r/min。
⑩温控运行 T48 排气温度:852 ℃。

1.1.4.2 动力涡轮

①涡轮级数:2 级。
②最高进气温度:852 ℃。
③额定运行转速:6 100 r/min。
④最大允许运行转速:6 405 r/min。
⑤跳闸转速:6 710 r/min。
⑥转速控制:通过燃气发生器的燃料量控制。

1.1.4.3 压缩机

①型式:PCL803 离心式压缩机。
②机器结构:桶型机壳,两端开口,进出口法兰垂直于轴线。
③叶轮级数:3 级。
④额定运行转速:6 100 r/min。
⑤最大允许运行转速:6 405 r/min。
⑥跳闸转速:6 710 r/min。
⑦机组额定效率:87%。
⑧轴端密封:干气密封。

1.1.4.4 辅助系统

1. 液压启动系统

①液压启动机最大工作油压:450 bar(1 bar=0.1 MPa)。
②工作方式:1 台液压泵与 1 台燃气轮机配套。
③机组清吹转速:2 200 r/min。
④机组点火转速:1 700 r/min。

液压启动机系统的作用是以可变流量和压力，使燃气发生器上安装的液压启动发动机运转，并通过齿轮传动装置带动压气机转动，达到启动目的。

高压液压油由一台三相电机带动的柱塞式液压泵产生。

流速是由一个安装在泵上的比例控制阀 90HS－1 调节，而液压油压力则由安装在环路里的系列最大压力阀控制。液压油的清洁由微纤维滤芯过滤器 FSA－1、TSA－1 进行。

最后，系统根据基本的参数通过安装的一系列适合操作环境的子系统和模拟仪器得到监控。

(1)液压启动机的启动程序

首先满足以下条件。

1)泵电机 88CR－1 得电。

2)手动阀打开。

上述条件满足后，柱塞式液压泵斜盘角度为零，即在流量为零的情况下进行泵预热，并随时可以启动。

(2)液压启动系统启动

1)在液压启动机被启动后，机组控制屏(UCP)就会按顺序启动泵电机 88CR－1。

2)在油箱达到了规定的温度值后，安装在 HP(高压)管线上的自动隔离阀 20HS－1 上的启动机将在电机启动后打开最少 15 s，因为 HP 隔离阀由弹簧关闭并需要 70 bar(1 bar＝100 kPa)的油压进入才能打开。

3)2 s 后，由于 20HS－1 电磁阀得电，泵斜盘被信号瞬变移动到 90HS－1 伺服阀门驱动器处。一个较慢的信号使发动机以 0.5%～1%的增速到达 300 r/min，再以一个较快的信号使发动机以 2%～3%的增速到达冷拖转速。

4)在达到冷拖转速后，发动机转速将保持一段时间，以对发动机通道进行清吹，启动机对发动机的转速反馈进行调节，以使发动机保持这个清吹转速。

5)清吹阶段结束后，通过一个缓慢的瞬变信号使液压泵斜盘角度缓慢减小，以 0.5%～1%的速率使发动机降速。在降速过程中，启动机降速比发动机快，因此，离合器脱开。然后又重新加速，等发动机降速到达点火转速，发动机点火成功后增大转速，直到发动机转速到达 4 300 r/min，启动机脱开，当发动机转速到达 4 600 r/min 时，启动电机切断。

(3)液压启动系统空挡位置

液压启动系统在上述的极限条件下出现空挡位置，当出现空挡位置时，斜盘在 15%～20%s^{-1} 的比率后停留在空挡位置，斜盘位置不会继续减小。

HP 隔离阀 20HS－1 在液压启动位置时最少关闭 15 s。

(4)液压启动系统的监控

液压启动系统配置有以下监控和保护仪器。

1)启动机超速。当启动机转速探头 77HS－1、77HS－2 监测到启动机转速高于 5 400 r/min(高于启动机设计转速 4 500 r/min 的 120%)时，启动机切断。

为了最大限度地降低由于离合器故障而重新啮合造成启动机的损坏，逻辑会在启动机脱开后，启动顺序结束时进行检查，当离合器脱开后，启动机的转速将降到零。

在启动机空挡后 20 s，由 77HS－1、77HS－2 探测到的启动机的转速大于 900 r/min（启动机最高设计转速 4 500 r/min 的 20%），则离合器会重新啮合并造成停机。

2）过滤器检测。若压力变送器 PDIT－370、PDIT－376 检测到过滤器压差达到报警值则会发出报警。

3）仪器故障逻辑。若离合器润滑油温度传感器 TE－370A、TE－370B 检测出超出逻辑范围外的故障，则会发出报警。

若负责启动机速度探头 77HS－1、77HS－2 检测出故障则会发出报警，故障条件是当离合器重新啮合时，启动机速度与燃气发生器速度之间有超过 50 r/min 的差别，例如，当发动机由启动机驱动时。离合器与燃气发生器之间的辅助齿轮转速 r/min 的换算系数为 1。

2. 燃料气系统

①燃料气温度：比燃料气露点高 28 ℃。

②燃料气进口压力：最低压力范围为 27～33 bar。

③燃料气系统分成两大部分：燃料气辅助系统，在基板上的燃料气系统。

燃料气需要进行处理，才能达到正确运行所需要的压力和温度的条件，以及消除或降低气体中的固相及液相物。

为了达到上述要求，在箱体的燃料气系统之前安装了一套燃料气辅助系统。

在燃料气辅助系统上安装有传送器 71GF－1A/B 的双级旋风分离器。该分离器具有控制排放的功能，安装有一台电加热器 23FG－1、压力控制阀及压力变送器。

燃气旋风分离器分成上、下两部分。燃气先被导入下部的离心分离器，气体切向进入，在离心力作用下，任何固态或液态物质都能从气体中分离出去。从气体中分离出来的液体受油位指示器 71GF－1A/B 的连续不断的监控，若液位过高或过低，则该指示器都可控制排放阀打开和关闭。燃气经过第一级旋风分离后进入第二级处理，即进入上部的过滤器，过滤器可将更小的固态物质处理掉。

为了使燃料气达到最佳温度条件，燃气被导入电加热器 23FG－1 内，该装置会在燃气温度高于 35 ℃时将加热器切断。

燃料气在辅助系统处理完成后进入在基板上的燃料气系统。

基板上的燃料气系统由以下部件组成：燃料气切断阀 FG－1 和 FG－2、燃料气计量阀 VGC－1、放空阀 20VG－1、温升阀 20VG－2。

燃气经过 30 个单一的燃料气喷嘴被喷入一个单一的环形燃烧室，在燃烧室头部由旋流器所形成的燃气涡流杯中混合并燃烧。

计量阀的阀位由伺服阀 90GC－1 和电机控制器来控制。

燃料气切断阀 FG－1FG－2 依靠自身的燃料气来开启和关闭。

三位电磁阀通过来自控制面板的信号控制：当它工作时，燃气流从燃气母管到截止阀，操作活塞打开截止阀；当它不工作时，任何可能集聚在燃气管中的燃气都会通过放空管道排放到大气中去。

3. 主滑油（矿物油）系统

本系统提供经过冷却、过滤后的有合适的压力和温度的矿物润滑油，为动力涡轮的前、后轴承和止推轴承提供润滑油，为压缩机的前、后轴承和止推轴承提供润滑油，为压缩机主滑油泵传动齿轮箱提供润滑油。

①主滑油：矿物油 PRESLIA 32。

②辅助油泵：交流电机驱动油泵。

③紧急油泵：直流电机驱动油泵。

在机组符合启动条件并收到启动指令后，启动程序被执行，在 0～10 s 内辅助滑油泵被启动，矿物油辅助泵电机 88M1 启动，滑油被吸入油泵 PL－2 并通过管路经过一孔板，单向阀及手阀到达滑油温度控制阀 TCV110 进口。在辅助滑油泵 PL－2 出口管路上安装有辅助油泵出口压力表 PI117，以测量辅助滑油泵 PL－2 出口压力。在辅助滑油泵出口管路上安装有一旁通管路，旁通管路上安装有一孔板，孔板直径为 2 mm，在孔板下游安装有观察窗 F0177。滑油经观察窗流回油箱。此旁通管路的作用为通过观察窗检查辅助滑油泵的工作情况。

在辅助滑油泵出口至滑油温度控制阀进口还安装有孔板 F0110，孔板直径为 28 mm。

在辅助滑油泵出口管路上还安装有压力控制阀 PCV112，压力控制阀 PCV112 感受双联滑油滤 FL－1A/1B 后的压力，当压力达到 175 kPaG(1 kPaG＝0.001 MPa)时，压力控制阀工作，将多余滑油泄放回油箱，以保证双联滑油滤后压力。

滑油温度控制阀 TCV110 接受来自滑油冷却器出口滑油及主滑油泵/辅助滑油泵出口滑油，通过 TCV110 调节，温度控制阀 TCV110 设定出口温度为 55 ℃，两路滑油在温度控制阀中按一定比例混合，以达到出口温度控制在 55 ℃，滑油温度控制阀为一气功控制阀，控制动力为仪表气。

滑油经滑油温度控制阀出口到达双联滑油滤 FL－1A/1B，滑油经过双联滑油滤中的任一个油滤过滤，当油滤两端压差 PDIT107 达到 170 kPa 时，会发出一个报警，运行人员可以就地切换滤芯，并可在任何运行状态下更换滤芯，该双联滑油滤的切换把柄在任何位置，滑油的流量都在 100%，双联滑油滤出口管路上安装有滑油温度传感器 TE105/A－B，当滑油温度低于 35 ℃时，TE105A/B 会发出一个低报警。当滑油温度达到 72 ℃时，TIT105A/B 会发出一个高报警，矿物油冷却器辅助风扇电机启动，当 TE105AB 达到 79 ℃高高报警时，机组执行正常停机 SD。当滑油温度达到 79 ℃时，机组执行紧急停机 SD。

在双联滑油滤上还安装有一 3/4 英寸管，该管从正在运行的滤中引出滑油，通过一直径为 3 mm 的孔板再流经一观察窗 FG119 后直接返回油箱，此观察窗的作用是检查油滤工作情况。

当动力涡轮(PT)转速达到最小运行转速时，也就是说当机组准备加负荷条件时，辅助滑油泵 88MQA－1 停止。这时被压缩机驱动的主滑油泵 PL－1 已经达到供油能力，接替辅助滑油泵工作。

主滑油泵从油箱吸入滑油，出口滑油经一单向阀和一手阀到达温度控制阀 TCV110 入口，以后流经路线同辅助滑油泵流经路线。

在主滑油泵 PL－1 出口安装有一旁通单向阀及主泵旁通孔板 FO116，孔板直径为 2 mm。通过孔板的滑油流经观察窗 FG175 后返回油箱。此观察窗的作用是检查主滑油泵工作情况。

在主滑油泵出口还安装有主泵出口滑油压力表 PI114,压力表安装于现场,还安装有主泵出口安全阀 PSV115,该阀为机械控制阀,设定压力为 1 200 kPaG。当主泵出口压力达到 1 200 kPaG 时,压力阀泄压通过观察窗 FG175 回油箱,此安全阀为保护系统安全设计。在此系统中还安装有应急滑油系统。

应急滑油系统是在被交流电驱动的电机 88MQA－1 失效的情况下启动,应急滑油泵电机使用 110 V 直流电驱动,功率为 5 kW,用于机组的冷停机。

被直流电驱动的电机 88MQE－1 带动应急滑油泵旋转,滑油被吸入油泵,出口滑油到达单独的滑油滤 FL－2,经过滤后的滑油经一带孔单向阀及一手阀供应到达动力涡轮/压缩机滑油系统。在滑油滤两端安装有压差变送器 PDIT109,当油滤压差达到 170 kPa 时,会发出一个高报警,当压差处于高报警状态时,启动程序被隔离。

在滑油滤上有一引管,在引管上安装有一直径为 3 mm 的孔板及一观察窗,以观察应急滑油滤的工作情况。

在油箱顶部还安装有滑油加油口及油箱检查盖,通过检查盖能观察到油箱内部状况及通过检查盖清理油箱。

矿物油泵的逻辑描述如下。

(1)油箱运行

1)滑油箱加满符合等级的油。

2)检查液位。

3)检查油箱的加热器油箱温度在 25～40 ℃。

4)辅助油泵出口阀打开。

5)检查辅助油泵电源、应急泵、分离器冷却器电源。

6)检查燃机、压缩机驱动是准备好的。

7)检查滑油滤滤芯。

8)检查滑油滤的出口及排污口。

9)检查油冷器的排污阀关。

10)检查压力表,压差和变送器开。

(2)油泵和运行

1)系统供应主滑油(经过冷却和过滤的),温度和压力合适的润滑油到设备各个润滑点。

2)系统包括一个被离心式压缩机驱动的主滑油泵(PL－1),被交流电机驱动的辅助滑油泵(PL－2)。

3)当滑油泵完全失效时,一个应急滑油泵(PL－3)被直流电机 88MQE－1 驱动。

4)同样,在压缩机冷停,交流泵失效的情况下,直流泵启动。

5)矿物油泵是被设计用于连续运行的,但是机组停机及冷停计时器走完后不运行。

6)矿物油箱液位和温度要在运行范围之内,若液位和温度不正常,则启动将被隔离并报警。

7)装置启动,矿物油系统自动启动,当液位和压力被恢复到允许范围之内时,启动程序继续。

8)在正常运行期间:若主机械泵出口压力低,则辅助泵自动启动;若正常条件被恢复,则辅助泵能够在人机接口(HMI)上用手停止。

9)在正常运行期间,若矿物油泵出口压力被探测到较低,则应急泵启动,机组跳机。

10)若矿物油泵出门压力恢复,则应急泵自动停止。

11)若 PT 程序走完,则冷停周期结束,辅助滑油泵自动停止。

滑油从油滤出口进入滑油分配总管,经总管分别进入动力涡轮前、后及止推轴承。压缩机前、后及止推轴承,减速齿轮箱。

润滑后的滑油经各自的回油管路自流回油箱。所有回油箱的管路都不可以存留滑油,并且所有的管路保持一定的倾斜度。

4.燃气发生器滑油系统(合成油系统)

合成油系统用于润滑和冷却燃气发生器转子轴承以及附属齿轮箱,一部分滑油用于可调导叶执行机构作动筒。

合成油控制板安装在燃气发生器箱体右侧的基座上。

1)在控制板上安装有以下部件:双联过滤器 FL1 - 1 和 FL1 - 2(安装在燃气发生器的润滑油供应管线上)、FL2 - 1 和 FL2 - 2(安装在通往油箱的管线上)、滑油温度控制阀 VTR1 - 1 和减压阀 VR2 - 1(安装在回油管线上)、电加热器 23QT - 1、压力变送器。

2)合成油箱上安装有以下装置:

液位传送器:当油箱内液位到达 430 mm 时,发出一个高油位报警;当油位到达 220 mm 时,发出一个低报警;当油位到达 220 mm 时,燃气发生器将被禁止启动。

油箱中的油通过一个由附件齿轮箱驱动的泵 PL - 1 吸出,一个安全阀设定压力为 1 370 kPaG,以控制泵的出口压力。油流通过一个双重过滤器 FL1 - 1 或 FL1 - 2,在过滤器两侧安装有压差变送器:当压差到达 135 kPaG 时,会发出一个高报警信号;当压差>150 kPaG 时,就需关闭过滤器,并一定要更换成新滤芯。当 PIT145A/B 供油压力<172 kPaG 时,会发出一个低报警;当压力<103 kPaG 时,会发出一个低低报警。

压力变送器 96QA - 2 在压力达到 760 kPaG 时,发出一个高报警。

燃气发生器前、中、后轴承的回油通过三台回油泵 PS - 3 - 5 被抽回油箱,齿轮箱的回油通过回油泵 PS - 1/2 被抽回油箱。安全阀 VR2 - 2 用于控制回油泵出口压力,设定值为 5 200 kPaG。

温度控制阀设定温度为 55 ℃,低于此温度,油被直接抽回油箱,否则,通过向冷却器提供滑油来控制出口油温。

合成油油气分离器接受来自安装在燃气发生器上的离心式油气分离器出口油气,分离器 PDS - 2 有一个凝聚式过滤器,外壳由不锈钢制成,内部安装有一个可更换的滤芯,滤芯为无机微纤维材料,用来分离油雾气。

5.冷却及空气密封系统

本系统向燃气轮机内部提供冷却空气以冷却动力盘,防冰系统从燃气发生器压缩机第 16 级抽气向防冰系统提供热空气。

空气从第 9 级被送入进气系统的通道中冷却，将温度降低，部分空气被送至动力涡轮的主管道，通过 30 根支管将空气送入第 1 级叶轮空间，从那里再进入转子的其他部分，同时其他部分被送入 6 个排出器，通过与周围空气混合，用于冷却燃气轮机排气舱。来自第 16 级的空气被送往燃气发生器进气通道中。

6. 涡轮控制及其他控制装置

燃气轮机上安装有多个控制装置，使用这些装置对机组实现正确的控制。其中一些仅仅用于控制，其他控制装置用于保护使用者及燃气轮机本身。

燃气发生器的振动探头安装在燃气发生器压气机后机匣的下部。当探头探测到的振动值超出临界值 0.1 mm/s 时，会发出一个报警；当探头探测到的振动值超出 0.17 mm/s 时，机组恢复到空转速度。

安装在燃气发生器上的两个速度探头 NGGA 和 NGGB，用于探测燃气发生器的转速。若 NGGB 探测到转速超过 10 100 r/min，则机组将报警；若转速超过 10 200 r/min，则机组将紧急停机。

安装在燃气发生器附件齿轮箱上的启动离合器 77HS－1 和 77HS－2，用于探测离合器转速。当转速大于 5 400 r/min 时，机组紧急停机。

离合器上安装有两个温度探头 A26HS－1 和 A26HS－2，用于控制离合器温度。当在高温时，会发出一个高报警；当温度过高时，会发出一个高高报警，此时机组停机。

用火焰探头 FLAMEDTA 和 FLAMEDTB 来探测燃气发生器中火焰的存在。若两个探头中有一个没有探测到火焰，则机组的启动将被禁止；若在正常运行中两个探头都没有探测到火焰，则机组将被停机。

由 8 个电偶 T48－A－H 来检测燃气发生器的排气温度。当温度超过 855 ℃时，电偶会发出一个高报警；当温度超出 860 ℃时，电偶会发出一个高高报警，机组将停机。

动力温度的排气温度由 6 个电偶 T8A－F 检测。当温度超过 600 ℃时，电偶会发出一个高报警；当温度超过 615 ℃时，机组将受控停机。

动力涡轮的每个支撑轴承都有 4 个温度探头，安装在 1 号轴承上的 BT－J1－1A/B、BT－J1－2AB 和安装在 2 号轴承上的 BT－J2－1A/B、BT－J2－2A/B，其中两个工作，两个备用。当温度超过 110 ℃时，温度探头会发出一个高报警；当温度超过 120 ℃时，机组降转到慢车转速。

动力涡轮轴上的止推轴承由 8 个温度探头 BTT11－1A/B、BTT11－2A/B、BTTA1－1A/B 和 BT－TA1－2A/B 控制。其中 4 个工作，4 个备用。当温度超过 115 ℃时，温度探头会发出一个高报警；当温度超过 130 ℃时，机组降转到慢车转速。

3 个转速探头 NPT－A－C 安装在动力涡轮轴上，用于探测动力涡轮转速。当转速超过 6 405 r/min 时，转速探头会发出一个高报警；当转速超过 6 710 r/min 时，机组将受控停机。

动力涡轮的涡轮盘之间的空间温度由 8 个热电偶 TT－WS1F1－1/2、TT－WS2F1－1/2、TT－WS1A－1/2 和 TT－WS2A－1/2 来控制。当第一级盘前温度被探测到超过 350 ℃时，热电偶会发出一个高报警；当温度超过 365 ℃时，热电偶会发出一个高高报警，机组停机。当第一级盘后的温度超过 400 ℃时，热电偶会发出一个高报警，当温度超过 415 ℃时，热电偶会发出一个高高报警，机组停机。当第二级涡轮盘前、后温度超过 450 ℃时，热电偶会发出一个高报警；当温度超过 465 ℃时，机组停机。

7. 燃气发生器的水洗系统

机组安装有离线/在线水清洗系统，用于燃气发生器的压缩机清洗，清洗时供水软管需要操作员手动接到清洗水箱上。

(1)清洗设备

清洗设备包括以下装置：清洗用水箱 TW－1、清洗用泵 PW－1、泵用电机 88TW－1、电磁阀 20TW－1/2。

清洗水箱容积为 400 L，水箱上安装有过滤器、通风孔、液位指示器、压力表和阀门。在水箱内还安装有一台电加热器 23TW－1。该电加热器带有温度控制开关，可保持水温在 60～65 ℃之间。

在燃气发生器箱体外前部安装有两个常闭的电磁阀 20TW－1 和 20TW－2。当采用在线清洗时 20TW－2 工作，当采用离线清洗时，20TW－1 工作。清洗液在清洗时，通过打开的电磁阀到过燃气发生器上的清洗总管上，再经过支管到达喷水嘴，将清洗液喷入进气道内。清洗液是由电机驱动的泵从水箱中抽取的。

(2)离线清洗

离线清洗是在燃气发生器停止运行后，由启动系统将燃气发生器带转到一定转速的清洗。

离线清洗时，动力涡轮盘之间的温度必须低于 150 ℃。

将清洗水箱上的清洗水管连接到清洗电磁阀 20TW－1 上，即可进行离线清洗。

清洗者在控制面板上选择水洗程序，机组将会自动执行以下程序。

1)启动液压启动泵。

2)清洗控制逻辑控制启动电机，将燃气发生器转速控制在 0～1 200 r/min 范围内。

3)离线清洗电磁阀 20TW－1 被 Mark VIe 控制并打开。

4)当燃气发生器转速降到 200 r/min 时，离线水洗电磁阀 20TW－1 关闭，液压启动器停止。

5)当燃气发生器转速降到 120 r/min 时，启动系统再次接通，重复上述过程。

6)在水箱中的清洗液抽完后，手动停止清洗程序，然后至少停留 10 min。

7)在水箱中加入冲洗水，以上述同样的程序进行漂洗程序。

8)利用手工操作停止按钮停止程序或取消水洗选定。机组没有提供自动停止程序或定时器。

9)在水洗完成后，将水洗软管从电磁阀 20TW－1 上拆下，并清理现场。

10)启动机组到过慢车转速并运行 5 min，使其得到干燥。

在线清洗为燃气轮机在正常运行状态下的清洗，一般情况下不建议使用。对燃机/压缩机组来说，基本上不采用这种方法，因此在这里不做介绍。

8. 箱体的通风系统

箱体通风系统用于箱体的通风与冷却，在箱体的入口安装有两个双速风扇，这两个风扇在逻辑上是一用一备。操作员可以通过 HMI 上的手动按钮来进行选择。

启动机一经开启，机组控制系统（UCS）就由启动主风扇，冷却程序一停止，主风扇就停止运行。

在正常的操作中，在箱体加压完成后，可检测到以下三个非正常的通风条件。

（1）由 96BA－1A/B 测出箱体压差偏低

1）如果箱体门是打开的，并且已经按压了在 HMI 上的一个允许操作的按钮，那么会响起一个报警。如果没有按压允许操作按钮，那么正常的停机顺序被启动。

2）如果箱体门是关闭的，且备用风机已经运行，那么正常的停机程序被启动。如果备用风扇停止，那么在备用风扇停止时主风扇将被启动，并且在主风扇运行 10 s 后检测。

（2）由 TE－BA－1A/B 测出燃气发生器箱体内部的温度偏高

1）如果备用风扇停止，那么主风扇将在备用风扇停止后运行，并且在运行 10 s 后检测。如果 TE－BA－1A/B 检测到的温度仍然偏高，那么超时设定为 60 s 的箱体超高温计时器启动，等一段时间再次检测箱体温度，若仍超出最高温度设定，则不增压紧急停机动。

9. 二氧化碳消防系统

消防系统是一个低压双出口二氧化碳系统，用于保护箱体内装有名种附件的燃气发生器和动力涡轮后舱中的设备。

消防系统是完全的自反馈型，当机箱内着火时，二氧化碳的排放能使起火区域周围快速形成惰性气体环境，使火焰和氧气隔离，从而使火焰在短时间内迅速被扑灭。

（1）消防系统装置组成

火焰检测探头（安装在燃气发生器箱体内，45UV－1/3）、温度探头（安装在燃气发生器箱体内，45FT－1/4）、温度探头（安装在动力涡轮后舱内，45FT－1/6）、二氧化碳瓶、头阀、止回阀、安全阀、电磁头阀（45CR－1/2）、重力开关（33CR－1/5）、隔离开关（33CP－1A/B、33CP－2A/B）、报警灯及报警声。

本系统备有两套二氧化碳瓶，一套用于快喷，一套用于慢喷。

二氧化碳是由两个安装在瓶头的电磁阀 45CR－1 和 45CR－2 打开时进行排放的，在正常运行时，这两个阀是关闭的。

二氧化碳喷嘴隔离阀 33CP－1A 和 33CP－1B 是带有位置开关的手阀，当机组启动时，隔离阀位置应处于打开状态。

二氧化碳喷嘴压力是由压力变送器 45CP－1 来检测的。

二氧化碳最初的排放是快速的，目的是快速降低箱体内的氧气含量，当氧气含量低于15％时，火焰会快速熄灭。

二氧化碳慢速排放的目的是使箱体内继续保持无氧状态，保证有足够的时间将金属表面与空气隔离开来，避免因金属表面的高温而复燃。

（2）运行模式

二氧化碳灭火系统有两种运行模式：隔离和监控。例如，当手动隔离阀 33CP－1A 和 33CP－1B 处于关闭状态时，系统被隔离，二氧化碳无法排放，同时启动被隔离。当手动隔离阀打开位置时，系统处于监控状态。

1)隔离开关的打开与关闭在箱体上的二氧化碳系统状态板上有指示。

2)若系统处于隔离状态,则黄色信号灯亮。

3)若系统处于监控状态,则绿色信号灯亮

4)若二氧化碳喷射,则红色信号灯亮。

系统处于隔离状态时,二氧化碳不能喷射,系统处于监控状态时,二氧化碳可以喷射。

1)在探头检测到着火条件后,激活二氧化碳瓶上的排放电磁阀,灭火程序自动进行。

2)运行人员也可利用箱体门侧的手动灭火按钮进行手动操作,以使灭火系统喷射。

3)运行人员也可使用二氧化碳瓶上的手动装置,使二氧化碳系统喷射。

(3)火焰探头逻辑

三个火焰探头安装在燃气发生器箱体内。

1)一个探头报警:报警。

2)两个探头报警:机组紧急停机,二氧化碳喷射。

3)一个探头失效:报警。

4)两个探头失效:报警。

5)一个探头失效,一个报警:报警+故障报警。

6)两个探头报警,一个失效:机组紧急停机,二氧化碳喷射。

7)两个探头失效,一个探头报警:机组紧急停机,二氧化碳喷射。

8)三个探头失效:报警。

(4)温升探头逻辑

两个温升探头安装在后舱内。

1)一个探头报警:报警。

2)两个探头报警:机组紧急停机,二氧化碳喷射。

3)一个探头失效:报警。

4)两个探头失效:报警。

(5)二氧化碳喷射程序

当温度探头或紫外线(UV)探头检测到火灾已经发生时,二氧化碳灭火系统开始喷射,程序如下。

1)机组不增压停机执行,并被锁定 4 h。

2)箱休通风电机切断。

3)箱体上的报警喇叭响。

4)箱体上的二氧化碳状态板上的红色信号灯亮。

5)箱体上的红色信号灯亮。

6)30 s 延迟后,灭火剂就会喷射到箱体内。

7)灭火剂排放后,控制面板上会有一个已经喷射的信号。

(6)压力排放探头 45CP－1

灭火剂排放压力由压力开关 45CP－1 检测,若测出排放高压力,则下列程序被执行。

1)机组紧急停机,箱体通风电机切断。

2)箱体上的报警喇叭响。

3)箱体上的二氧化碳状态板上的红色信号灯亮。

4)箱体上的红色信号灯亮。

5)30 s 延迟后,灭火剂就会喷射到箱体内。

6)灭火剂排放后,控制面板上会有一个已经喷射的信号。

10. 空气入口过滤器

过滤器过滤进入燃气发生器和箱体的空气。在过滤器入口处安装有 6 个可燃气体探头 45HT-1/6,用于探测进口处的可燃气体含量。

如果它们通过一个三分之一表决逻辑探测到有可燃气体的存在,就会发出报警;如果有三分之二表决逻辑,那么机组停机。只有在没有检测出可燃气体的情况下,机组才允许启动。

在过滤器下游安装有一个防冰管,它是由来自燃气发生器的第 16 级空气通过安装在防冰管道上的温度控制阀 VPR-A1-1 来控制的。该阀是由防冰控制系统进行控制的。

1.1.5 代号缩写说明

主要符号中英文对照表见表 1-1。

表 1-1 主要符号中英文对照表

缩　写	英文描述	中文描述
CEC	Core Engine Controller	Mark VIe 控制器
GG	Gas Generator	燃气发生器
GT	Gas Turbine	燃气轮机
HMI	Human Machine Interface	人机界面(计算机控制屏)
MCC	Motor Control Centre	电机控制中心
GE Fanuc GGR PLC	Sequencer	PLC 控制程序
FGS	Fire Gas System	消防系统
UCS	Unit Control System	机组控制系统
SCS	Station Control System	站控系统
ALARM		报警
ITS	Inhibited To Start	禁止启动
ATS	Abort To Start	启动失败
DM	Deceleration To Minimum Load	减速到最小负荷
SI	Stop To Idle	停车到怠速
NS	Normal Stop	正常停车
ESP	Emergency Stop Pressurized	压缩机带压紧急停车
ESD	Emergency Stop De-pressurized	压缩机泄压紧急停车
ITL	Inhibited To Load	禁止加载
ITI	Inhibited To Igination	禁止点火

压缩机运行的介质压力和温度设定值、机组的振动参数、机组标准运行参数、机组轴承

温度及回油温度报警设定值以及钢螺栓、螺母和自锁螺母的扭矩值见表 1－2～表 1－6。

表 1－2　压缩机运行的介质压力和温度设定值

序　号	介质名称	名　称	设定值	单　位
1	润滑油压力	润滑油母管油压	1.75	bar
		径向支撑轴承油压	0.9～1.3	bar
		推力轴承油压	0.3～1.3	bar
2	正常运行期间的润滑油温度	最低值	35	℃
		最高值	55	℃
3	密封空气压力	空气管线(第三级密封)	0.2	bar
		密封气管线和平衡管线之间的压差	3	bar

表 1－3　机组的振动参数

系统上标签号	GE 符号	名称及描述	参数设定值	单　位
XT－196X		PCL800 压缩机＃1 轴瓦径向振动	H:107,HH:158	μm
XT－196Y		PCL800 压缩机＃1 轴瓦径向振动	H:107,HH:158	μm
XT－197X		PCL800 压缩机＃2 轴瓦径向振动	H:107,HH:158	μm
XT－197Y		PCL800 压缩机＃2 轴瓦径向振动	H:107,HH:158	μm
ZT－138A		PCL800 压缩机轴向位移	H:±0.5,HH:±0.7	mm
ZT－138B		PCL800 压缩机轴向位移	H:±0.5,HH:±0.7	mm
VT－411		动力透平加速度振动	H:12.5,HH:25.4	mm/s

表 1－4　机组标准运行参数

参数名称	符　号	单　位	怠速状态	最大状态	极限运行值
进气温度	T2	℃	40～－21.1	40～－21.1	
进气压力	P2	kPa	99.97～102.04	99.97～102.04	
GG 转速	NGG	r/min	5 900～6 100	9 150～9 600	10 050
压气机排气压力	PS3	kPa	275.8～379.2	1 930.5～2 206.3	2 068.4～2 309.7
压气机排气温度	T3	℃	140.6～184.9	446.1～476.6	501.6
燃料流量	WF36	kg/h	544.3～680.4	5 170.9～6 485.4	
PT 进气压力	PT5.4	kPa	117.2～131.0	413.7～482.6	
PT 进气温度	T5.4	℃	621.1～732.2	790.6～826.7	834.9
VSV 位置	VSV	(°)	30～34	4～8	
润滑油压力		kPa	55.2～103.4	137.9～413.7	55.1(最小)
润滑油温度		℃	59.9～71.1	59.9～71.1	93.3
滑油回油压力		kPa		34.4～689.4	758.4
滑油回油温度(A/TGB)池		℃	5.5～16.6	16.6～36.1	171.1
滑油回油温度(B)池		℃	5.5～8.3	38.8～66.6	171.1
滑油回油温度(C)池		℃	5.5～22.2	33.3～61.1	171.1
滑油回油温度(D)池		℃	5.5～22.2	11.1～44.4	171.1

续表

参数名称	符　号	单　位	怠速状态	最大状态	极限运行值
滑油回油温度(AGB)池		℃	5.5～16.6	11.1～27.7	171.1
燃气母管压力		kPa	275.8～344.7	2 209.7～2 654.4	
燃气母管温度		℃		53.8～65.5	
启动器供给压力		kPa			

表 1－5　机组轴承温度及回油温度报警设定值

系统上标签号	GE 符号	名称及描述	参数设定值	单 位
TE－401A	TE902A	动力透平＃2 轴瓦温度	H:110,HH:120	℃
TE－401B	TE902B	动力透平＃2 轴瓦温度	H:110,HH:120	℃
TE－401C	TE902C	动力透平＃2 轴瓦温度	H:110,HH:120	℃
TE－401D	TE902D	动力透平＃2 轴瓦温度	H:110,HH:120	℃
TE－403A	TE904A	动力透平推力轴承副推力面温度	H:115,HH:130	℃
TE－403B	TE904B	动力透平推力轴承副推力面温度	H:115,HH:130	℃
TE－403C	TE904C	动力透平推力轴承副推力面温度	H:115,HH:130	℃
TE－403D	TE904D	动力透平推力轴承副推力面温度	H:115,HH:130	℃
TE－405A	TE903A	动力透平推力轴承主推力面温度	H:115,HH:130	℃
TE－405B	TE903B	动力透平推力轴承主推力面温度	H:115,HH:130	℃
TE－405C	TE903C	动力透平推力轴承主推力面温度	H:115,HH:130	℃
TE－405D	TE903D	动力透平推力轴承主推力面温度	H:115,HH:130	℃
TE－409A	TE901A	动力透平＃1 轴瓦温度	H:110,HH:120	℃
TE－409B	TE901B	动力透平＃1 轴瓦温度	H:110,HH:120	℃
TE－409C	TE901C	动力透平＃1 轴瓦温度	H:110,HH:120	℃
TE－409D	TE901D	动力透平＃1 轴瓦温度	H:110,HH:120	℃
TE－147A	LT－TH－1A	合成油供油温度	L:－6.7,H:93.3	℃
TE－147B	LT－TH－1B	合成油供油温度	L:－6.7,H:93.3	℃
TE－151－A	LT－AGB－1A	辅助齿轮箱回油温度	H:149,HH:171	℃
TE－151－B	LT－AGB－1B	辅助齿轮箱回油温度	H:149,HH:171	℃
TE－156－A	LT－B1D－1A	A 回油池和转换齿轮箱回油温度	H:149,HH:171	℃
TE－156－B	LT－B1D－1B	A 回油池和转换齿轮箱回油温度	H:149,HH:171	℃
TE－161－A	LT－B2D－1A	B 回油池和转换齿轮箱回油温度	H:149,HH:171	℃
TE－161－B	LT－B2D－1B	B 回油池和转换齿轮箱回油温度	H:149,HH:171	℃
TE－166－A	LT－B3D－1A	C 回油池和转换齿轮箱回油温度	H:149,HH:171	℃
TE－166－B	LT－B3D－1B	C 回油池和转换齿轮箱回油温度	H:149,HH:171	℃
TE－129		压缩机＃1 轴瓦回油温度	H:120	℃
TE－130		压缩机＃2 轴瓦回油温度	H:120	℃
TE－133		压缩机＃2 轴瓦回油温度	H:120	℃
TE－134		压缩机推力轴承主推力面温度	H:120	℃
TE－135		压缩机推力轴承副推力面温度	H:120	℃

表 1-6　钢螺栓、螺母和自锁螺母的扭矩值

尺　寸	每英寸的螺纹数	扭矩值	
		lb-in	N·m
8	32	13～16	1.5～1.8
10	24	20～25	2.3～2.8
1/4	20	40～60	4.5～6.8
5/16	18	70～110	7.9～12.4
3/8	16	160～210	18.1～23.7
7/16	14	250～320	28.2～36.2
1/2	13	420～510	47.5～57.6
8	36	16～19	1.8～2.1
10	32	33～37	3.7～4.2
1/4	28	55～70	6.2～7.9
5/16	24	100～130	11.3～14.7
3/8	24	190～230	21.5—26.0
7/16	20	300～360	33.9～40.7
1/2	20	480～570	54.2～64.4

注：1 lb-in=0.112 5 N·m；1 in=2.54 cm；1 lb=4.5 N。

1.2　GE 电驱机组概况

1.2.1　机组结构

GE 电驱机组主要由同步高速电机、变频系统、离心式压缩机以及相关辅助系统组成。

同步高速电机包括发电机、励磁机、鼓风机、导风圈、卧式鼓型转子、定子线圈、定子磁芯、轴承、空冷器、状态监视系统等。

变频系统包括中压柜、阻尼柜、移相变压器、变压器保护系统、TMdrive-XL75 变频柜、变频冷却柜、变频监控柜、分电盘柜、励磁柜、状态监视系统等。其中，中压柜主要包括变压器监控装置 T60、电源质量监控器(PQM)等，变频柜主要包括整流器、中间电路、逆变器、控制电路等。

离心式压缩机包括壳体、4 级转子机芯、轴承、干气密封器、状态监视系统等。

辅助系统包括 PDS(电力系统自动化数据交换协议)隔离变压器、0.4 V 配电室、外部循环水冷却系统、电机控制中心(MCC)、矿物油及冷却系统、干气密封系统、BN3500 振动保护系统等。

1.2.2　工作原理

如图 1-5 所示，110 kV 高压电经上级变电所架空线路进入站内 110 kV 变电所，经输入主变压器，将 110 kV 高压电变为 10 kV 输出电源，然后输入中压柜。中压柜执行负荷分配，将一部分电能输入站场变压器，向站内二级负荷供电；另一部分输入阻尼柜，限制浪涌电

流后输入移相变压器。10 kV 电源经移相变压器移相后变为 1 717 V/36 V 脉冲交流电，并输入变频器，变频器将其整流逆变后输出 6 kV/86.7 Hz 的交流电，向同步电机供电，供电电流驱动电机旋转。同步电机在运行时带动同轴的无刷式励磁机旋转，励磁机因磁场效应产生电流并经旋转整流器整流后作为励磁电流输入同步电机转子绕组，使电机按照一定的频率旋转。

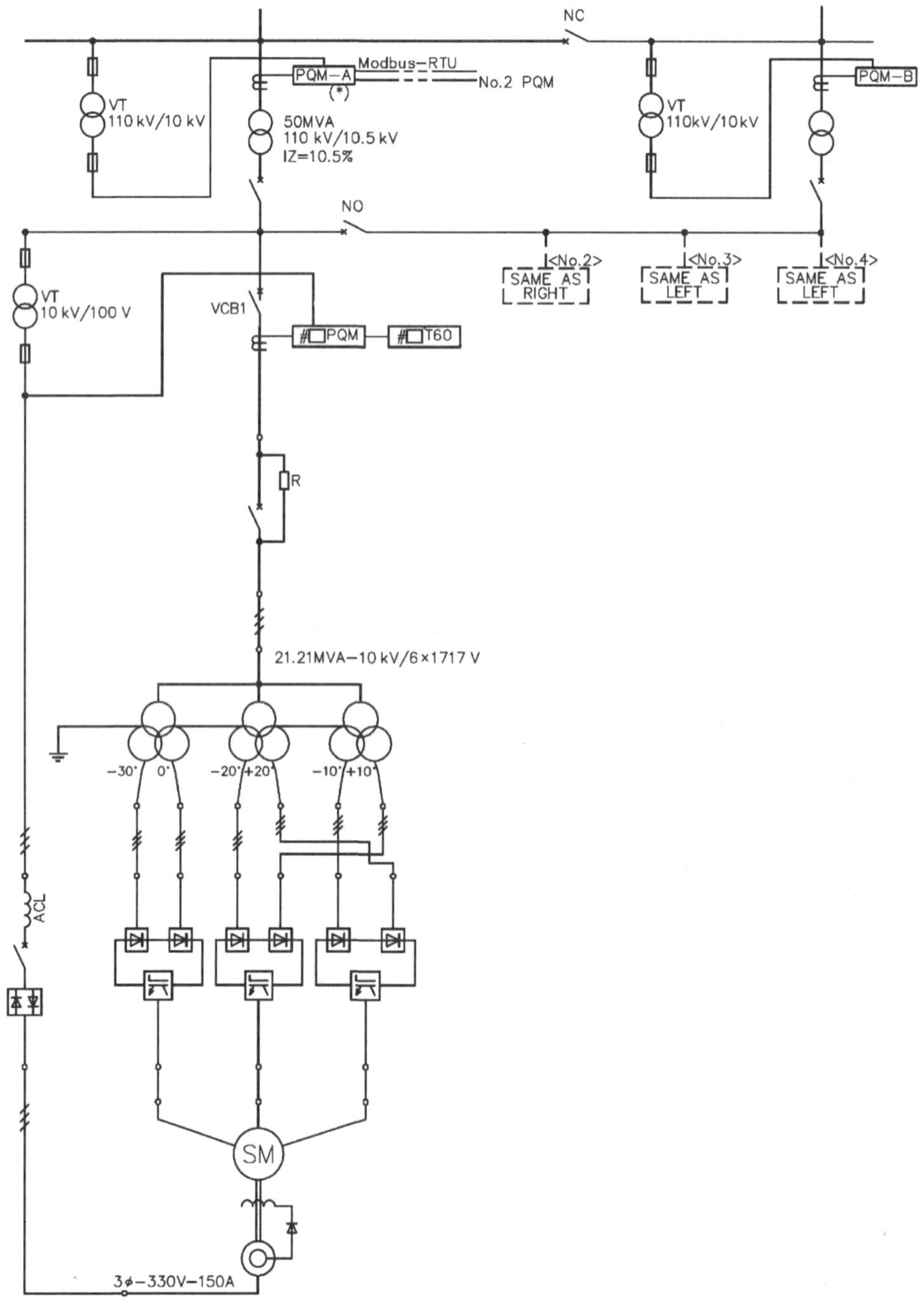

图 1-5　工作原理图

电机转子轴通过联轴器同离心压缩机转子轴连接起来，使压缩机以和电机相同的转速实现增压增输功能。

1.2.3　运行控制

机组的控制系统可根据指令实时控制压缩机的流量、出口压力和出口温度，使天然气按需增压，平稳供压，满足用户需求，同时提供机组阀门的控制和安全监视、与机组有关的仪表的指示，限制各参数不超过安全极限值，确保人机安全。在机组整个工作范围内，控制系统可保证机组的被控制量按预先设定的规律变化，使机组安全、可靠、稳定地工作，并获得最佳性能。另外，控制系统还将存储和记录机组运行的重要参数，为分析运行质量和视情维修提供依据。

机组实时数据纳入机组控制系统（UCS），UCS 与站控系统（SCS）以及分布式监控和数据采集（SCADA）系统进行通信，可同时实现现场监控和远程监控。

本套机组的控制系统主要由以下几个部分组成。

1）站控系统（SCS）：对压气站的输气过程进行监视、控制、保护和保护，并对压缩机组装置控制柜（UCP）的运行状态进行监控；与调度控制中心进行信息交换。

2）装置控制柜（UCP）：4 只控制柜，包括控制系统所有控制模块，主要由 GE FANUC Rx3i PLC、HIMA F35 SIL3 PLC、BN3500、HMI PC 和 3 台以太网交换器组成，完成对机组的数据监控、程序执行排序、防喘控制、振动保护、报警管理、与外部通信等功能，按照设定值对机组进行自动控制。

3）变频驱动系统（VSDS）：对输入电源进行变频调节，使被驱动装置的转速可调。

4）主控制柜（MCP）：4 套机组共用 1 只控制柜，主要由 MCS－GE FANUC Rx3i PLC 和 2 台以太网交换器组成，具体完成机组的负载分配、干气密封增压撬的控制等功能。

5）电机控制中心（MCC）：给机组油泵、油冷变频风机、电加热器、油雾分离器电机、机组撬体电伴热、机组控制系统（UCS）照明和通风等装置供电。

6）站场 ESD 系统：在紧急状况下执行 ESD 放空、停机和流程切换程序。

7）干气密封电加热控制柜（SGHCP）：控制干气密封系统加热器工作状态。

8）润滑油变频冷却风扇控制器（VFD）：按照逻辑控制程序对润滑油变频冷却风扇进行速度控制。

现场的各种设备包括输入隔离变压器、电压原型逆变器（VSI）变频器、励磁器、电机、循环水冷装置、离心式压缩机、站场工艺管线的参数等，均按不同类别分别传送到 GE FANUC Rx3i PLC、HIMA F35 SIL3 PLC、BN3500、MCS 等 I/O（输入/输出）模块中，并在各中央处理器（CPU）中得到监视与分析，从而按照“数据采集—信号转换—数据处理—信号转换—数据输出”的方式进行机组的监视与控制。处理后的数据还将上传到 SCS 和 SCADA 系统，并在相应的 HMI 上进行显示。

HMI 为可视化人机对话界面，通过适当组态，以动态形式显示机组的工作状态。软件界面上实时显示机组的各种参数，并提供 I/O 清单、报警显示和各种操作按钮，如启机、停机等。

1.2.4 主要设备技术参数

1.2.4.1 同步高速电机

同步高速电机技术参数见表 1 - 7。

表 1 - 7 同步高速电机技术参数

参数名称	参数描述	备 注
型号	SHBLR - CHCNXY	
转子形式	卧式鼓形	
安装位置	室内	
执行标准	IEC 60034	
保护等级	IP55	
相数	3	
极数	2	
额定输出功率	18 000 kW	海拔 1 000 m 以下
额定电压	5 940 V	
额定电流	1 810 A	
额定频率	86.7 Hz	
额定转速	5 200 r/min	
额定功率因数	1.0	
旋转方向	顺时针	NDE
定子绕组温升限制	85 K	
转子绕组温升限制	80 K	
定子连接件形式	星型	
定子绝缘等级	F 级	
转子绝缘等级	F 级	
润滑油类型	ISO - VG32/46	
冷却方式	IC81W	
冷却系统	完全封闭式,配备上插式空气冷却器	
空冷器出口空气温升限制	40 ℃	
第一临界转速	2 350 r/min	
第二临界转速	6 400 r/min	
冷却水流量	100 m^3/h	
冷却水压力	0.5 MPa	
冷却水入口温度	5～30 ℃	最大值 30 ℃

续表

参数名称	参数描述	备　注
冷却水压头损失	50 kPa	
电机轴承润滑油流量	(2×60±10)L/min	
润滑油供油压力	(0.1±0.02)MPa	
润滑油供油温度	(50±5)℃	
轴材料	合金钢(Ys 67 kg/mm^2)	
驱动端轴承型式	可倾瓦块式	
非驱动端轴承型式	可倾瓦块式	
定子耐压试验	10 300 V/min	交流电
定子耐压试验	17 500 V/min	直流电

1.2.4.2　VSDS 变频器

VSDS 变频器技术参数见表 1－8。

表 1－8　VSDS 变频器技术参数

参数名称	参数描述	备　注
型号	TM drive－XL75	
防护等级	IP42	IEC－529
控制电源	3 相－380 V－50 Hz－11 kVA	
控制方式	5 电平正弦波 PWM 控制	
逆变器单元功率器件类型	IEGT	
输入电压	6×1 760 V－50 Hz	
输入电流	1 468 A	
输出电压	6 000 V	最大值
额定电流	1 925 A	
额定输出频率	86.7 Hz	
输出频率范围	56.3～91 Hz	
额定工况下效率	99%	
速度控制范围	3 380～5 200 r/min 5 200～5 460 r/min(连续运行转速)	
过载能力	在 20 MVA 下 110% 1 min 在实际负载时 120% 1 min	
冷却方式	水冷	

1.2.4.3 励磁机

励磁机技术参数见表 1－9。

表 1－9 励磁机技术参数

参数名称	参数描述	备 注
型号	IWR－ECP	无刷交流
标准	IEC 60034－1	
相数	3	
杆数	4	
额定输出功率	79 kVA	
额定电压	110 V	
额定电流	412 A	
额定频率	223.3 Hz	
额定转速	5 200 r/min	
励磁电压	170 V	
励磁电流	140 A	
旋转整流器供电电路形式	2S－2P－6A	
旋转整流器额定功率	53 kW	
旋转整流器额定电压	105 V	直流电
轴承所需滑油流量	(10±2)L/min	
润滑油供油压力	(0.1±0.02)MPa	
润滑油供油温度	(50±5)℃	

1.2.4.4 隔离变压器

隔离变压器技术参数见表 1－10。

表 1－10 隔离变压器技术参数

参数名称	参数描述	备 注
制造商	东芝工业产品制造公司	
安装位置	室外	
绝缘等级	A 级(105 degC)	
型式	油浸	
变压器基座类型	防滑型	
相数	3	
频率	50 Hz	
额定容量	3×2×3 350 kVA	
一次电压	10 kV	
二次电压	6×1 717 V	

续表

参数名称	参数描述	备　注
连接	36 脉冲	
一次绝缘水平	BIL:85 kV/耐压:35 kV	
二次绝缘水平	BIL:40 kV/耐压:10 kV	
空载损耗	19 kW	适用 IEC 公差
75 ℃时的负载损耗	165 kW(正谐波)	适用 IEC 公差
短路承受时间	>2 s	
冷却方式	ONAN(油浸自冷)	
绕组温升	60 ℃	
油温升	55 ℃	
上层油温报警温度	90 ℃	
油重	约 12 000 kg	
总重	约 50 000 kg	
冷却油型号	矿物油	符合 JIS C2320

1.2.4.5　纯水冷却装置

纯水冷却装置技术参数见表 1－11。

表 1－11　纯水冷却装置技术参数

参数名称	参数描述	备　注
制造商	Tada 电气有限公司	
冷却功率	194 kW	
纯水流量	337 L/min	
外部冷却水流量	460 L/min	
纯水冷却单元出口最高温度	40 ℃	
外部用水冷却单元进口温度范围	5～30 ℃	
纯水泵供电电源	380 VAC/50 Hz/3 p	
纯水泵吸入能力	347 L/min	
纯水泵总压头	44 m	
热交换器类型	板式	
热交换器换热面积	6.2 m^2	
去离子装置离子交换树脂名称	MB－1	
平衡罐数量	1 只	
平衡罐容量	30 L	

1.2.4.6 压缩机

压缩机技术参数见表1-12。

表1-12 压缩机技术参数

参数名称	参数描述	备 注
型号	PCL604	
生产厂家	Nuovo Pignone	
工作型式	离心式	
叶轮级数	4	
结构型式	桶型机壳,两端开口,进出口法兰平行于轴线	
额定运行转速	5 200 r/min	
最大允许运行转速	5 460 r/min	
超速停机转速	5 720 r/min	
第一临界转速	3 460 r/min	
第二临界转速	7 450 r/min	
轴端密封型式	FLOWSERVE 干气密封	
进口设计压力	8.9 MPaG	
出口设计压力	11.85 MPaG	
缸体设计压力	15 MPaG	
缸体试验压力	22.5 MPaG	
最大允许运行温度	100	
入口法兰尺寸	30 in	
出口法兰尺寸	24 in	
气缸材料	ASTM A350 LF2	
隔板材料	ASTM A278 CL40	
叶轮材料	ASTM A182 F22	
转子轴材料	AISI 4340	
平衡盘材料	X12Cr13	
轴套材料	X12Cr13	
迷宫密封材料	铝	
轴端密封型式	FLOWSERVE 干气密封	
轴承室材料	39NiCrMo7	
径向支承轴承型式/厂家	可倾瓦块式/Nuovo Pignone	
推力轴承型式/厂家	可倾瓦块式/KINGBURY OR EQ	

1.2.5　机组常用缩写词

机组常用缩写词见表 1－13。

表 1－13　机组常用缩写词

序　号	缩　写	英文描述	中文描述
1	UCP	Unit Control Panel	装置控制柜
2	PLC	Programming Logic Controller	可编程逻辑控制器
3	TMEIC	Toshiba Mitubishi-Electric Industrial System	东芝三菱电机产业株式会社
4	SM	Synchronous Motor	同步电机
5	IEGT	Injection Enhanced Gate Transistor	电子注入增强栅晶体管
6	TR	Transformer	变压器
7	EMI	Electro-Magnetic Interference	电磁干扰
8	EMC	Electro Magnetic Compatibility	电磁兼容性
9	INV	Inverter	逆变器
10	ACB	Air Circuit Breaker	空气断路器
11	VCB	Vacuum Circuit Breaker	真空断路器
12	ELCB	Residual Current circuit-breaker	漏电断路器
13	PT	Potential Transformer	电压互感器
14	CT	Current transformer	电流互感器
15	VSI	Voltage Source Inverter	电压源型逆变器
16	DCP	D. C. Panel	直流电源板
17	ANSI	American National Standards Institute	美国标准协会
18	RIO	General Purpose Remote I/O Board	一般目的的遥控 I/O 板
19	SGP	Seal Gas Panel	密封气控制盘
20	SCADA	Supervisory Control And Data Acquisition	分布式监控和数据采集
21	MMI	Man Machine Interface	人机接口
22	HMI	Human Machine Interface	人机界面
23	SIS	Safety Instrumented System	机组的安全系统
24	MCC	Motor Control Centre	电机控制中心
25	UPS	Uninterrupted Power Supply	不间断电源
26	ESD	Emergency Shutdown DE－Pressurizied	泄压紧急停车
	ESP	Emergency Shutdown Pressurizied	保压紧急停机
27	ES	Emergency Shutdown	紧急停机
28	ASV	Anti Surge Valve	防喘阀
29	PID	Proportional Integral Derivative	比例、积分、微分
30	P&ID	Part & Installation Drawing	零件和安装图
31	SCS	System Control Station	站控系统

续表

序　号	缩　写	英文描述	中文描述
32	VFD	Variable Frequency Drive	变频驱动
33	MTBF	Mean Time Between Failures	故障间隔平均时间
34	MTTR	Mean Time To Repair	平均维修时间
35	TCV	Temperature Control Valve	温度控制阀
36	PCV	Pressure Control Valve	压力控制阀
37	SGHCP	Seal Gas Heater Control Panel	密封气加热器控制柜
38	PC	Programmable Controller	可编程控制器
39	UCS	Unit Control System	机组控制系统
40	PWM	Pulse Width Modulation	脉宽调制
41	LVDT	Linear Variable Displacement Transducer	线位移传感器
42	RVDT	Rotary Variable Displacement Transducer＋C24	角位移传感器
43	2OO3	2 Out Of 3	表决器:3 中取 2
44	ITS	Inhibit To Start	禁止启动
45	NS	Normal Stop	正常停机
46	N/A	Not Applicable	没有用到
47	ATS	Abort To Start	启动失败
48	PTS	Permissive To Start	允许启动
49	NVRAM	Non-Volatile Random Access Memor	非易失性随机存取存储器
50	OLE	Object Linking and Embedding	对象链接和埋入
51	OPC	OLE Process Control Server	OLE 过程控制服务器
52	SDB	System Database	系统数据库
53	SIL	Safety Integrity Level	安全完整性等级
54	LCD	Liquid Crystal Display	液晶显示器
55	RTU	Remote Terminal Unit	远程终端设备

1.3　RR 燃驱机组概述

1.3.1　机组目前情况概述

本节介绍由 RR 公司设计制造的 RB211 - G62/RF2BB36 燃气轮机/压缩机组简单结构及控制系统架构说明及目前运行概况。

本节所述内容适用于西部管道公司独山子输油气分公司乌苏压气站 3 台所安装的 RB211 - G62/R2FBB36 燃气轮机压缩机组的运行和维护，也可以作为机组维检工作的参考资料。

1.3.2　引用标准

①《COBERRA6562/RF2BB36 燃气轮机/压缩机维护保养规程》；
②《RB211－24G 燃气发生器操作维护手册》；
③《RT62 动力透平操作维护手册》；
④《RF2BB36 离心压缩机操作维护手册》；
⑤《COBBERRA6562/RF3BB36 控制手册》；
⑥《压缩机组维护检修管理规定》。

1.3.3　一般说明

1.3.3.1　机组机械部分

1. 简要说明

RB211－24G－T 工业用燃气发生器是一种双转子(即两个转子)、高压比发动机。它由排气驱动动力涡轮。来自燃气发生器压气机的空气具有几项功能,如动力涡轮轮缘冷却和密封空气。燃气发生器有一个 7 级中压压气机、一个 6 级高压压气机、一个单级高压涡轮和一个单级中压涡轮。中压和高压轴在机械上是独立的,每一个都以最佳转速运转。流过燃气发生器的空气从中压压气机到高压压气机。一些空气用管子从燃气发生器引出,一些空气冷却燃气发生器的高温部件,其余的空气流进环形燃烧室,在燃烧室注入的燃料与空气混合并被点燃。高能热燃气流进高压涡轮。高压涡轮和中压涡轮将燃气能量转变成轴马力功率。在燃气发生器下方的中机匣上装有一个液压启动电机。它驱动燃气发生器到自持转速时便停止工作。

动力涡轮通过一根联轴器和离心式压缩机输入端通过法兰连接在一起,动力涡轮在燃气发生器排放气体的驱动下转动,同时带动压缩机旋转,压缩机压缩天然气,将天然气从上游泵至下游,对天然气长距离输送提供动力。RT－62 动力涡轮是一种 2 级冲压-反力式涡轮。它将来自燃气发生器排气的能量转变成轴马力。燃气发生器排气进入涡轮进口扩压器。进口扩压器将燃气引导到第 1 级导向器叶片。导向器叶片致使燃气以最佳的角度冲击第 1 级涡轮叶片。经过第 1 级涡轮叶片后,燃气遇到第 2 级导向器叶片,又使燃气以最佳的角度冲击第 2 级涡轮叶片。在通过第 2 级涡轮叶片之后,燃气从内、外排气扩压器之间流入一个隔热套,并经过排气可以从管排入大气中。RF2BB36 压缩机是一种 2 级离心式压缩机,装有双支撑梁式转子。它由旁侧进气和排气。工作天然气进入压缩机侧面,流入第 1 级叶轮。当叶轮转动时,它压缩天然气。然后,天然气流入第 2 级叶轮,在这里,天然气再一次得到压缩,最后,流出压缩机侧面的排气管。两个干气密封件阻止工作的天然气渗漏到压缩机机匣中。一个密封件位于机匣盖端,另外一个位于被驱动的一端。燃气轮机被安装在一个箱体内,箱体是带有消音功能的钢结构的箱子。箱体内安装有消防系统,当箱体内机组在运行时,若发生火灾,则消防系统能迅速将火扑灭。

本机组属于航改型工业用轻型燃气轮机,在标准状态下,当动力涡轮转速在 4 800 r/min 时,机组的额定功率(ISO)为 29 530 kW(约等于 39 580 hp)。

2. 压缩机组的运行数据

(1)燃气发生器

①制造厂家:罗尔斯·罗伊斯公司。

②型号:RB211-24G。

③转动方向:顺时针,面对进气端。

④燃料系统:天然气。

⑤慢车转速:在交付试车时调定。

⑥润滑油:人工合成润滑油。

(2)动力涡轮

①制造厂家:罗尔斯·罗伊斯公司。

②型号:RT62。

③级数:2。

④种类:冲动/反力式。

⑤转动方向:顺时针,面向轴端。

⑥额定功率(ISO):29 530 kW(39 580 hp)。

(3)额定转速

①暖机:在交付试车时调定。

②正常:4 800 r/min。

③最大连续转速:5 040 r/min。

④控制范围:3 120～5 300 r/min。

(4)超速跳机

①主系统:5 300 r/min。

②备份系统:5 300 r/min。

③进口压力(ISO 额定):356.5 kPa(57.22 lb/in^2)。

④进口温度(ISO 额定):755 ℃(1 394 ℉)。

⑤排气温度(ISO 额定):509.6 ℃(913 ℉)。

(5)运转间隙

①轴颈轴承(盘端):0.33～0.38 mm(0.013～0.015 in)。

②止推轴承(轴向):0.28～0.43 mm(0.011～0.017 in)。

③轴颈轴承(连接件端):0.20～0.25 mm(0.008 5～0.010 5 in)。

(6)转子尖部到蜂窝密封件间隙

①第 1 级:1.78～3.30 mm(0.070～0.130 in)。

②第 2 级:1.78～3.30 mm(0.070～0.130 in)。

(7)转子直径

①轴颈轴承(盘端):203.20 mm(8.0 in)。

②轴颈轴承(联轴器端):177.8 mm(7.0 in)。

③篦齿密封圈(额定):509.9 mm(20.075 in)。

④止推环的径向过盈配合:0.064～0.102 mm(0.002 5～0.004 0 in)。

⑥在有负载时密封空气压力表设定:180～200 mmH_2O(1 mmH_2O=9.8 Pa) 。

⑦润滑油:高级矿物油。

(8)压缩机

①制造厂家:罗尔斯·罗伊斯公司。

②型号:RF2BB36。

③类型:离心式。

④叶轮级数:2。

⑤叶轮类型:闭式。

⑥叶轮叶片:17。

⑦导向叶片:0。

(9)扩压器叶片

①第 1 级:14。

②第 2 级:14。

(10)额定转速

①最大连续转速:5 040 r/min。

②最小使用转速:3120 r/min。

③正常使用转速:4 800 r/min。

④最大工作压力:12 000 kPaG(1 740 lb/in^2 表压)。

⑤进口压力:5 639 kPaG(817.8 lb/in^2 绝压)。

⑥进口温度:13.4 ℃(56 ℉)。

⑦进口流量:4.931 m^3/s(10 448 in^3/min)。

⑧出口压力:9 950 kPa(1 443.1 lb/in^2)。

⑨出口温度:61.6 ℃(142.9 ℉)。

⑩出口流量:3.35 m^2/s(7 092 in^3/min)。

(11)轴承间隙

①轴颈轴承径向间隙(两端):0.282～0.318 mm(0.011 1～0.012 5 in)。

②止推环轴承径向间隙:0.28～0.43 mm(0.011～0.017 in)。

③止推环过盈:0.152～0.178 mm(0.006～0.007 in)。

(12)篦齿密封圈径向间隙

①孔眼-第 1 级:0.775～0.876 mm(0.030 5～0.034 5 in)。

②孔眼-第 2 级:0.762～0.864 mm(0.030～0.034 in)。

③轴:0.495 3～0.851 mm(0.029 5～0.033 5 in)。

(13)轴直径

①被驱动端支承面:165.1 mm(6.5 in)。

②非被驱动端非支承面：165.1 mm(6.5 in)。

③干气密封件面(分级的)：177.8 mm(7.0 in)。

(14)干气密封件

制造厂家：Burgmann(博格曼)。

1.3.3.2 机组控制部分

1. 简要说明

本节所提及机组均采用 AB ROCKWELL 公司生产 Control logix 系列 PLC 中的 1756 - L73 型号控制器(PLC)作为主要机组控制，与其搭配的控制器还有主要作为振动保护的 bently 3 500 控制器、作为机组火气保护的 EQP 控制器。

在 PLC 配置上，每台机组采用 A10 机架作为 PLC 与机架上安装的其他模块(控制网 ControlNet 模块、以太网 EtherNet 模块、RM2 冗余模块等)通信桥梁，其中每台机组共有 3 个 A10 机架，1 个 A10 机架上同时搭载有燃机关键控制系统(ECS)的 PLC 和安全仪表保护系统(SIS)的 PLC，两者控制器型号均为 1756 - L73。另外 2 个 A10 机架互为冗余，搭载有燃机顺序控制系统(PCS)的 PLC，型号也为 1756 - L73。以上提到的 3 个控制器主要控制着燃机正常运行、停止，与其共同组成机组控制部分的还有中间的通信设备和远程 I/O 模块及现场仪表及设备。

现场的仪表、设备通过硬线连入现场控制柜内远传 I/O(负责采集、发送仪表信号)模块，型号大致分为数字量和模拟量信号两种，一般在命名方式上能区分是否为输出或者输入模块和通道数，例如 OB16 模块为 16 通道的输出模块，O 代表为输出(Output)，数字模拟量需要另外的方式来进行区分。在机组上，常见的数字量输入、输出模块为 IB16、OB16，常见的模拟量输入、输出模块为 IF4I、IE8、OF4I，常见的继电器模块为 OW8 热电阻/热电偶输入模块为 IRT8，常见的频率信号输入模块为 IJ2。以上模块均通过中间通信设备(ControlNet 网络)与 PLC 进行数据交换，最终根据已有的程序实现对机组的远程监视与控制。

2. 控制系统各设备简单介绍

图 1 - 6 所示为压缩机控制网络拓扑图，本节将以此图简单介绍压缩机组整个控制架构。

由实际生产可知，数据一般分为两种连接方式进行交互：第一种为硬线连接，实际表现为现场设备内部使用实体的线缆直接接入数据采集设备，一般一个信号对应一根线，一般应用于现场仪表设备与数据输入、输出模块之间的连接；第二种为所有信号汇集后通过一根或多根通信线实现数据交互称为信号连接，一般应用与现场远传 I/O 的通信模块通过控制网(ControlNet)、设备网(DeviceNET)或以太网(EtherNet)与 PLC 进行通信，一般应用与 PLC 控制器及其配套设备与外部额外设备进行通信，例如 PLC 控制器与现场远传仪表设备、BN3500 振动监测系统、站控 SCADA 系统、机组上位机电脑、工程师工作站之间的通信。

整个控制网可以简化为 3 个设备：一个是控制器，一个是中间通信设备，一个是现场仪表设备、操作站等。

控制器作为主要控制和运算的主单元，在图中有 AB Controllogix 5555 PLC、DT Gas&Fire Detection、BN3500 Vibration Monitor，分别为机组控制、火气保护控制、振动监测保护控制的控制器。现场主要设备型号分为 1756－L73、EQP Quantum Premier、BN3500。

中间通信设备主要为控制器与现场设备通信的工具，在图中为 EtherNet Switch 交换机(实际生产中还应有 E 网模块、C 网模块、D 网模块、现场 I/O 模块的总通信节点模块、与第三方设备通信 Prosoft 模块)。现场主要设备型号为赫斯曼交换机、1756－EN2T、1756－CN2R、1756－DNB、1756－ACNR、Prosoft MVI56－MCM。

现场仪表设备、操作站为用于采集和控制的设备，在图中为 ET、MMI、Valve、PT、TT，分别为工程师站、人机交互界面、阀门、压力变送器、温度变送器。由于采集和控制的设备较多，所以本书不做详细介绍。

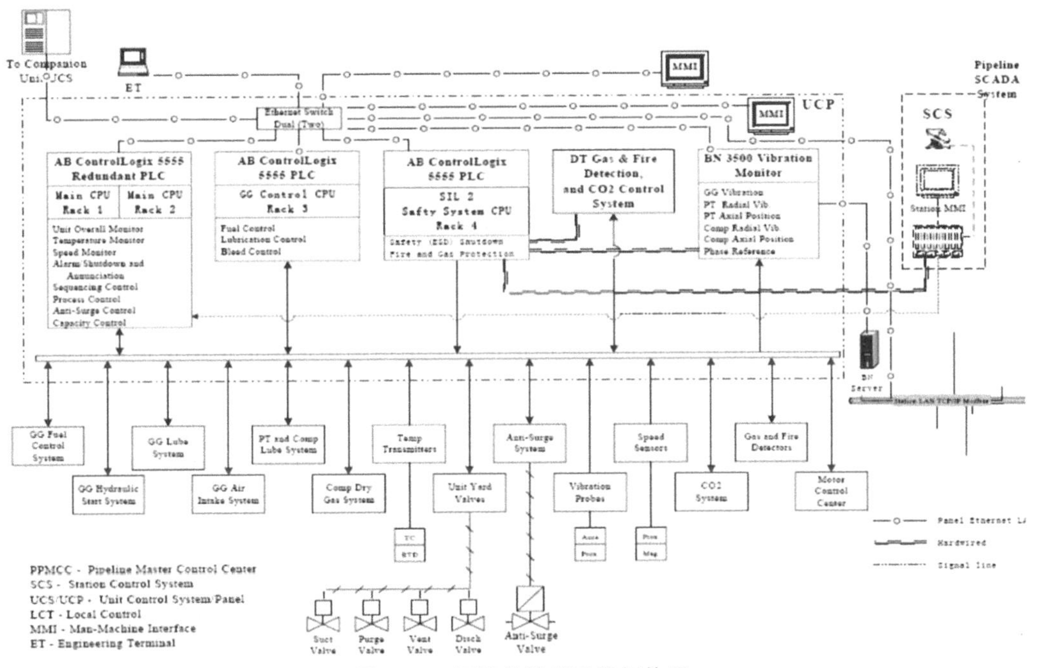

图 1－6　压缩机控制网络拓扑图

1.4　沈鼓电驱机组概述

1.4.1　机组概述

110 kV 高压电经上级变电所架空线路进入站内 110 kV 变电所，经输入主变将 110 kV 高压电变为 10 kV 输出电源，然后输入中压柜。中压柜执行负荷分配，将一部分电能输入站变，向站内二级负荷供电，另一部分输入电阻柜限制浪涌电流后输入 2 台油浸式移相变压器。10 kV 电源经干式变压器移相后变为 660 V/36 V 脉冲交流电，并输入变频器，变频器将其整流逆变后输出 10 kV 的交流电，向同步电机供电，供电电流驱动电机旋转。同步电机在运行时带动同轴的无刷式励磁机旋转,励磁机因磁场效应产生电流并经旋转整流器整流后作为励磁电流输入同步电机转子绕组,使电机按照一定的转速同步旋转。沈鼓电驱机组流程图如图 1-7 所示。

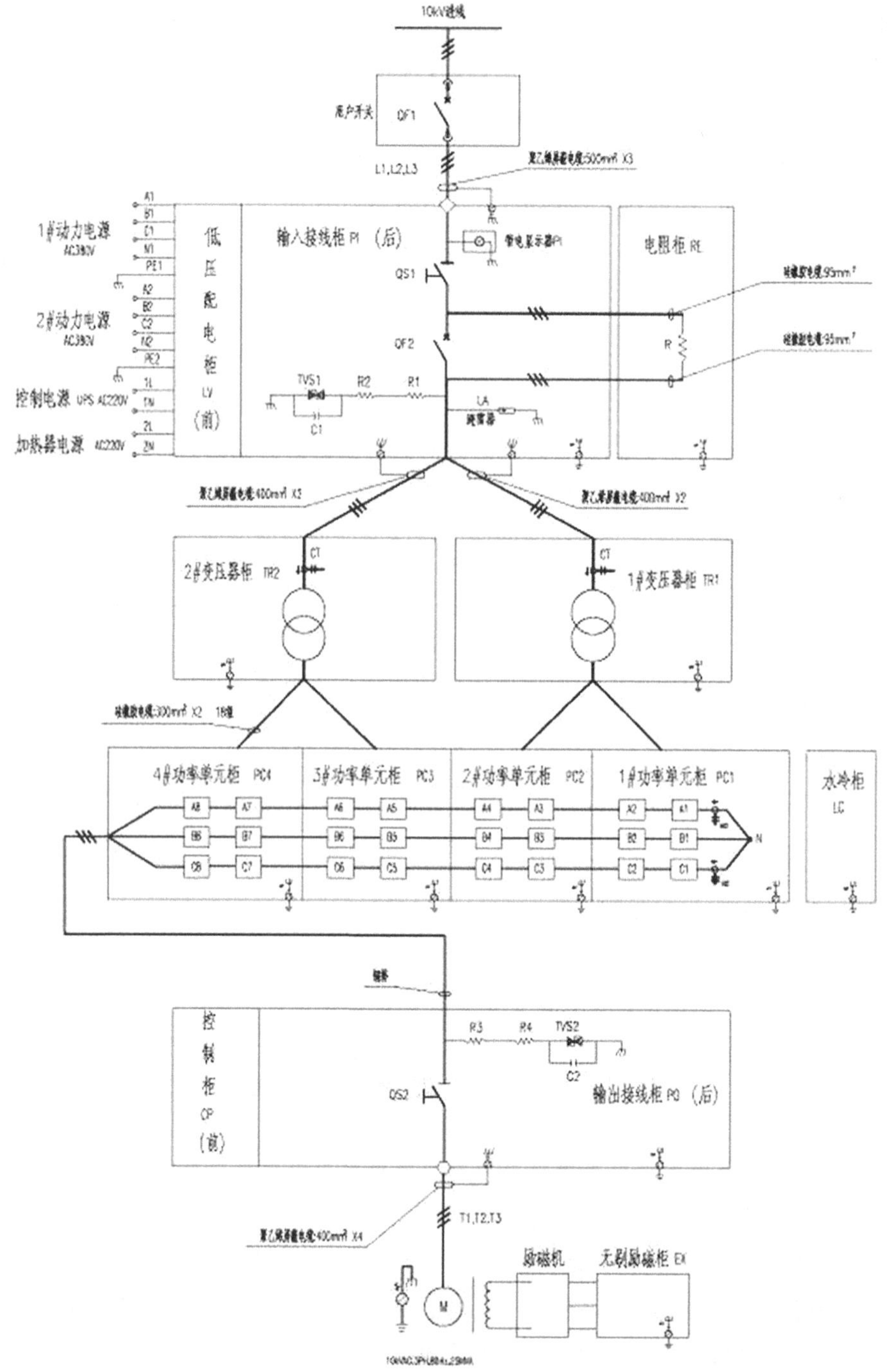

图 1-7 沈鼓电驱机组流程图

1.4.2　主要参数

沈鼓电驱机组技术参数见表 1－14。

表 1－14　沈鼓电驱机组技术参数

参数名称	参数描述	备　注
型号	TAGW20000－2	
额定输出功率	20 000 kW	海拔 1 000 m 下
安装位置	室内	
额定电流	1 264 A	
相数	3	
工作制	S1	
额定功率因数	1.0	
接法	Y	
额定频率	80 Hz	
励磁电压	105 V	
励磁电流	435 A	
绝缘等级	F	
额定转速	4 800 r/min	
保护等级	IP55	
执行标准	GB 755	
安装型式	7 531	
冷却方法	86 W	
极数	2	
旋转方向	顺时针	NDE
定子最高温升	85 ℃	
驱动端轴承最高温度	99 ℃	
非驱动端轴承最高温度	99 ℃	
励磁机端轴承最高温度	85 ℃	
轴材料	25Cr2Ni4MoV	
励磁机端轴承	可倾瓦块式	
驱动端轴承	可倾瓦块式	
非驱动端轴承	可倾瓦块式	
第一临界转速	2 290 r/min	
第二临界转速	6 350 r/min	
冷却水量	100 m^3/h	
运行水压	0.3～0.5 MPa	
进水温度	5～45 ℃	
主电机轴承所需滑油流量	(2×40＋4) L/min	

续表

参数名称	参数描述	备　注
励磁机端轴承所需滑油流量	4 L/min	
供油压力	0.15 MPa	
滑油温度	35～45 ℃	

1.4.3　机组控制系统(UCS)概述

在 UCS 设计方案上，沈鼓集团为每套压缩机提供一套以计算机为核心的用于自动、连续地监视和控制压缩机组及辅助系统运行的控制的自动化系统。该系统可以实现压缩机组的自动控制和保护压缩机组安全、连续、平稳、高效运行。

1.4.4　机组控制系统(UCS)组成

机组控制系统(UCS)分为以下四大系统组成。

1)SCP：站控制系统。

2)UCP：机组控制盘系统。

3)ESD：紧急停车系统。

4)BENTLY3500：本特利控制系统。

UCS 系统的网络规划配置图如 1－8 所示。

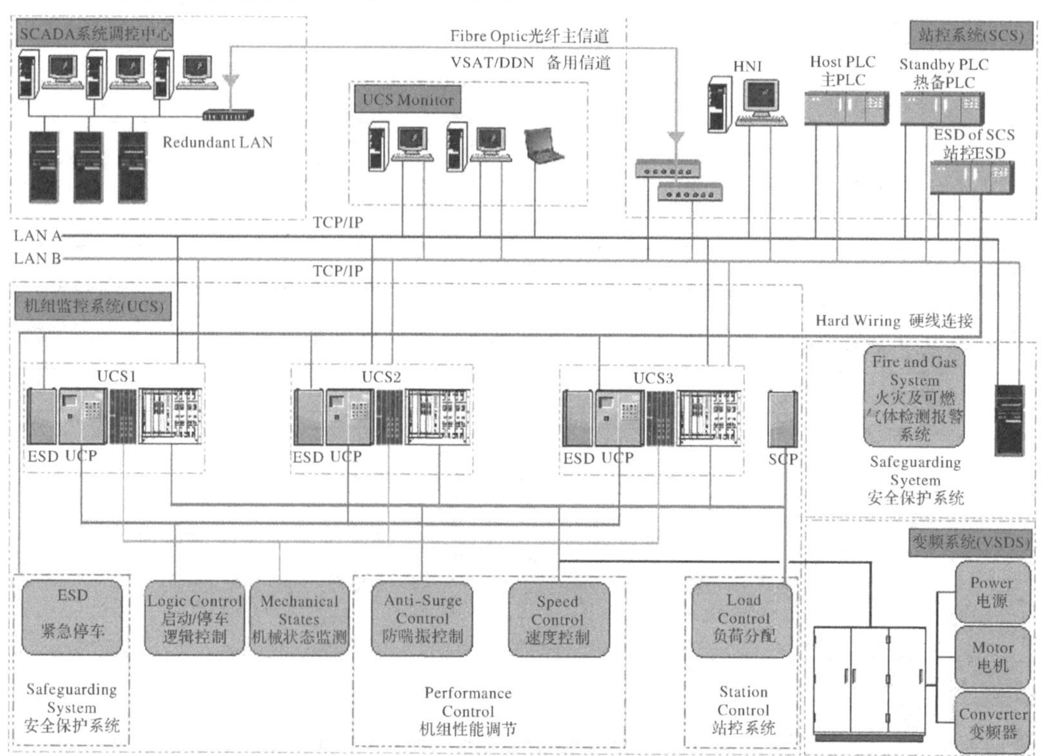

图 1－8　UCS 系统的网络规划配置图

1.4.5　UCS 硬件配置

1.4.5.1　站控制系统(SCP)硬件配置

SCP(CCC 冗余系统)硬件配置表见表 1－15。

表 1－15　SCP(CCC 冗余系统)硬件配置表

序　号	硬件名称	参数名称	参数描述
1	CCC5 系框架 (包含 CPU、I/O 卡件、电源模块)	型号	S5VANG－D10－01
		CPU	TMPU－1002
		I/O 卡件	TIOC－555HD
		电源模块	PSMU－350－3
2	开关量端子板	型号	FTA－544
		I/O Limits per FTA	11 AI,3 AO
3	模拟量端子板	型号	FTA－554
		I/O Limits per FTA	8 DI，7 DO，3 FI
4	FTA Cable，3 m	型号	FTAC－3
		备注	系统电缆
5	Local Analog Input Conditioning Module	型号	CM－2－102
		备注	AI 卡
6	Local Analog Output Conditioning Module	型号	CM－2－200
		备注	AO 卡
7	Local Digital Input Conditioning Module	型号	CM－1－335
		备注	DI 卡
8	Local Digital Output Conditioning Module	型号	CM－1－439
		备注	DO 卡
9	AC Line Filter，120/240 VAC，16amp	型号	50－421020－005
		备注	电源过滤器

1.4.5.2　机组控制系统(UCP)硬件配置

UCP(CCC 控制部分)硬件配置表见表 1－16。

表 1－16　UCP(CCC 控制部分)硬件配置表

序　号	硬件名称	参数名称	参数描述
1	CCC 5 系框架 (包含 CPU、I/O 卡件、电源模块)	型号	S5VANG－D10－01
		CPU	TMPU－1 002
		I/O 卡件	TIOC－555HD
		电源模块	PSMU－350－3

续表

序　号	硬件名称	参数名称	参数描述
2	开关量端子板	型号	FTA-544
		I/O Limits per FTA	11 AI，3 AO
3	模拟量端子板	型号	FTA-554
		I/O Limits per FTA:	8 DI，7 DO，3 FI
4	FTA Cable，3 meters	型号	FTAC-3
		备注	系统电缆
5	Local Analog Input Conditioning Module	型号	CM-2-102
		备注	AI卡
6	Local Analog Output Conditioning Module	型号	CM-2-200
		备注	AO输入模块
7	Local Digital Input Conditioning Module	型号	CM-1-335
		备注	DI输入模块
8	Local Digital Output Conditioning Module	型号	CM-1-439
		备注	DO输出模块
9	AC Line Filter，120/240 VAC，16 amp	型号	50-421020-005
		备注	电源过滤器

UCP(ICS冗余控制系统部分)硬件配置表见表1-17。

表1-17　UCP(ICS冗余控制系统部分)硬件配置表

序　号	描　述
1	Processor base unit
2	Processor module
3	I/O base unit(3 way)
4	Analogue input module，16 channel，isolated
5	Digital input module，24VDC，16 channel，isolated
6	Digital output module，24VDC，8 channel，isolated，commoned
7	Analogue output module，8 channel，isolated
7	Analogue input TA，16 channel，simplex
8	Digital input module，24VDC，16 channel，isolated
9	Digital output TA，24VDC，8 channel，simplex
10	Analogue output TA，8 channel simplex
11	Backplane expansion cable，2 metre

1.4.5.3　紧急停车系统(ESD)硬件配置

紧急停车系统(ESD)硬件配置表见表 1－18。

表 1－18　紧急停车系统(ESD)硬件配置表

序　号	描　述
1	Processor base unit
2	Processor module
3	I/O base unit(3 way)
4	Analogue input module, 16 channel, isolated
5	Digital input module, 24VDC, 16 channel, isolated
6	Digital output module, 24VDC, 8 channel, isolated, commoned
7	Analogueinput TA, 16 channel, simplex
8	Digital input TA, 16 channel, simplex
9	Digital output TA, 24VDC, 8 channel, simplex

1.4.5.4　本特利控制系统(BENTLY 3500)硬件配置

本特利控制系统(BENTLY 3500)硬件配置表见表 1－19。

表 1－19　本特利控制系统(BENTLY 3500)硬件配置表

序　号	型　号	描　述
1	3500/05－01－01－00－00－00	框架
2	3500/15－02－02－00	电源模块
3	3500/22－01－01－00	框架接口模块
4	3500/42M－01－00 或 3500/40－01－00	监视器模块
5	3500/50－01－00－01	健相卡件
6	3500/65－01－00	温度模块
7	3500/33－01－00	继电器模块
8	3500/92－02－01－00	通信模块

1.4.5.5　其他附件

其他附件表见表 1－20。

表 1　20　其他附件表

序　号	型　号	描　述
1	MTL5531	模拟量输入(振动)安全栅
2	MTL5582	模拟量输入(温度-轴系)安全栅
3	SDRTD	浪涌保护器
4	SD32X	浪涌保护器
5	IOP32	浪涌保护器
6	SD32T3	浪涌保护器

续表

序　号	型　号	描　述
7	MA15/D/2	浪涌保护器
8	MA3145-230-2-R	浪涌保护器
9	电源	LAMDA 24VDC 27A
10	断路器	
11	接地铜排	
12	交换机	

TMPU-1002 是美国压缩机控制公司(CCC)的核心运算设备,若该卡件损坏,则 CCC 控制系统将全部停止,但现在配置为冗余控制,一个 CPU 损坏,另一个 CPU 还能够工作,保证控制系统正常运转,发现有损害可及时更换,实现冗余工作,避免生产损失。

FTA544、FTA554 是 I/O 端子板,该底板承载着 I/O 卡件,并且与现场线进行连接,若现场有强电压串进来,则会对其进行损害,因此建议备用,以防后患。

TIOC-555HD、CM-1-335、CM-1-439、CM-2-102、CM-2-200 是开关量、模拟量的采集和输出信号,对现场信号进行采集,方便监视、保护和控制等功能。

PSMU-350-3、50-421020-005 是电源模块,给 CCC 控制系统进行供电。

ICS 卡件表见表 1-21。

表 1-21　ICS 卡件表

序　号	型　号	描　述
1	T9100	ICS 系统 CPU
2	T9432	ICS 系统 AI 卡
3	T9402	ICS 系统 DI 卡
4	T9451	ICS 系统 DO 卡
5	T9482	ICS 系统 AO 卡
6	T9832	ICS 系统 AI 卡冗余模块
7	T9802	ICS 系统 DI 卡冗余模块
8	T9452	ICS 系统 DO 卡冗余模块
9	T9882	ICS 系统 AO 卡冗余模块

T9100 是 ICS 的核心运算设备,若该卡件损坏,则 CCC 控制系统将全部停止,但现在配置为冗余控制,一个 CPU 损坏,另一个 CPU 还能够工作,保证控制系统正常运转,发现有损害可及时更换,避免生产损失。

T9432、T9402、T9451、T9482 是开关量、模拟量的采集和输出信号,对现场信号进行采集,方便监视、保护和控制等。

T9832、T9802、T9452、T9882 是 ICS 冗余卡件的重要元件,若一个卡件失效,则可以切换到另一个 I/O 卡件上,防止机组停车。

BENTLY 3500 配置表见表 1-22。

表 1-22　BENTLY 3500 配置表

序　号	型　号	描　述
1	3500/05-01-01-00-00-00	框架
2	3500/15-02-02-00	电源模块
3	3500/22-01-01-00	框架接口模块
4	3500/42M-01-00 或 3500/40-01-00	监视器模块
5	3500/50-01-00-01	健相卡件
6	3500/65-01-00	温度模块
7	3500/33-01-00	继电器模块
8	3500/92-02-01-00	通信模块

3500 系列卡件是机组温度、振动、位移以及转速监测的重要组成部分，可以对压缩机轴系系统进行全方面的监测，对控制系统报警、联锁起到关键性作用。

第 2 章　控制模块说明

2.1　Mark VIe 功能块解读

2.1.1　Mark VIe 应用程序的结构

Mark VIe 控制程序是 GE 燃驱机组控制的核心，位于 TOOLBOX 软件 Software 栏中、Programs 目录下。针对不同的控制要求，Mark VIe 控制程序会调整机组上各个设备的状态，从而使机组完成启动、停机、运行等过程。同时，Mark VIe 控制程序接受来自 BENTLY 系统、机组 PLC 系统、站控 PLC 系统（即 SCADA 系统）发来的信号，并作出相应的反应。

从功能结构上，Mark VIe 控制程序可以分成 3 个层次，即功能模块（block）、用户自定义模块（userblock）和程序（program）。功能模块实现了最基本的程序功能，例如“与”运算、“或”运算、取反、计时等。功能模块被以特定的方式组合在一起就成为用户自定义模块，用于完成用户需要的一些特殊功能，例如延时模块 TDDO 模块、延时模块 TDPU 模块、进程控制模块 STEP 等。功能模块和用户自定义模块共同组成了程序，程序具体实现控制功能。不同的程序在一起组成整个 Mark VIe 控制程序。

当想要详细的、全面的说明程序具体内容时，最简单的方法是按照程序已有的目录进行逐个介绍，最大限度、最全面地覆盖所有的程序。然而，一些在功能上连续的程序分散在不同的目录之中，如果仅按目录进行叙述，程序的作用过程就不能得到连续的说明。为了在叙述内容的全面性和功能介绍的连续性上求得平衡，本节采用分类介绍的方式，从不同侧重点对 Mark VIe 控制程序加以说明。

2.1.2　Mark VIe 功能块的分类

Mark VIe 控制程序是由程序模块所组成的，程序模块组合在一起形成了程序，程序实现了 GE 燃驱机组的各项控制功能。

程序模块可以分成两类：功能模块和用户自定义模块。功能模块是最基本的模块，软件本身已经给出，程序编制者可以根据需要自行选用。以 GE 燃驱机组为例，Toolbox 软件共提供了 221 种功能模块，而程序仅使用了其中的 64 种。用户自定义模块是程序编制者根据特殊的控制要求而由功能模块编制成的。

只有功能模块才可以在 Toolbox 软件中查看帮助说明。根据 Toolbox 的帮助栏里的分类，功能模块有三大类别：标准功能模块（Standard Block）、燃机功能模块（Turbine Block）、传统功能模块（Legacy Block）。这三类功能模块在 Toolbox 中的说明都为英文，而且较为简略，不易理解，在本书第 1～3 章中将会列出这三种类别中下属的所有模块，并对在 GE 燃驱机组 LM2500＋SAC PCL804 控制程序中使用的模块予以说明，在本型号机组中没有使用的模块，则仅列出模块名，而不进行说明。行文过程中，对逻辑判断类型的模块叙述尽量详尽，对数值处理类型的模块则仅做简单介绍。

用户自定义模块的种类更多，组成和功能都更为复杂，而且机组软件上没有给出总结性的说明，因此难以逐一叙述。但由于自定义模块都是由功能模块组合而成的，所以，如果读者已经较为熟悉功能模块的作用和功能，那么自行阅读理解用户自定义模块也非难事。

在模块输入、输出端常常出现模拟量数值，Mark VIe 程序中模拟量分为以下 6 种，在本书中一概将它们处理成模拟量，如表 2－1 所示。

表 2－1　关于在模块说明中常出现的数据类型分类

缩　写	英文名	说　明	位　长	数值范围	数据类型
I	Integer	有符号整数	16 bit	$-2^{15}\sim2^{15}$	整数型模拟量
DI	Double Integer	有符号整数	32 bit	$-2^{31}\sim2^{31}$	
UI	Unsigned Integer	无符号整数	16 bit	$0\sim(2^{16}-1)$	
UDI	Unsigned Double Integer	无符号整数	32 bit	$0\sim(2^{32}-1)$	
R	Real	非整数数值	32 bit	IEEE754	浮点型模拟量
sLR	Long Real	非整数数值	64 bit		

2.1.3　第一类功能模块——标准功能模块(Standard Block Lib)

在机组 Toolbox 软件中，归类于标准功能模块（Standard Block Lib）的模块共有 59 种，其中，在西一线燃驱机组程序中实际使用的有 27 种。本章第 1 节将对机组实际使用的标准功能模块予以一一说明；本章第 2 节对机组未实际使用的模块仅列出模块名。

2.1.3.1　机组程序中使用的标准功能模块

1. ANY_FORCES 模块（Any Forces）

ANY_FORCES 模块（见图 2－1）负责检查 Mark VIe 程序内是否有被强制的变量，当程序内存在强制变量的时候，输出端 YES 变为 True；输出端 NUMVARS 则负责输出被强制变量的数目。

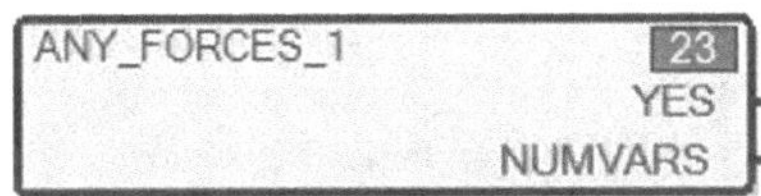

图 2－1　ANY_FORCES 模块

2. AVRG(Average Input)

AVRG 模块(见图 2-2)用来对模拟量进行平均处理。设现时输入值 IN 为 ARR_N,上一个扫描时间的输入值为 ARR_N-1,上上一个扫描时间的输入值为 ARR_N-2,以此类推。最后的输出 OUT 就等于所有 N 个输入值 IN 的平均值。

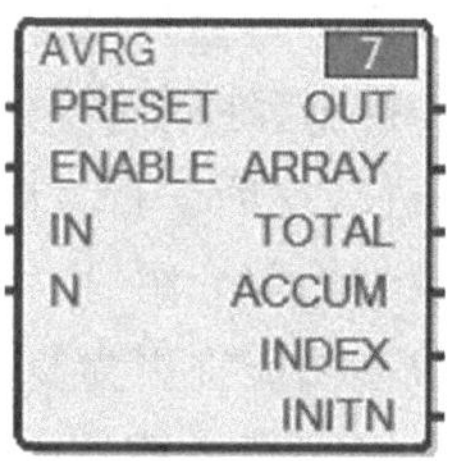

图 2-2 AVEG 模块

ARRAY 端口用来记录所有 N 个 IN 值。当 PRESET 激活时,ARRAY 端口中所有的数值都被重置为现时 IN 值。AVEG 模块数据表见表 2-2。

表 2-2 AVEG 模块数据表

输入端		
端口名	数据类型	说　明
ENABLE	数字量	模块功能使能
IN	模拟量	输入值
N	整数设定值	选定的参数数量
PRESET	数字量	重置端激活后,ARRAY 端口所记录所有数值归为现在 IN 值
输出端		
端口名	数据类型	说　明
OUT	模拟量	输出值
ARRAY	数列	共有 N 个模拟量

3. BFILT(Boolean Filter)

BFILT 模块(见图 2-3)用来对输入的数字信号进行处理,当 IN 端口维持在 True 状态超过 PU_DEL 设定时间后,OUT 端口才会变为 True;当 IN 端口由 True 变 False,并在 False 状态持续超过 DO_DEL 设定时间,OUT 端口才会变为 False。BFILT 模块信号图和数据表如图 2-4 和表 2-3 所示。

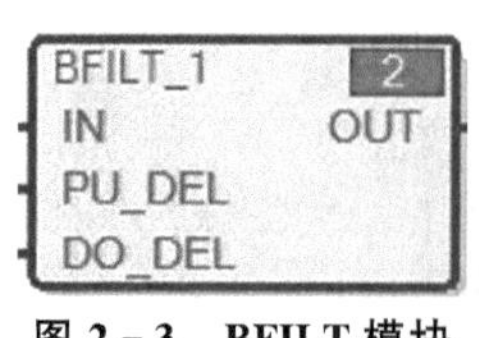

图 2-3 BFILT 模块

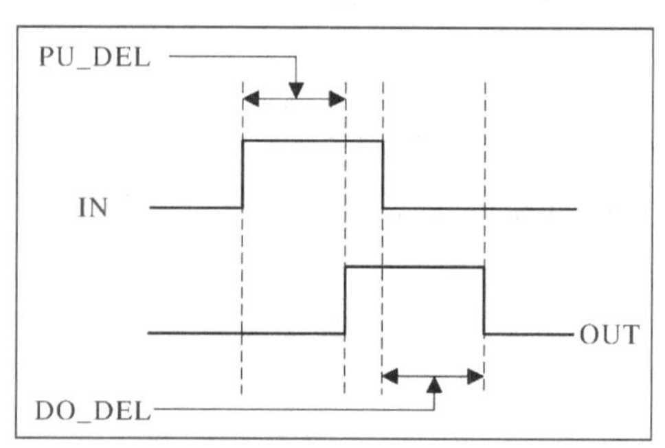

图 2-4 BFILT 模块信号图

表 2-3　BFILT 模块数据表

输入端		
端口名	数据类型	说　明
IN	数字量	输入数字量，作为布尔过滤的目标值
PU_DEL	模拟量	输出程序中存在的强制变量的数量(单位:ms)
DO_DEL	模拟量	单位:ms
输出端		
端口名	数据类型	说　明
OUT	数字量	输出值

4. CALC(Calculator)

CALC 模块(见图 2-5)负责对输入模拟量进行数学运算，模块的 EQUAT 端口用来设置计算公式，公式中的符号已被规定好意义，公式中的 a～h 数值与输入端 A～H 相对应。

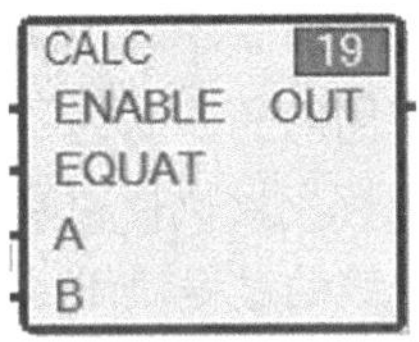

图 2-5　CALC 模块

模块支持的数学运算有以下 16 种，括号外为公式中符号，括号内为计算方式说明：+(加)，-(减)，*(乘以)，/(除以)，^(幂、次方)，%(百分比)，ABS()(绝对值)，NEG()(取反)，RND()(四舍五入到最接近的整数)，SQR()(平方根)，COS()(余弦函数)，SIN()(正弦函数)，TAN()(正切函数)，ACS()(反余弦函数)，ASN()(反正弦函数)，ATN()(反正切函数)。

CALC 模块最多允许 8 个输入值，这 8 个输入值的端口规定为 A～H。ENABLE 端口用来控制模块功能，当 ENABLE 端口为 True，模块实现规定功能，若为 FALSE，则模块功能被屏蔽。CALC 模块数据表见表 2-4。

表 2-4　CALC 模块数据表

输入端		
端口名	数据类型	说　明
ENABLE	数字量	模块功能控制，为 True，模块按照设定功能工作，为 False，模块功能被屏蔽
EQUAT	—	设定好的模块计算公式，公式中 a～h 数值对应 A～H 端口
A	模拟量	输入值 1
B	模拟量	输入值 2
C	模拟量	输入值 3
D	模拟量	输入值 4
E	模拟量	输入值 5
F	模拟量	输入值 6

续表

输入端		
端口名	数据类型	说　明
G	模拟量	输入值 7
H	模拟量	输入值 8
输出端		
端口名	数据类型	说　明
OUT	模拟量	计算结果，输出值

5. CAPTURE(Capture Data)

CAPTURE 模块最多允许接入 32 个输入端，输入端可以是模拟量或者数字量，分别被接入 VAR1 到 VAR32 口。

CAPTURE 模块被用于保存机组重要控制变量，并在需要的时候将这些变量下载到配置中。与完成同样任务的 DDR 不同，DDR 配置是由一个独立下载机制完成的，而 CAPTURE 模块则直接将代码输入配置中；CAPTURE 模块的输入端可以从程序中任意位置链接过来，换言之，它可以直接抽取模块之间的变量到自己的输入端，而 DDR 必须要有专门的模块输出来提供变量；CAPTURE 模块对所有变量执行相同的优先级、最大限度保持数据的原貌，而 DDR 由于执行的是一个比程序低优先级的过程，所以并不能捕捉到准确的数据原貌。

一般状态下，CAPTURE 模块的输出端保持“waiting”状态，CAPTURE 模块与机组的运行过程控制基本没有关系。

6. CLAMP(Clamp)

CLAMP 模块(见图 2-6)用于限制输入值的范围，这一范围是通过在输入端的 MAX 端口和 MIN 端口设定数值来确定的。当输入值小于最小值时，出口端的 IN_MIN 端口激活；当输入值大于最大值时，出口端的 IN_MAX 端口激活。输出端 OUT 将输入端 IN 向下游传递，但是 OUT 不能超出 MAX 和 MIN 规定出的范围。CLAMP 模块数据表见表 2-5。

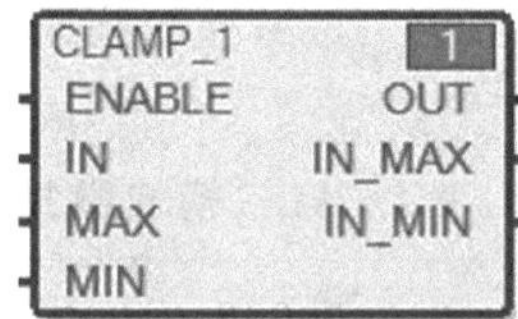

图 2-6　CLAMP 模块

表 2-5　CLAMP 模块数据表

输入端		
端口名	数据类型	说　明
ENABLE	数字量	为 True，模块使能
IN	模拟量	输入值
MAX	模拟量	允许的最大值

续表

MIN	模拟量	允许的最小值
	输出端	
端口名	数据类型	说　明
OUT	模拟量	输出值
IN_MAX	数字量	输入值高于或等于允许最大值时，本端口激活
IN_MIN	数字量	输入值低于或等于允许最小值时，本端口激活

7. COMPARE(Compare)

COMPARE 模块(见图 2-7)用来对两个模拟量的数值进行对比。FUNC 端口规定了 IN1 与 IN2 的对比方式，当 IN1 与 IN2 的数值符合规定时，模块输出端 OUT 为 True，否则为 False。COMPARE 模块数据表见表 2-6 和表 2-7。

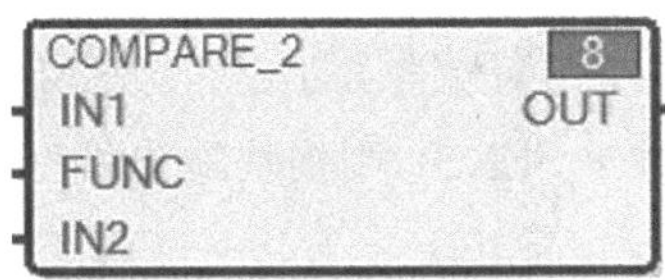

图 2-7　COMPARE 模块

表 2-6　COMPARE 模块数据表 1

FUNC 端口设定	功　能
gt	IN1＞IN2
lt	IN1＜IN2
ge	IN1≥IN2
le	IN1≤IN2
eq	IN1＝IN1
ne	IN1≠IN1

表 2-7　COMPARE 模块数据表 2

	输入端	
端口名	数据类型	说　明
FUNC	—	模块功能控制
IN1	模拟量	输入值 1
IN2	模拟量	输入值 2
	输出端	
端口名	数据类型	说　明
OUT	数字量	为 True，表示输入模拟量符合模块功能设定 为 False，表示输入模拟量不符合模块功能设定

8. COMPHYS(Compare with Hysteresis)

COMPHYS 模块(见图 2-8)的功能与 COMPARE 模块类似。本模块用来对两个模拟量的数值进行对比。FUNC 端口规定了 IN1 与 IN2 的对比方式,当 IN1 与 IN2 的数值符合规定时,模块输出端 OUT 为 True,否则为 False。COMPHYS 模块数据表见表 2-8 和表 2-9。

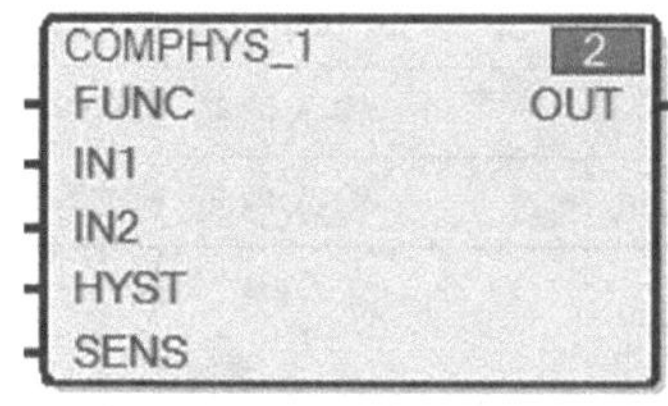

图 2-8 COMPHYS 模块

SENS 端口规定了 IN1 与 IN2 端口进行对比时的灵敏值,HYST 端口规定了 IN1 与 IN2 端口进行对比时的滞回值。

例如,当 FUNC 为 GT,即模块功能为检查 IN1 是否大于 IN2 时,若 IN1 刚刚大于 IN2,则模块输出端不会变 True,若 IN1>(IN2+SENS),则模块输出端变 True;输出端激活后,若 IN1 略微小于 IN2,则输出端不会变 False,若 IN1<(IN2-HYST),则输出端变为 Flase。

表 2-8 COMPHYS 模块数据表 1

FUNC 端口设定	功　能
gt	IN1>IN2
lt	IN1<IN2
ge	IN1≥IN2
le	IN1≤IN2
eq	IN1=IN1
ne	IN1≠IN1

表 2-9 COMPHYS 模块数据表 2

输入端		
端口名	数据类型	说　明
FUNC	—	模块功能控制
IN1	模拟量	输入值 1
IN2	模拟量	输入值 2
SENS	模拟量	灵敏值
HYST	模拟量	滞回值
输出端		
端口名	数据类型	说　明
OUT	数字量	为 True,表示输入模拟量符合模块功能设定 为 False,表示输入模拟量不符合模块功能设定

9. CNT_TO_BOOL(Count to Boolean)

CNT_TO_BOOL 模块(见图 2-9)根据输入端 IN 给出的数值,来激活 N 个输出端中的某一个,模块最多支持接入 32 个输出端。

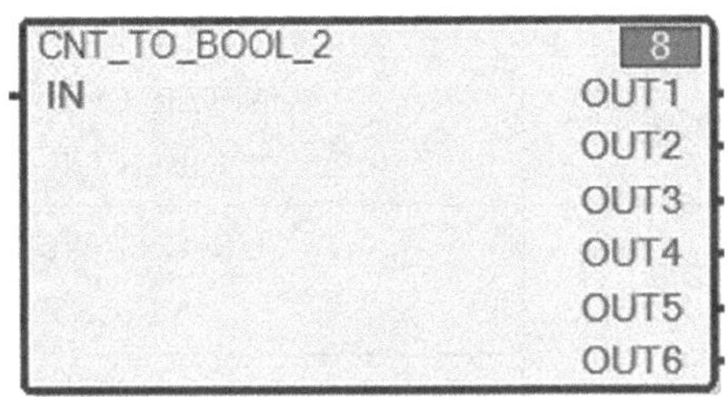

图 2-9　CNT_TO_BOOL 模块

输入端为模拟量信号,并且模拟量被限定为 0 到 $N-1$ 之间的整数,N 是指现时模块接入的输入端数量,如图 2-9 中的模块 $N=6$。当 IN=0 时,OUT1 端口被激活;当 IN=1 时,OUT2 端口被激活;以此类推,若 IN=$N-1$,则 OUT N 端口被激活。当 IN 超出了[0,$N-1$]范围时,所有输出端都为 False。CNT_TO_BOOL 模块数据表见表 2-10。

除了被选定时,各输出端都将维持 False 状态。

表 2-10　CNT_TO_BOOL 模块数据表

输入端		
端口名	数据类型	说　明
IN	模拟量	输入值限定为整数 IN=0 时,OUT1 激活;IN=$N-1$ 时,OUTN 激活
输出端		
端口名	数据类型	说　明
OUT1	数字量	输出端 1
OUT2	数字量	输出端 2
OUT3	数字量	输出端 3
…	…	…
OUTN	数字量	输出端 N

10. COUNTER(Counter)

COUNTER 模块(见图 2-10)在 INC 和 RUN 端口同时激活时,开始在 CUR_CNT 端口计时。若 CUR_CNT 端口的时间已经大于 MAX_CNT 端口的设定值,则 AT_CNT 端口激活。

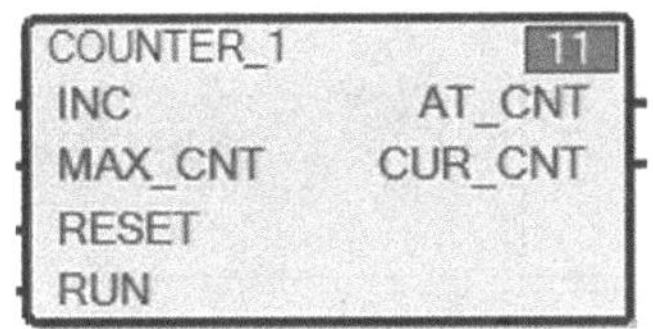

图 2-10　COUNTER 模块

当 RESET 端口激活时,AT_CNT 端口复位,CUR_CNT 端口归零。

COUNTER 模块数据表见 2－11。

表 2－11　COUNTER 模块数据表

输入端		
端口名	数据类型	说　明
INC	数字量	为 True，CUR_CNT 端计时开始 为 False，CUR_CNT 端计时中止
MAX_CNT	模拟量	CUR_CNT 达到本端口设定值时， AT_CNT 端口为 True
RUN	数字量	模块功能使能
RESET	数字量	复位端 激活时，CUR_CNT 归零，AT_CNT 变 False
输出端		
端口名	数据类型	说　明
AT_CNT	数字量	CUR_CNT 达到 MAX_CNT 端口设定值时，本端口激活
CUR_CNT	模拟量	INC 和 RUN 端口同时激活的时间点到现时经过的时间

11. GET(Get From Array)

GET 模块(见图 2－11)用来针对模拟量输入进行线性插值计算。N 端口为输入模拟量，SRC 端口为设定好的数列，就是根据此数列模块进行线性插值计算。线性插值计算的结果被输出到 DEST 端口。

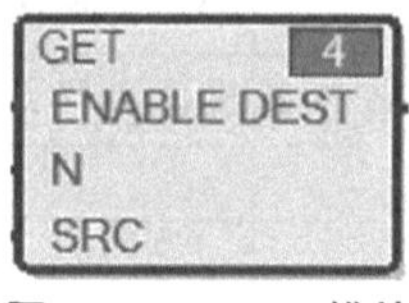

图 2－11　GET 模块

设 SRC 中所设数列如表 2－12 所示。当输入端 N 的数值在 0～5 时，模块将计算最接近的输出端数值送到 DEST 端；当输入端超出 0～5 时，模块输出边界值到 DEST 端。

表 2－12　GET 模块数据表 1

输入设定点	输出设定点
0	64
1	65
2	66
3	68
4	70
5	72

GET 模块数据表见表 2－13。

表 2-13　GET 模块数据表 2

输入端		
端口名	数据类型	说　明
ENABLE	数字量	模块功能使能
N	模拟量	模拟量输入
SRC	数列	
输出端		
端口名	数据类型	说　明
DEST	模拟量	输出

12. LAG(Lag Filter)

LAG 模块(见图 2-12)用于对 LAG_IN 端口输入的模拟量进行一阶滤波处理。一阶滤波设定常数来自 TC 端口。LAG 模块信号图如图 2-13 所示。

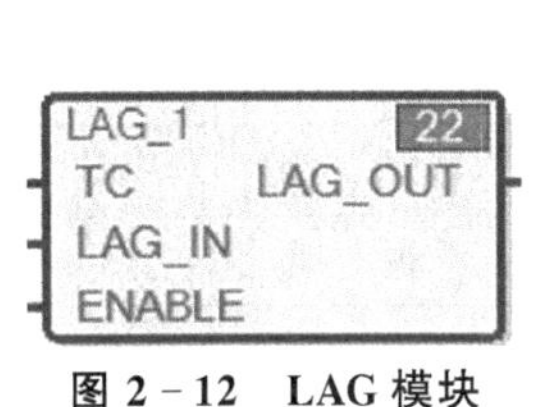

图 2-12　LAG 模块

ENABLE

LAG_IN —— $\frac{1}{1+TCs}$ —— LAG_OUT

TC

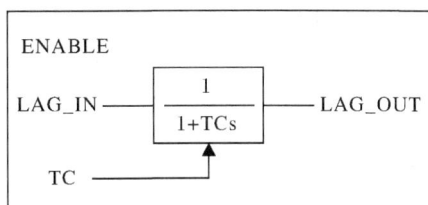

图 2-13　LAG 模块信号图

LAG 模块数据表见表 2-14。

表 2-14　LAG 模块数据表

输入端		
端口名	数据类型	说　明
LAG_IN	模拟量	输入端
TC	模拟量	一阶滤波设定常数(单位:s)
ENABLE	数字量	模块功能控制,为 True,模块功能使能
输出端		
端口名	数据类型	说　明
LAG_OUT	模拟量	一阶滤波输出值

13. LATCH

LATCH 模块(见图 2-14)的 OUT 端状态是由 SET 端、RESET 端和 OUT 端的上一状态共同决定的。也就是说,设现在的时间点为 t、下一时间点为 $t+1$,那么 $t+1$ 时的 OUT 端状态是由 t 时间的 SET 端、RESET 端和 OUT 端状态共同决定的。LATCH 模块数据表见表 2-15 和表 2-16。

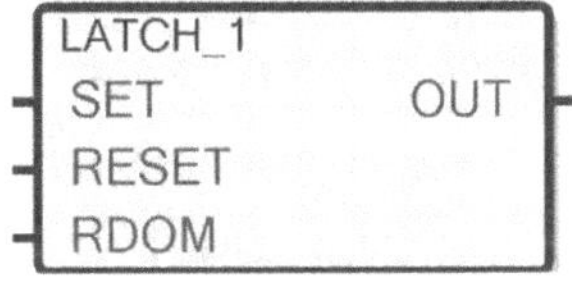

图 2-14　LATCH 模块

表 2-15　LATCH 模块数据表 1

LATCH 模块工作表				
RDOM	SET(t)	RSET(t)	OUT(t)	OUT($t+1$)
X	0	0	0	0
X	0	0	1	1
X	0	1	0	0
X	0	1	1	0
X	1	0	0	1
X	1	0	1	1
1	1	1	X	0
0	1	1	X	1

表 2-16　LATCH 模块数据表 2

输入端		
端口名	数据类型	说　明
SET	数字量	置位端
RESET	数字量	复位端
RDOM	数字量	为 Ture 时，重置整个模块，常态下都为 False
输出端		
端口名	数据类型	说　明
OUT	数字量	输出端

14. INTERP(Linear Interpolator)

INTERP 负责进行二元线性插值计算。IN 端口输入值确定后，模块根据 X 端口和 Y 端口设定的数列计算出相应的 X[i]和 Y[i]。然后根据以下公式计算出输出值：

OUT=Y[i]+((Y[i+1]-Y[i]) * ((INPUT-X[i])/(X[i+1]-X[i]))),

M=(Y[i+1]-Y[i])/(X[i+1]-X[i])。

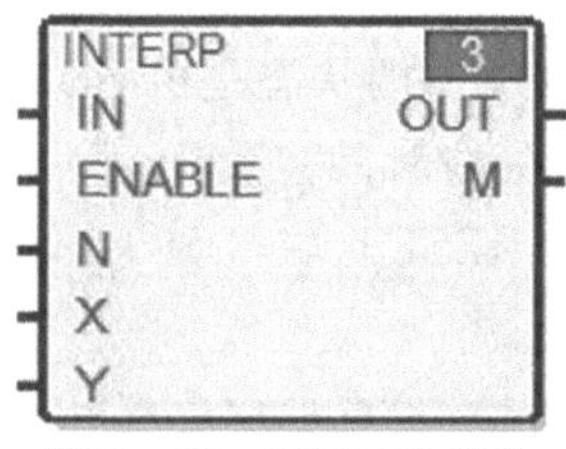

图 2-15　INTERP 模块

IN 端口的数值必须大于或等于 N 端口设定值，X 端口和 Y 端口设定的数列必须有两组以上的数值，当以上两个条件中任一个不满足时，OUT 输出维持零。INTERP 模块数据表见表 2-17。

表 2－17　INTERP 模块数据表

输入端		
端口名	数据类型	说　明
IN	模拟量	输入值
ENABLE	数字量	模块功能是能
N	设定值	当 IN 小于 N 时，模块 OUT 端维持 0
X	数列	设定数列，用于根据 IN 选取数值
Y	数列	设定数列，用于根据 IN 选取数值
输出端		
端口名	数据类型	说　明
OUT	模拟量	模块计算结果输出
M	模拟量	模块计算结果输出

15. NOT(Logical Not)

NOT 模块(见图 2－16)的功能是对输入端进行取反，取反后的结果输出到输出端。NOT 模块数据表见表 2－18。

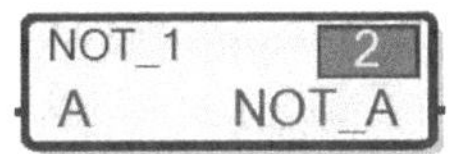

图 2－16　NOT 模块

表 2－18　NOT 模块数据表

输入端		
端口名	数据类型	说　明
A	数字量	输入端
输出端		
端口名	数据类型	说　明
NOT_A	数字量	输入端的取反值

16. MIN_MAX(Minimum-Maximum Select)

MIN_MAX 模块(见图 2－17)最多允许 8 个模拟量被输入，模块根据 FUNC 端口的状态决定选取最大值输出或选取最小值输出，若被选定的输入端为 INx，则相应的输出端 STATx 将激活。MIN_MAX 模块数据表见表 2－19。

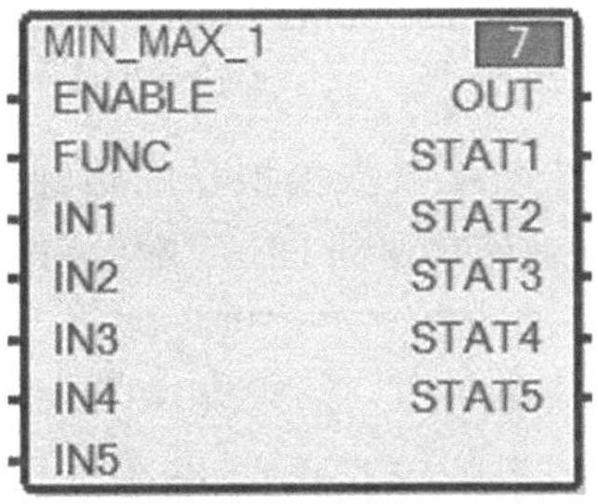

图 2－17　MIN_MAX 模块

表 2-19　MIN_MAX 模块数据表

输入端		
端口名	数据类型	说　明
ENABLE	数字量	为 True，模块使能
FUNC	—	功能选择。为 MIN 时，模块选择最小值输出；为 MAX 时，模块选择最大值输出
IN1	模拟量	输入端 1
IN2	模拟量	输入端 2
IN3	模拟量	输入端 3
IN4	模拟量	输入端 4
IN5	模拟量	输入端 5
IN6	模拟量	输入端 6
IN7	模拟量	输入端 7
IN8	模拟量	输入端 8
输出端		
端口名	数据类型	说　明
OUT	模拟量	根据模块功能被选定的输入值，由此处输出
STAT1	数字量	输入端 1 被选定时，本端口激活
STAT2	数字量	输入端 2 被选定时，本端口激活
STAT3	数字量	输入端 3 被选定时，本端口激活
STAT4	数字量	输入端 4 被选定时，本端口激活
STAT5	数字量	输入端 5 被选定时，本端口激活
STAT6	数字量	输入端 6 被选定时，本端口激活
STAT7	数字量	输入端 7 被选定时，本端口激活
STAT8	数字量	输入端 8 被选定时，本端口激活

17. MOVE(Move)

MOVE 模块(见图 2-18)用于数字量或模拟量的传递。当 ENABLE 为 True 时，模块功能使能；这时，模块将输入端 SRC 的数值传递到 DEST 端。MOVE 模块数据表见表 2-20。

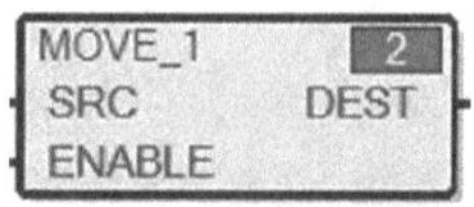

图 2-18　MOVE 模块

表 2-20　MOVE 模块数据表

输入端		
端口名	数据类型	说　明
SRC	数字量或模拟量	输入值
ENABLE	数字量	为 True,模块使能
输出端		
端口名	数据类型	说　明
DEST	数字量或模拟量	输入端数值由此被传递至下游

18. PULSE(Pulse)

PULSE 模块(见图 2-19)用来发出脉冲信号。当输入端激活时,本模块发出一个脉冲信号,脉冲信号的长度决定于 WIDTH 端口的设定值。输入端激活时,CWIDTH 将持续计时。PULSE 模块数据表见表 2-21。

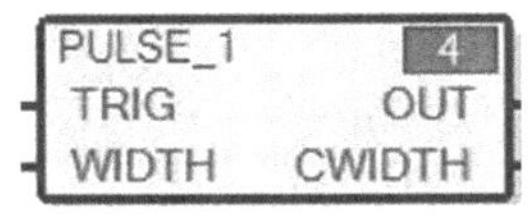

图 2-19　PULSE 模块

表 2-21　PULSE 模块数据表

输入端		
端口名	数据类型	说　明
TRIG	数字量	输入值
WIDTH	模拟量	设定了本模块发出的脉冲信号的时长(单位:ms)
输出端		
端口名	数据类型	说　明
OUT	数字量	输入端数值由此被传递至下游
CWIDTH	模拟量	输入端最近一次激活持续的时间(单位:ms)

19. RAMP(Ramp)

RAMP 模块(见图 2-20)主要用于模拟量数值的线性增大或减小。RAMP 模块数据表见表 2-22。

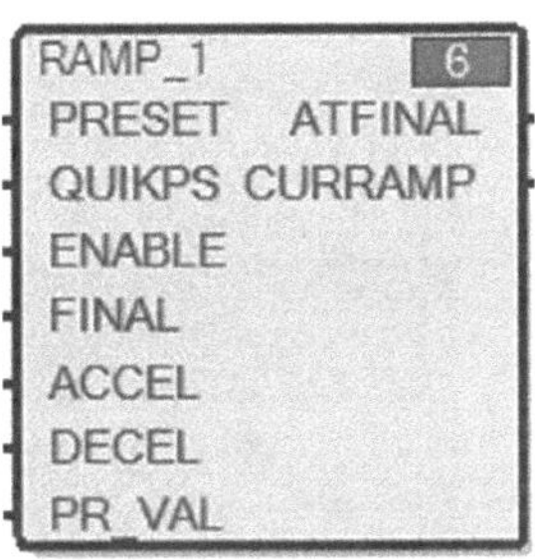

图 2-20　RAMP 模块

当 PRESET 为 False、QUIKPS 为 False 时，CURRAMP 端数值会以 FINAL 端数值为目标线性变化，当需增大时，变化率设定值来自 ACCEL，当需减小时，变化率设定值来自 DECEL。CURRAMP 达到 FINAL 的数值时，ATFINAL 变为 True。

当 PRESET 为 True、ATFINAL 为 True 时，PR_VAL 端数值被送到 CURRAMP 端。当 QUIKPS 为 True、ATFINAL 为 True 时，FINAL 端数值被送到 CURRAMP 端。

表 2－22 RAMP 模块数据表

输入端		
端口名	数据类型	说 明
ENABLE	数字量	模块使能
PRESET	数字量	
QUIKPS	数字量	
FINAL	模拟量	数值变化的目标值
ACCEL	模拟量	数值增大时变化率设定值(单位:s)
DECEL	模拟量	数值简小时变化率设定值(单位:s)
PR_VAL	模拟量	
输出端		
端口名	数据类型	说 明
ATFINAL	数字量	模拟量输出达到目标值
CURRAMP	模拟量	模拟量输出

20. RUNG(Relay Ladder Logic)

RUNG 模块(见图 2－21)用于进行逻辑运算。本模块最多允许 16 个数字量输入，根据 EQN 端口设定的逻辑公式进行运算后，由输出端输出运算结果。RUNG 模块数据表见表 2－23。

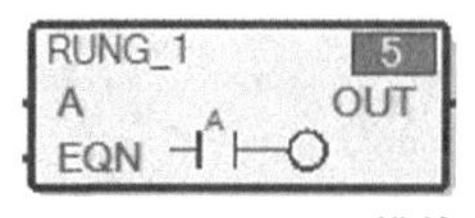

图 2－21 RUNG 模块

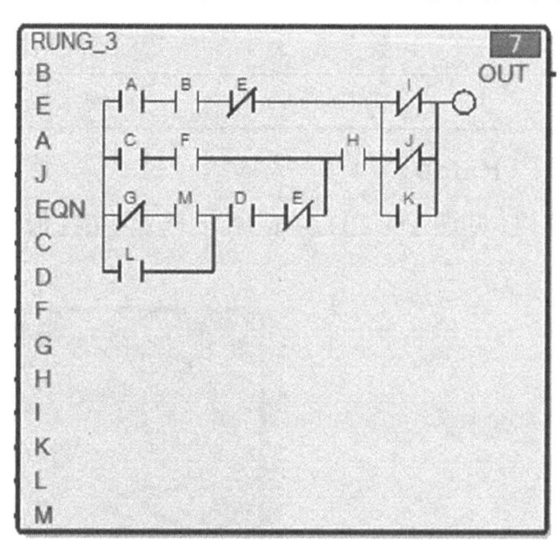

图 2－22 RUNG 模块信号图

程序中的 RUNG 模块，除在 EQN 端给出逻辑公式以外，为了阅读直观方便，还会在模块内画出逻辑公式的示意图。如图 2－22 所示，其运算公式为 OUT＝A＊B＊～E＋(C＊F＋(～G＊M＋L)＊D＊～E)＊H}＊(～I＋～J＋K)。

表 2－23　RUNG 模块数据表

输入端		
端口名	数据类型	说　明
EQN	—	该端口说明模块功能，逻辑公式
A	数字量	输入端 1
B	数字量	输入端 2
C	数字量	输入端 3
D	数字量	输入端 4
E	数字量	输入端 5
F	数字量	输入端 6
G	数字量	输入端 7
H	数字量	输入端 8
I	数字量	输入端 9
J	数字量	输入端 10
K	数字量	输入端 11
L	数字量	输入端 12
M	数字量	输入端 13
N	数字量	输入端 14
O	数字量	输入端 15
P	数字量	输入端 16
输出端		
端口名	数据类型	说　明
OUT	数字量	输出

21. SELECT(Select)

SELECT 模块(见图 2－23)用于在多个模拟量或数字两种进行选取。当 SEL1 到 SEL8 端口中任一个激活时，模块将相应的 INx 输入端输出；当 SEL1 到 SEL8 端口都没有激活时，模块将 CASC 端口的输出。SELECT 模块数据表见表 2－24。

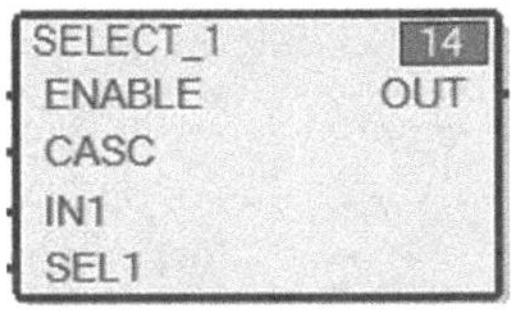

图 2－23　SELECT 模块

表 2－24　SELECT 模块数据表

输入端		
端口名	数据类型	说　明
ENABLE	数字量	模块功能使能
CASC	数字量或模拟量	缺省输出，当 SEL1 到 SEL8 端口全部都是 False 时，模块输出本端口
IN1	数字量或模拟量	输入值 1
SEL1	数字量	选定输入值 1 为输出值
IN2	数字量或模拟量	输入值 2
SEL2	数字量	选定输入值 2 为输出值
IN3	数字量或模拟量	输入值 3
SEL3	数字量	选定输入值 3 为输出值
IN4	数字量或模拟量	输入值 4
SEL4	数字量	选定输入值 4 为输出值
IN5	数字量或模拟量	输入值 5
SEL5	数字量	选定输入值 5 为输出值
IN6	数字量或模拟量	输入值 6
SEL6	数字量	选定输入值 6 为输出值
IN7	数字量或模拟量	输入值 7
SEL7	数字量	选定输入值 7 为输出值
IN8	数字量或模拟量	输入值 8
SEL8	数字量	选定输入值 8 为输出值
输出端		
端口名	数据类型	说　明
OUT	数字量或模拟量	输出

22. SYS_OUTPUTS(System outputs)

SYS_OUTPUTS 模块（见图 2－24）在程序中仅被使用了一次，作用就是将操作者在 HMI 界面上触发的主复位信号传递到 I/O 包和控制器中。SYS_OUTPUTS 模块数据表见表 2－25。

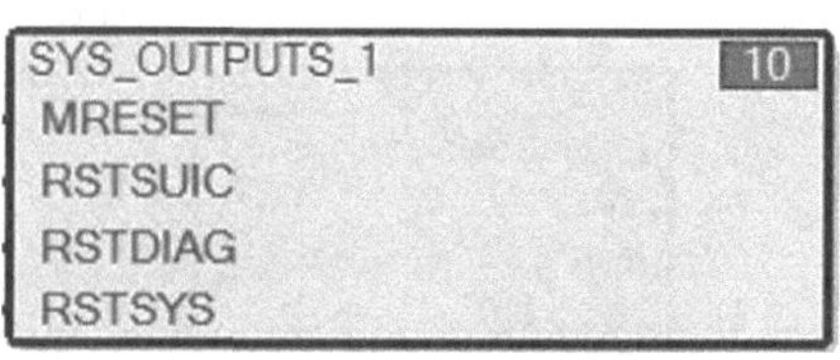

图 2－24　SYS_OUTPUTS 模块

表 2－25　SYS_OUTPUTS 模块数据表

输入端		
端口名	数据类型	说　明
L86MR1	数字量	应用复位：重置所有 I/O 包，消除所有因为之前的故障而造成的锁定
L86MR1	数字量	锁定复位：指示所有 I/O 包解除所有闭环锁定
L86MR1	数字量	诊断复位：消除所有 I/O 板和控制器中的诊断报警，将它们恢复到正常状态
L86MR1	数字量	系统限制复位：指示所有 I/O 包清除锁定的系统限制逻辑值

23. SCAN(Task Scan)

SCAN 模块(见图 2－25)对整个程序的任务扫描周期进行监视，输出最近期的任务扫描周期到 TSK_TIM 端口，输出计划扫描周期到 SCAN_RT 端口。SCAN 模块数据表见表 2－26。

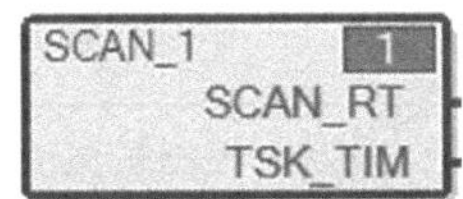

图 2－25　SCAN 模块

表 2－26　SCAN 模块数据表

输入端		
端口名	数据类型	说　明
TSK_TIM	模拟量	最近期的任务扫描周期(单位：s)
SCAN_RT	模拟量	计划扫描周期(单位：s)

24. TEMP_STATUS(Temperature Status)

TEMP_STATUS 模块(见图 2－26)用于检查 Mark VIe 控制器温度，需要时发出报警。TEMP_STATUS 模块数据表见表 2－27。

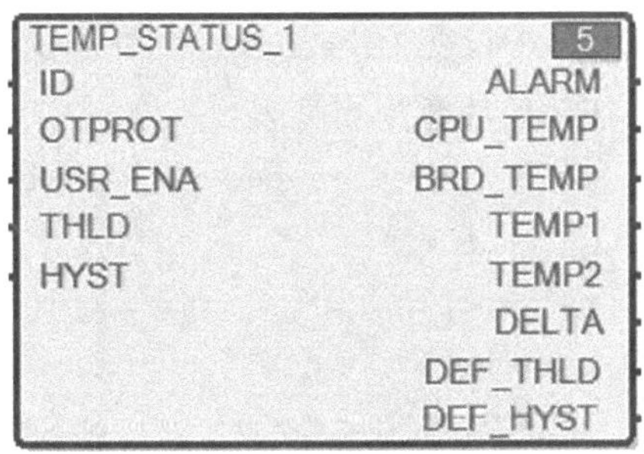

图 2－26　TEMP_STATUS 模块

表 2－27　TEMP_STATUS 模块数据表

输入端		
端口名	数据类型	说　明
ID	—	用于规定模块所对应的控制器
OTPROT	数字量	为 True 时，若 ALARM 端激活，则强制控制器到低功率状态，本型机组本端口默认为 False

续表

THLD	模拟量	规定了 CPU 温度高报设定值
HYST	模拟量	规定了 CPU 温度高报滞回值
USR_ENA	数字量	为 True，控制器温度保护使用 THLD 和 HYST 端口设定值； 为 False，控制器温度保护使用 DEF_THLD 和 DEF_HYST 端口设定值
输出端		
端口名	数据类型	说　明
ALARM	数字量	当 CPU_TEMP 上升时高于高报设定值、下降时没有低于 高报设定值与滞回值之差时，本端口为 True
CPU_TEMP	模拟量	CPU 温度测量值（单位：℃）
BRD_TEMP	模拟量	控制板温度测量值（单位：℃）
TEMP1	模拟量	控制器内温度 1（单位：℃）
TEMP2	模拟量	控制器内温度 2（单位：℃）
DELTA	模拟量	TEMP1 与 TEMP2 差值
DEF_THLD	模拟量	规定了 CPU 温度高报设定值
DEF_HYST	模拟量	规定了 CPU 温度高报滞回值

25. TIMER（Timer）

TIMER 模块（见图 2-27）用于计时，当 RUN 端口为 True，模块开始计时，时间不断累计到 CURTIME 端口。当 CURTIME 端口的时间等于 MAXTIME 端口的设定值时，AT_TIME 端口变 True；当 RUN 端口变为 False 时，计时停止，但是在 CURTIME 端口已经累计的时间不会消除。TIMER 模块数据表见表 2-28。

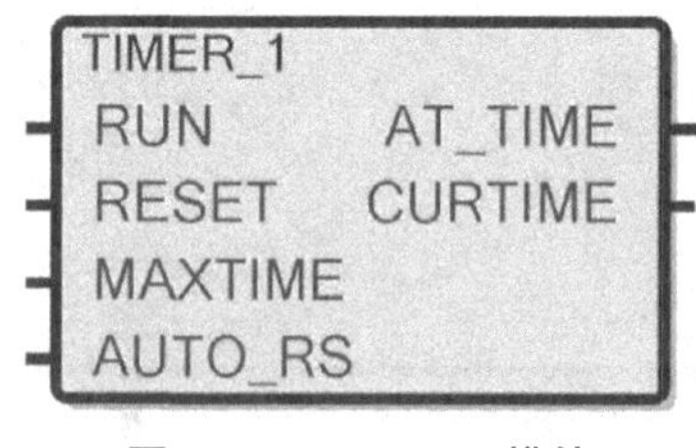

图 2-27　TIMER 模块

若 RESET 端口变为 True，则模块复位、计时停止，并且 CURTIME 端口累计的时间将会归零。

若 AUTO_RS 端口为 True，则模块将会在 CURTIME 端口的时间已经等于 MAXTIME 端口的设定时间时自动复位模块，此时 AT_TIME 端口只会在 True 状态维持瞬间，其效果类似发出了一个脉冲信号，而 CURTIME 端口的计时将会继续，不会有时间丢失。

表 2-28　TIMER 模块数据表

输入端		
端口名	数据类型	说　明
RUN	数字信号	该端口激活时，模块开始计时，CURTIME 端口的时间将会不断累积
RESET	数字信号	该端口激活时，模块停止计时，CURTIME 端口的时间将会归零，RUN 端口将变为 False
AUTO_RS	数字信号	自动复位端口，对输出端影响
MAXTIME	模拟信号	设定时间
输出端		
AT_TIME	数字信号	当 CURTIME 端口的时间达到 MAXTIME 设定时间时，本端口变为 True；在 AUTO_RS 端口未被激活时，本端口激活后将维持 True 状态，直到 RESET 端口激活，模块被复位；在 AUTO_RS 端口激活时，本端口激活后马上被复位，类似发出一个脉冲信号
CURTIME	模拟信号	RUN 端口被激活后，累积的时间不会丢失

26. TOTALIZER（Totalizer）

TOTALIZER 模块（见图 2-28）被用于进行各类计数，就本型号机组而言，机组启机次数、应急停机次数等都是通过本模块完成的。TOTALIZER 模块数据表见表 2-29。

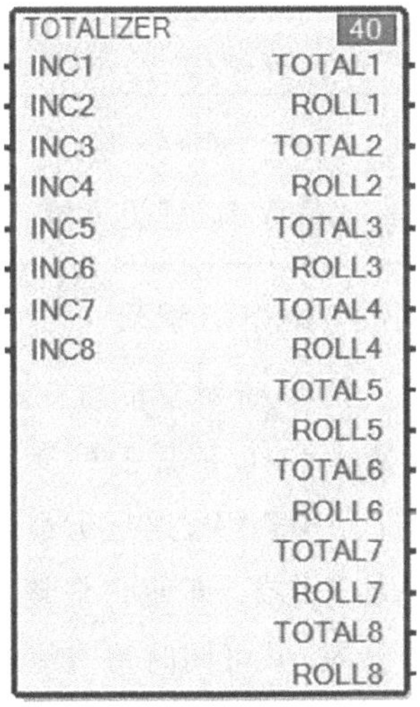

图 2-28　TOTALIZER 模块

本模块最多支持 64 组数据。每当 INCx 激活一次，对应的 TOTALx 的数值加 1；若 TOTALx 达到最大值（$2^{31}-1$），则 ROLLx 变为 True，TOTALx 归零，直到下一次 INCx 激活，计数再次开始。

表 2-29　TOTALIZER 模块数据表

输入端		
端口名	数据类型	说　明
INC1	数字量	输入端 1
INC2	数字量	输入端 2
INC3	数字量	输入端 3
…	…	…
INC64	数字量	输入端 64
输出端		
端口名	数据类型	说　明
TOTAL1	模拟量	每当 INC1 激活 1 次，本端口数值加 1
ROLL1	数字量	当 INC1 大于($2^{31}-1$)，本端口激活，直到下一次 INC1 激活，计数再次开始，本端口消除
TOTAL2	模拟量	每当 INC2 激活 1 次，本端口数值加 1
ROLL2	数字量	当 INC2 大于($2^{31}-1$)，本端口激活，直到下一次 INC2 激活，计数再次开始，本端口消除
…	…	…
TOTAL64	模拟量	每当 INC64 激活 1 次，本端口数值加 1
ROLL64	数字量	当 INC64 大于($2^{31}-1$)，本端口激活，直到下一次 INC64 激活，计数再次开始，本端口消除

27. VAR_HEALTH(Variable Health)模块

VAR_HEALTH 模块(见图 2-29)负责对变量的有效性进行检查，被检查的变量可以是直接从 I/O 网络传来的，也可以是从 EGD 那样的外部网络传来的。它的检查包括信号源的有效性的检查，也包含校验检查、传送检查、通过 I/O 包中的程序进行的功能检查。传送检查有一个单独的的引脚来输出检查结果，即使它是整体检查的一个组成部分。这是因为传送检查适用于特定设备的所有数据，并可同时检查终端设备的功能(如 I/O 包功能)是否正常。VAR_HEALTH 模块数据表见表 2-30。

图 2-29　VAR_HEALTH 模块

表 2-30　VAR_HEALTH 模块数据表

端口名	数据类型	说　明
VAR1	模拟信号	需要进行有效性检查的模拟信号
HEALTH1	数字信号	有效性检查的结果检查通过为 TRUE，检查未通过为 FALSE
LINKOK1	数字信号	传输检查的结果检查通过为 TRUE，检查未通过为 FALSE

2.1.4　第二类功能模块——燃机功能模块(Turbine Block Lib)

在机组 Toolbox 软件中，归类于燃机功能模块(Turbine Block Lib)的模块共有 147 种，其中，在西一线燃驱机组程序中实际使用的有 36 种。本章第 1 节将对机组实际使用的燃机功能模块予以一一说明；本章第 2 节对机组未实际使用的模块仅列出模块名。

2.1.4.1　本型号机组中使用的燃机功能模块

1. TABL_LU2［2D(Univariant)Linear Interpolator(TABL_LU2)］

TABL_LU2 模块(见图 2-30)用于进行线性插值计算，在 TABLE2D 端口设定了 X 值和 Z 值的对照表，X 值由输入端 XINPUT 提供，在 X 值确定后，模块根据对照表输出 Z 值到输出端 ZOUTPUT。TABL_LU2 模块数据表见表 2-31。

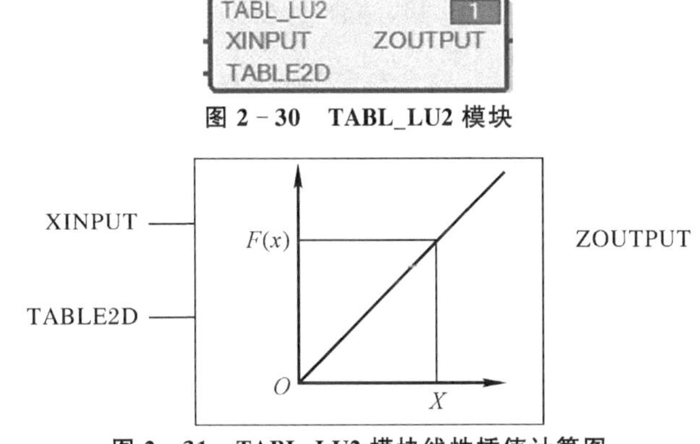

图 2-30　TABL_LU2 模块

图 2-31　TABL_LU2 模块线性插值计算图

表 2-31　TABL_LU2 模块数据表

输入端		
端口名	数据类型	说　明
XINPUT	模拟量	输入
TABLE2D	数列	设定
输出端		
端口名	数据类型	说　明
ZOUTPUT	模拟量	输出

2. TABL_LU3[3D(Bivariant)Linear Interpolator]

TABL_LU3 模块(见图 2-32)用于执行 2 元线性插值计算。在 XINPUT 端口输入值被取做 x,在 YINPUT 端口输入值被取做 y。TABL_LU3 模块线性插值计算图如图 2-33 所示。

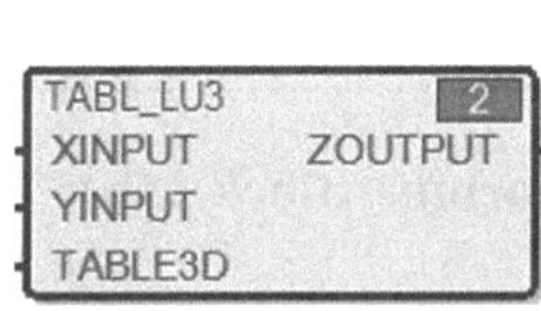

图 2-32 TABL_LU3 模块

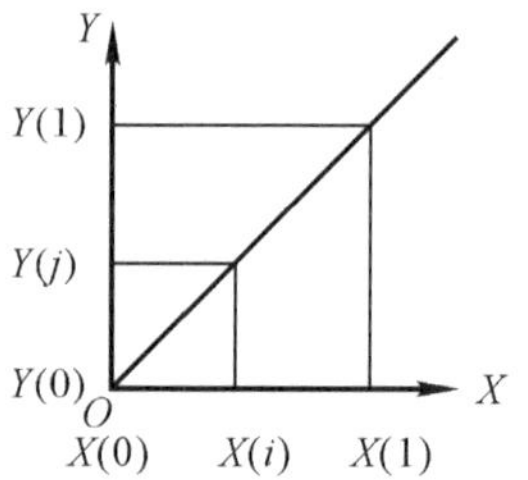

图 2-33 TABL_LU3 模块线性插值计算图

根据 TABLE3D 端口给出的设定数列,可以认为{$Z(0,0)$,$Z(0,1)$,$Z(1,0)$,$Z(1,1)$}四个数值是已知的。

根据 x 数值,由以下公式计算出 $Z(x,0)$和 $Z(x,1)$:

$$Z(x,0)=Z(0,0)+\left\{\frac{x-X(0)}{X(1)-X(0)}*[Z(1,0)-Z(0,0)]\right\}$$

$$Z(x,1)=Z(0,1)+\left\{\frac{x-X(0)}{X(1)-X(0)}*[Z(1,1)-Z(0,1)]\right\}$$

根据上式计算出的 $Z(x,0)$和 $Z(x,1)$,结合 y,由以下公式计算出 $Z(x,y)$:

$$\begin{aligned}Z(x,y)=&Z(x,0)+\left\{\frac{y-Y(0)}{Y(1)-Y(0)}*[Z(x,1)-Z(x,0)]\right\}=\\&Z(0,0)+\left\{\frac{x-X(0)}{X(1)-X(0)}*[Z(1,0)-Z(0,0)]\right\}+\\&\left\{\frac{y-Y(0)}{Y(1)-Y(0)}*[Z(0,1)-Z(0,1)]\right\}+\\&\left\{\frac{y-Y(0)}{Y(1)-Y(0)}*\frac{x-X(0)}{X(1)-X(0)}*[Z(1,1)-Z(0,1)-Z(1,0)+Z(0,0)]\right\}\end{aligned}$$

$Z(x,y)$数值被送到输出端 ZOUTPUT(见图 2-34)。

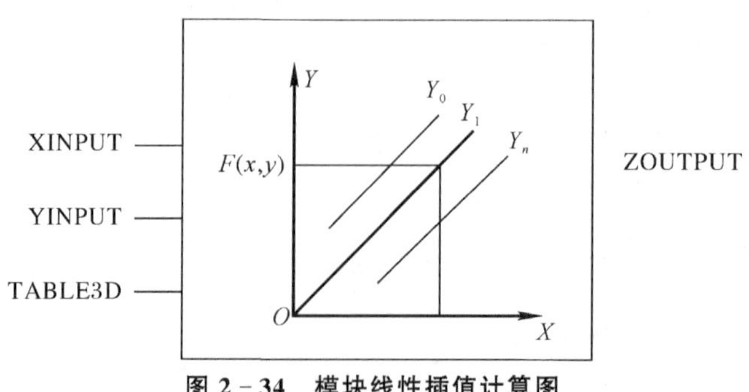

图 2-34 模块线性插值计算图

表 2－30　TABL_LU3 模块数据表

输入端		
端口名	数据类型	说　明
XINPUT	模拟量	输入 1
YINPUT	模拟量	输入 2
TABLE2D	数列	设定
输出端		
端口名	数据类型	说　明
ZOUTPUT	模拟量	输出

3. B_ABS(Absolute Value Function)

B_ABS 模块(见图 2－35)用于对输入模拟量取绝对值。B_ABS 模块数据表见表 2－32。

图 2－35　B_ABS 模块

表 2－32　B_ABS 模块数据表

输入端		
端口名	数据类型	说　明
INPUT	模拟量	输入
输出端		
端口名	数据类型	说　明
OUTPUT	模拟量	输出

4. B_ADD(Add/Subtract Floating Point Function)

B_ADD 模块(见图 2－36)允许输入 8 个模拟量信号,这些输入信号被接入模块的 INPUT1 到 INPUT8 端口,而 SIGNx 端口与 INPUTx 端口一一对应,SIGNx 端口用于符号输入,有“＋”和“－”两种类型,分别使得对应端口输入模拟量加入到总数值中,或从总数值中减去。

最后的计算结果被输出到 OUTPUT 端口。当 INPUT1 到 INPUT8 都没有输入数据时,OUTPUT 端口默认输出结果为 0。

B_ADD 模块数据表见表 2－33。

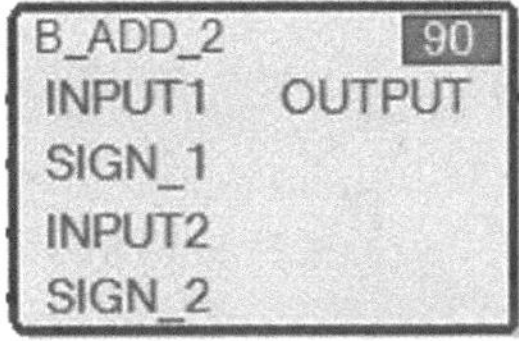

图 2－36　B_ADD 模块

表 2-33 B_ADD 模块数据表

输入端		
端口名	数据类型	说　明
INPUT1	模拟量	输入值 1
SIGN1	—	输入值 1 对应符号(“+”或“-”)
INPUT2	模拟量	输入值 2
SIGN2	—	输入值 2 对应符号(“+”或“-”)
INPUT3	模拟量	输入值 3
SIGN3	—	输入值 3 对应符号(“+”或“-”)
INPUT4	模拟量	输入值 4
SIGN4	—	输入值 4 对应符号(“+”或“-”)
INPUT5	模拟量	输入值 5
SIGN5	—	输入值 5 对应符号(“+”或“-”)
INPUT6	模拟量	输入值 6
SIGN6	—	输入值 6 对应符号(“+”或“-”)
INPUT7	模拟量	输入值 7
SIGN7	—	输入值 7 对应符号(“+”或“-”)
INPUT8	模拟量	输入值 8
SIGN8	—	输入值 8 对应符号(“+”或“-”)
输出端		
端口名	数据类型	说　明
OUTPUT	模拟量	计算结果输出

5. B_BDELAY(Beacon Boolean Delay)

B_BDELAY 模块(见图 2-37)负责对输入数字量信号进行延时处理。在 FTOT 端口设定了输入端由 F 变 T 时的延时时间设定值,在 TTOF 端口设定了输入端由 T 变 F 时的延时时间设定值。B_BDELAY 模块信号图和数据表如图 2-38 和表 2-34 所示。

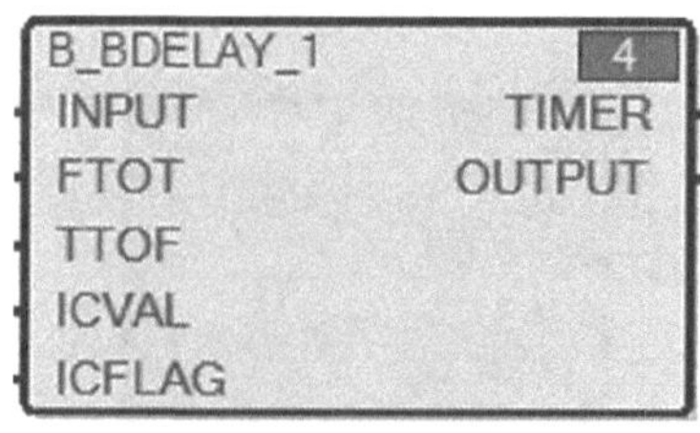

图 2-37 B_BDELAY 模块

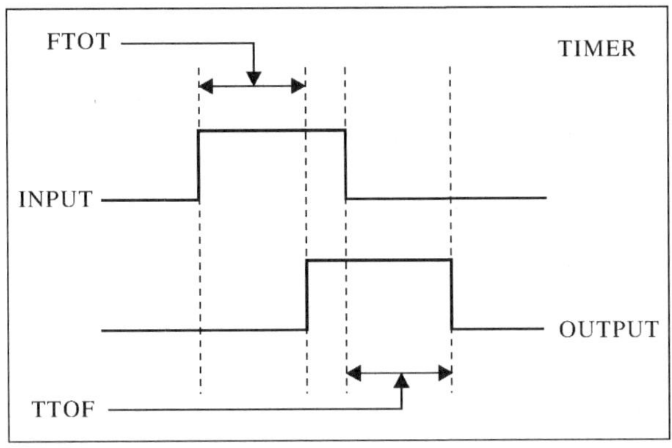

图 2-38　B_BDELAY 模块信号图

表 2-34　B_BDELAY 模块数据表

输入端		
端口名	数据类型	说　明
INPUT	数字量	输入
FTOT	设定值	当输入端由 F 变 T 时，延时时间设定值(单位：s)
TTOF	设定值	当输入端由 T 变 F 时，延时时间设定值(单位：s)
ICFLAG	数字量	ICEFLAG 端口为 T，ICEMETH 为 2 时，模块不执行延时功能
ICVAL	数字量	本端口决定了 TIMER 端的初始状态，具体影响见 ICMETH 端口说明
ICMETH		本端口有 4 种设定供选 0＝External，1＝Value，2＝Input or ICInput，3＝Value2； ICEMETH 为 0 或 3 时，TIMER 端初始状态为 0； ICEMETH 为 1 时，若 ICVAL 为 T，则 TIMER 端口初始状态为 TTOF 设定值，若 ICVAL 为 F，则 TIMER 端口初始状态为 FTOT 设定值； ICEMETH 为 2 时，若 INPUT 为 T，则 TIMER 端口初始状态为 TTOF，若 INPUT 为 F，则 TIMER 端口初始状态为 FTOT； ICEFLAG 端口为 T，ICEMETH 为 2 时，模块不执行延时功能
输出端		
端口名	数据类型	说　明
OUTPUT	数字量	输出
TIMER	模拟量	输入端变化后，延时时间计时(单位：ms) 当输入端由 T 变 F 时，计时时间为正数 当输入端由 F 变 T 时，计时时间为负数

6. B_BOOL_HYST(Beacon Boolean Hysteresis)

B_BOOL_HYST 模块(见图 2-39)通过输入模拟量的数值来决定数字量输出的状态。LEFT 端和 RIGHT 端口为模拟量设定值,当输入值 INPUT 大于 RIGHT 值时,模块将 R_OUT 端口状态输出到 OUTPUT 端口;当输入值 INPUT 小于 LEFT 值时,模块将 R_OUT 端口的反状态输出到 OUTPUT 端口;当输入值 INPUT 在 LEFT 和 RIGHGT 之间时,输出端 OUTPUT 状态不变。B_BOOL_HYST 模块数据表见表 2-35。

一般情况下,要求设定值 RIGHT 大于 LEFT。若 LEFT 大于 RIGHT,则模块仅根据 LEFT 数值进行判断;若 INPUT 大于 LEFT,则模块将 R_OUT 端口状态输出到 OUTPUT 端口;若 INPUT 小于 LEFT,则模块将 R_OUT 端口的反状态输出到 OUTPUT 端口。

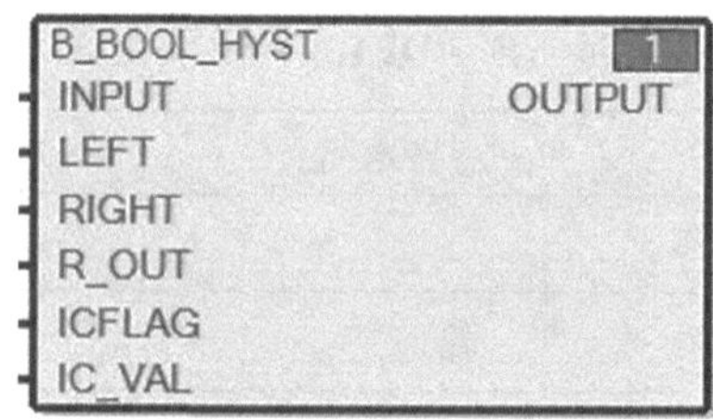

图 2-39　B_BOOL_HYST 模块

表 2-35　B_BOOL_HYST 模块数据表

输入端		
端口名	数据类型	说　明
R_OUT	数字量	设定数字量
INPUT	模拟量	输入模拟量
LEFT	设定值	设定模拟量
RIGHT	设定值	设定模拟量
ICFLAG	数字量	初始化使能
IC_VAL	数字量	初始化时设定状态
ICMETH		本端口有 4 种设定供选 0=External,1=Value,2=Input or ICInput,3=Value2;当 ICFLAG 为 T,本端口选为 1 时,模块输出端将被初始化,初始化后状态与 IC_VAL 端状态相同
输出端		
端口名	数据类型	说　明
OUTPUT	数字量	输出

7. B_LAG1TC(Beacon First Order Lag Time Constant Form)

B_LAG1TC 模块(见图 2－40)用于对 INPUT 输入数值进行滤波处理。采用何种计算方法由ICMETH 端口决定,公式如下:

$$\frac{Y(s)}{X(s)}=\frac{K}{ts+1}$$

Euler—　　　　　　Tustin—

$$Ca=\frac{1}{t}\qquad\qquad Ca=\frac{1}{2t+T}$$

B_LAG1TC 模块信号图如图 2－41 所示。

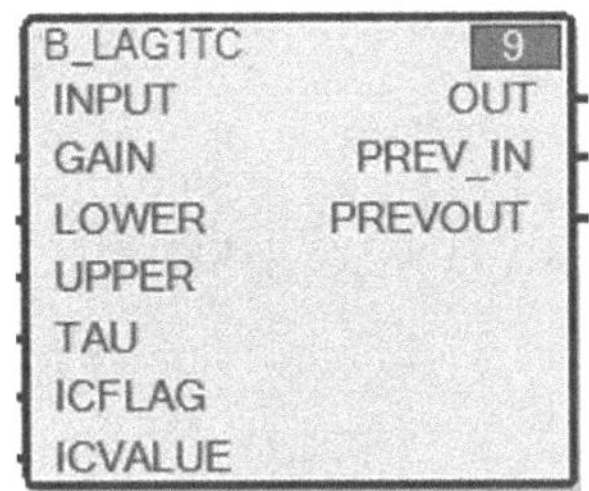

图 2－40　B_LAG1TC 模块

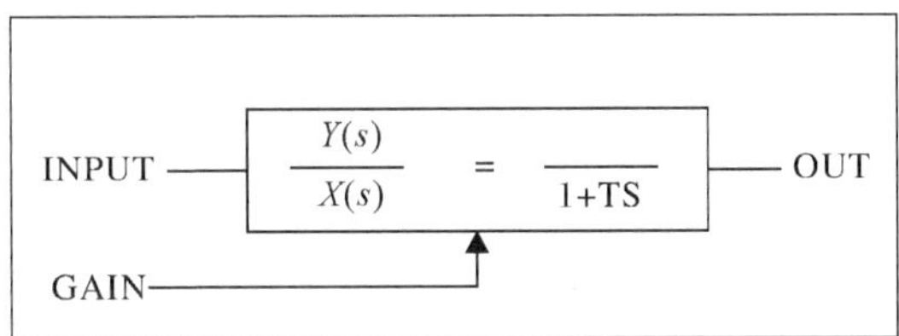

图 2－41　B_LAG1TC 模块信号图

B_LAG1TC 模块数据表见表 2－36。

表 2－36　B_LAG1TC 模块数据表

输入端		
端口名	数据类型	说　明
INPUT	模拟量	输入值
GAIN	模拟量	校正常数
LOWER	模拟量	变化率下限值(单位:s^{-1})
UPPER	模拟量	变化率上限值(单位:s^{-1})
TAU	模拟量	滤波常数(单位:s)
ICFLAG	数字量	模块复位命令
ICVALUE	模拟量	初始化设定值
ICMETH		为 External,积分 为 Euler,Euler 积分公式 为 Tustin,Tustin 积分公式

续表

INTMETH		本端口有 4 种设定供选 0=External， 1=Value，2=Input or ICInput，3=Value2； 模块复位相关内容从略
输出端		
端口名	数据类型	说　明
OUT	模拟量	输出值
PREV_IN	模拟量	上一扫描周期的输入值
PREVOUT	模拟量	上一扫描周期的输出值

8. B_LDLAG1TC(Beacon First Order Lead-Lag Time Constant Form)

B_LDLAG1TC 模块(见图 2-42)用于对模拟量进行二阶滤波。此类模块默认采用 Tustin 公式进行计算，公式如下：

$$\begin{cases} \dfrac{Y(s)}{X(s)}-\dfrac{(1+ST_1)}{(1+ST_2)}K \\ C_a=\dfrac{2r_1+T}{2r_2+T} \\ C_b=\dfrac{2r_2-T}{2r_2+T} \end{cases}$$

式中：t_1=TAU1；t_2=TAU2；T 为离散时间，由程序扫描时间决定；K 为较正常数 GAIN。

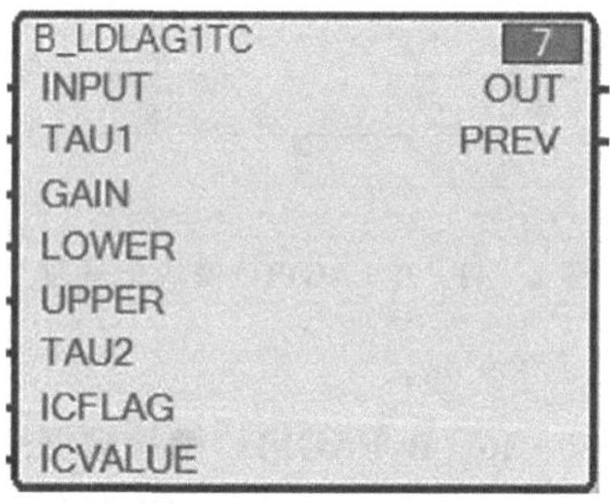

图 2-42　B_LDLAG1TC 模块

B_LDLAG1TC 模块数据表见表 2-37。

表 2-37　B_LDLAG1TC 模块数据表

输入端		
端口名	数据类型	说　明
INPUT	模拟量	输入值
GAIN	模拟量	校正常数
LOWER	模拟量	变化率下限值(单位：s^{-1})
UPPER	模拟量	变化率上限值(单位：s^{-1})
TAU1	模拟量	滤波常数(单位：s)

续表

TAU2	模拟量	滤波常数(单位:s)
ICFLAG	数字量	模块复位命令
ICVALUE	模拟量	初始化设定值
ICMETH		为 External,为 Euler,Euler 公式,为 Tustin,Tustin 公式
INTMETH		本端口有 4 种设定供选 0=External, 1=Value,2=Input or ICInput,3=Value2; 模块复位相关内容从略
输出端		
端口名	数据类型	说　明
OUT	模拟量	输出值
PREV	模拟量	上一扫描周期的输入值

9. B_LATCH(Beacon Latch)

B_LATCH 模块(见图 2-43)执行锁存器功能。当 S 端激活时,出口端 Q 激活,当 R 端激活时,出口端 Q 消除。B_LATCH 模块数据表见表 2-38。

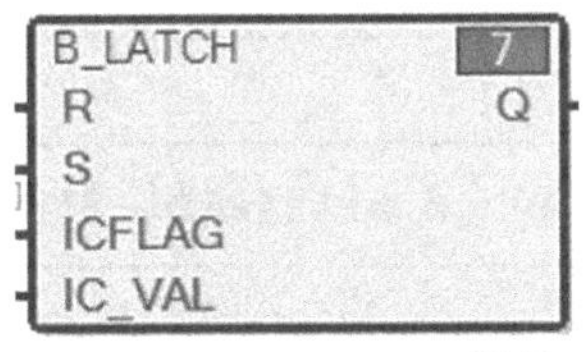

图 2-43　B_LATCH 模块

表 2-38　B_LATCH 模块数据表

输入端		
端口名	数据类型	说　明
S	数字量	置位端
R	数字量	复位端
ICFLAG	数字量	初始化使能
IC_VAL	数字量	初始化时设定状态
ICMETH		本端口有 4 种设定供选 0=External, 1=Value,2=Input or ICInput,3=Value2; 当 ICFLAG 为 T,本端口选为 1 时,模块输出端将被初始化, 初始化后状态与 IC_VAL 端状态相同
输出端		
端口名	数据类型	说　明
OUTPUT	数字量	输出

10. B_MATH(Beacon Math)

B_MATH 模块(见图 2-44)用于对 INPUT 端口输入值进行运算，运算方式在 FUNC 端口进行设定，运算后结果送到 OUTPUT 端口。B_MATH 模块数据表见表 2-39 和表 2-40。

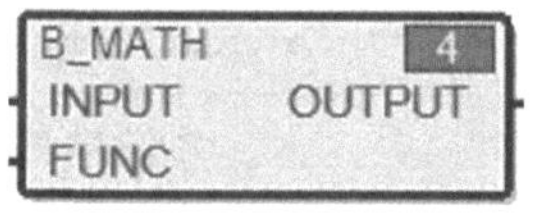

图 2-44 B_MATH 模块

表 2-39 B_MATH 模块数据表 1

FUNC 端口设定	执行运算
B_Alog	$\ln x$
B_Alog10	$\log_{10} x$
B_Exp	e^x
B_Recip	$1/x$
B_Sqrt	—
B_SSqrt	—

表 2-40 B_MATH 模块数据表 2

输入端		
端口名	数据类型	说　明
INPUT	模拟量	输入
FUNC		模块功能设定
输出端		
端口名	数据类型	说　明
OUTPUT	模拟量	输出

11. B_T2F_THLD(Beacon True-to-False Threshold)

B_T2F_THLD 模块(见图 2-45)用于检查输入模拟量的范围。当 INPUT 小于或等于 LOWER 数值时，输出端 OUTPUT 为 True。X_HIGH 和 X_LOW 端口限定了 LOWER 的允许范围。B_T2F_THLD 模块数据表见表 2-41。

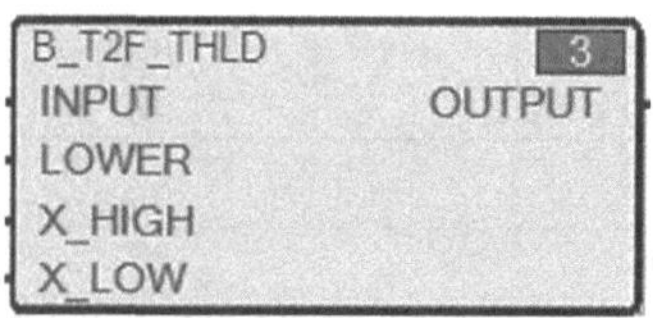

图 2-45 B_T2F_THLD 模块

表 2-41　B_T2F_THLD 模块数据表

输入端		
端口名	数据类型	说　明
INPUT	模拟量	输入值
LOWER	模拟量	对比值
X_HIGH	模拟量	对比值允许最大值
X_LOW	模拟量	对比值允许最小值
输出端		
端口名	数据类型	说　明
OUTPUT	数字量	当 INPUT≤LOWER 时，OUTPUT 为 True

12. B_CONVERT(Beacon Type-Conversion)

B_CONVERT 模块(见图 2-46)用于各类型信号之间的转换，比如可以将一个数字量信号输入本模块的 BOOL 端口，在 REAL 端口输出，本模块就会自动将数字量的 True 信号转化为模拟量的 1。B_CONVERT 模块数据表见表 2-42。

需要注意的是，B_CONVERT 模块的输入端和输出端都只允许最多使用一个端口。

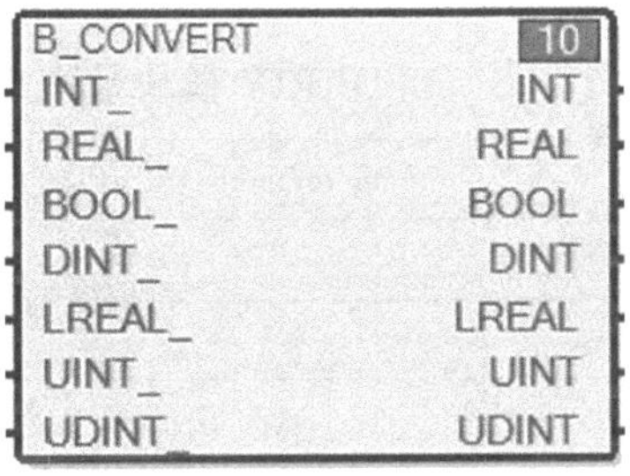

B_CONVERT　10
INT_　INT
REAL_　REAL
BOOL_　BOOL
DINT_　DINT
LREAL_　LREAL
UINT_　UINT
UDINT_　UDINT

图 2-46　B_CONVERT 模块

表 2-42　B_CONVERT 模块数据表

输入端				
端口名	数据类型	长度	数值范围	说　明
BOOL_	Boolean	8 bit	—	布尔型
INT_	Integer	16 bit	$-2^{15}\sim2^{15}$	整数型模拟量
DINT	Double Integer	32 bit	$-2^{31}\sim2^{31}$	
UINT	Unsigned Integer	16 bit	$0\sim(2^{16}-1)$	
UDINT	Unsigned Double Integer	32 bit	$0\sim(2^{32}-1)$	
REAL_	Real	32 bit	IEEE754	浮点型模拟量
LREAL	Long Real	64 bit		

续表

输出端				
端口名	数据类型	长度	数值范围	说　明
BOOL_	Boolean	8 bit	—	布尔型
INT_	Integer	16 bit	$-2^{15}\sim2^{15}$	整数型 模拟量
DINT	Double Integer	32 bit	$-2^{31}\sim2^{31}$	
UINT	Unsigned Integer	16 bit	$0\sim(2^{16}-1)$	
UDINT	Unsigned Double Integer	32 bit	$0\sim(2^{32}-1)$	
REAL_	Real	32 bit	IEEE754	浮点型 模拟量
LREAL	Long Real	64 bit		

13. B_DERIV(Derivative，Selectable Algotithm)

B_DERIV 模块(见图 2-47)用于对输入数据的变化率进行计算，计算方法采用 Euler 或 Tustin 微分，采用何种计算方法由端口 INTMETH 决定。B_DERIV 模块数据表见表 2-43。

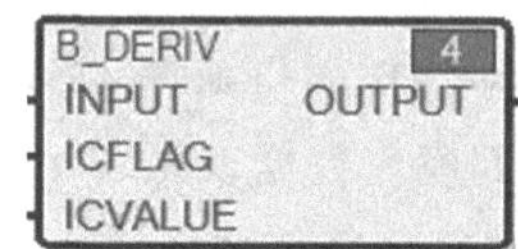

图 2-47　B_DERIV 模块

表 2-43　B_DERIV 模块数据表

输入端		
端口名	数据类型	说　明
INPUT	模拟量	输入值
INTMETH		为 External，为 Euler，Euler 积分公式， 为 Tustin，Tustin 公式
ICFLAG	数字量	模块复位命令
IC	模拟量	初始化设定值
ICMETH		本端口有 4 种设定供选 0=External， 1=Value，2=Input or ICInput，3=Value2； 相关复位内容从略
输出端		
端口名	数据类型	说　明
OUTPUT	模拟量	积分输出值

14. DPYSTAT1(Display State Generator)

DPYSTAT 1 模块(见图 2-48)最多支持 32 个数字量输入，当多个 INPUT 为 True 时，模块选择序号最小的 INPUTx 端口的序号 x 输出到输出端。DPYSTAT 1 模块数据表见表 2-44。

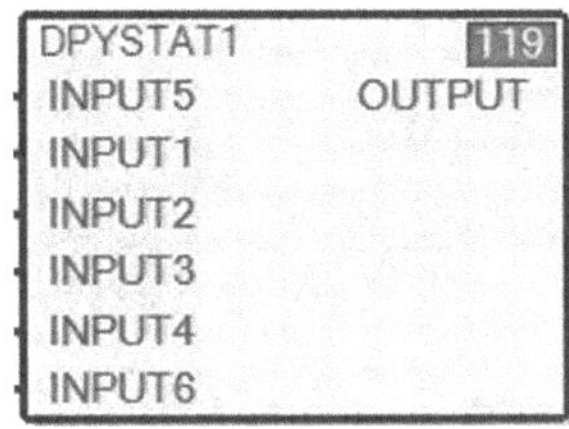

图 2-48 DPYSTAT1 模块

表 2-44 DPYSTAT1 模块数据表

输入端		
端口名	数据类型	说 明
INPUT1	数字量	输入值 1
INPUT2	数字量	输入值 2
…	…	…
INPUT32	数字量	输入值 32
输出端		
端口名	数据类型	说 明
OUTPUT	模拟量	设(INPUTa,INPUTb,INPUTc...)为 True,选择 min(a,b,c...)输出到 OUTPUT

15. B_DIV(Divide Function)

B_DIV 模块(见图 2-49)对两个输入量执行相除操作,相除后结果输出到输出端。B_DIV 模块数据表见表 2-45。

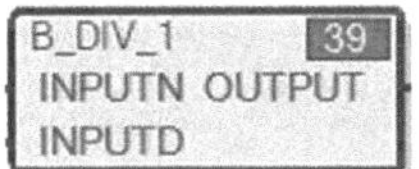

图 2-49 B_DIV 模块

表 2-45 B_DIV 模块数据表

输入端		
端口名	数据类型	说 明
INPUTN	模拟量	输入值 1
INPUTD	模拟量	输入值 2
输出端		
端口名	数据类型	说 明
OUTPUT	模拟量	INPUTN/INPUTD

16. DALIP00(Double Analog Linear Interpolation)

DALIP00 模块(见图 2-50)用于进行二元线性插值计算。XTBL 和 YTBL 端口分别设定了 X 端口和 Y 端口对应的数列。设 X 端输入值为 x,Y 端输入值为 y,则 $f(x,y)$临近的四个点通过设定数列可以查到,即认为 $f(X0,Y0)$,$f(X0,Y1)$,$f(X1,Y0)$,$f(X1,Y1)$

四个点已知，而 $X0<x<X1, Y0<y<Y1$。首先，计算出 $f(x,Y0)$ 和 $f(x,Y1)$，其公式如下：

$$f(x,Y0)=f(X0,Y0)+\left\{\frac{x-X0}{X1-X0}*[f(X1,Y0)-f(X0,Y0)]\right\}$$

$$f(x,Y1)=f(X0,Y1)+\left\{\frac{x-X0}{X1-X0}*[f(X1,Y1)-f(X0,Y1)]\right\}$$

之后，根据 $f(x,Y0)$ 和 $f(x,Y1)$ 根据如下公式计算出 $f(x,y)$：

$$f(x,y)=f(x,Y0)+\left\{\frac{y-Y0}{Y1-Y0}*[f(x,Y1)-f(x,Y0)]\right\}=$$

$$f(X0,Y0)+\left\{\frac{x-X0}{X1-X0}*[f(X1,Y0)-f(X0,Y0)]\right\}+$$

$$\left\{\frac{y-Y0}{Y1-Y0}*\frac{x-X0}{X1-X0}*[f(X,Y1)-f(X0,Y1)-f(X1,Y0)+f(X0,Y0)]\right\}$$

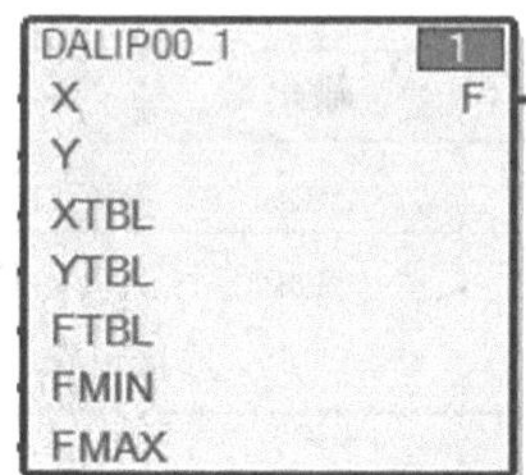

图 2-50　DALIP00 模块

DALIP00 模块数据表见表 2-46。

表 2-46　DALIP00 模块数据表

输入端		
端口名	数据类型	说　明
X	模拟量	输入值 x
Y	模拟量	输入值 y
XTBL	数列	X 函数设定数列
YTBL	数列	Y 函数设定数列
FTBL	数列	F 函数设定数列
FMIN	模拟量	F 端允许最大值
FMAX	模拟量	F 端允许最小值
输出端		
端口名	数据类型	说　明
F	模拟量	输出值

17. B_F2T_THLD(False to True Threshold)

B_F2T_THLD 模块(见图 2-51)用于检查输入模拟量的范围。当 INPUT 大于或等于 UPPER 数值时，输出端 OUTPUT 为 True。X_HIGH 和 X_LOW 端口限定了 UPPER 的允许范围。B_F2T_THLD 模块数据表见表 2-47。

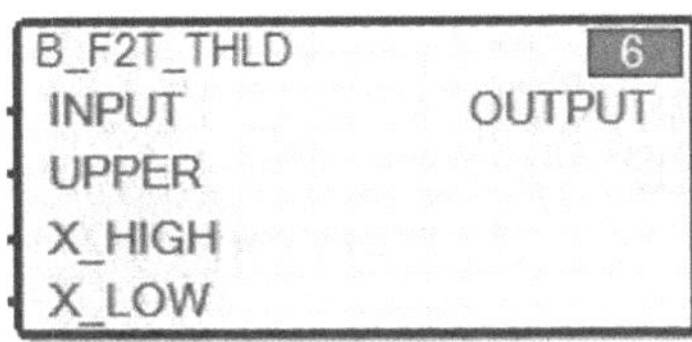

图 2-51　B_F2T_THLD 模块

表 2-47　B_F2T_THLD 模块数据表

输入端		
端口名	数据类型	说　明
INPUT	模拟量	输入值
UPPER	模拟量	对比值
X_HIGH	模拟量	对比值允许最大值
X_LOW	模拟量	对比值允许最小值
输出端		
端口名	数据类型	说　明
OUTPUT	数字量	当 INPUT≥UPPER 时，OUTPUT 为 True

18. B_ZINV(Discrete-Time Delay, Booleans)

B_ZINV 模块用于对输入模拟量进行一阶时滞，公式从略。B_ZINV 模块数据表见表 2-48。

表 2-48　B_ZINV 模块数据表

输入端		
端口名	数据类型	说　明
INPUT	模拟量	输入值
ICFLAG	数字量	模块复位命令
ICVALUE	模拟量	初始化设定值
ICMETH		本端口有 4 种设定供选 0＝External，1＝Value，2＝Input or ICInput，3＝Value2； 当 ICEMETH 为 0 或 3，模块没有初始状态； 当 ICEMETH 为 1，ICFLAG 为 True 时，IC_VAL 端口数值将被送到 OUTPUT 端口； 当 ICEMETH 为 2，ICFLAG 为 True 时，INPUT 端口数值将被送到 OUTPUT 端口
输出端		
端口名	数据类型	说　明
OUTPUT	模拟量	一阶时滞输出值
STATE	模拟量	当前值

19. B_DECISION(Flowchart Logical Decision)

B_DECISION 模块（见图 2-52）的功能如表 2-49 所示。当 FCL_IN 端口为 True 时，输出端 FCL_T 和 FCL_F 的状态由 LOGIC 端口决定。当 FCL_IN 端口为 False 时，输出端 FCL_T 和 FCL_F 的状态一定为 False。

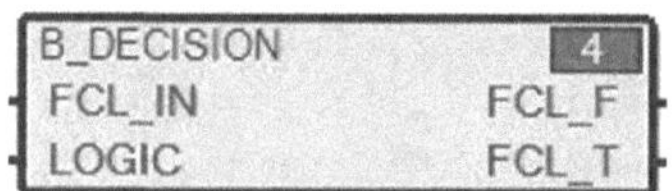

图 2-52　B_DECISION 模块

表 2-49　B_DECISION 模块数据表

	输入端		输出端	
端口名	FCL_IN	LOGIC	FCL_T	FCL_F
数据类型	数字量	数字量	数字量	数字量
状态 1	1	1	1	0
状态 2	1	0	0	1
状态 3	0	0 或 1	0	0

20. B_INTEG(Integrator, Selectable Algorithm)

B_INTEG 模块(见图 2-53)用于对模拟量输入值进行积分处理。B_INTEG 模块数据表见表 2-50。

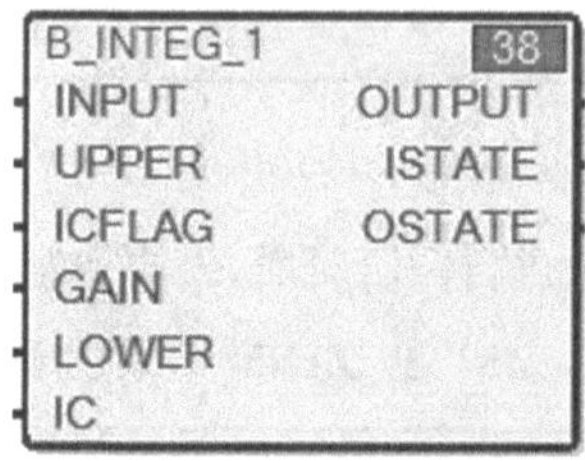

图 2-53　B_INTEG 模块

INTMETH 端口可以选择积分方式,当其为 Euler 时,公式如下:

$$\mathrm{out}(t)=\mathrm{out}(t-1)+\mathrm{in}(t)*G*T$$

当其为 Tustin 时,公式如下:

$$\mathrm{out}(t)=\mathrm{out}(t-1)+\frac{\mathrm{in}(t)+\mathrm{in}(\mathrm{t}-1)}{2}*G*T$$

式中:T 为扫描周期;G 为 GAIN 端口设定值。

表 2-50　B_INTEG 模块数据表

输入端		
端口名	数据类型	说　明
INPUT	模拟量	输入值
GAIN	模拟量	积分常数
UPPER	模拟量	允许的最大输出值
LOWER	模拟量	允许的最小输出值
INTMETH		为 External,积分; 为 Euler,Euler 积分公式; 为 Tustin,Tustin 积分公式
ICFLAG	数字量	模块复位命令
IC	模拟量	初始化设定值

续表

输入端		
端口名	数据类型	说　明
ICMETH		本端口有 4 种设定供选 0=External，1=Value，2=Input or ICInput，3=Value2；当 ICEMETH 为 0 或 3，模块没有初始状态；当 ICEMETH 为 1，ICFLAG 为 True 时，ISTATE 端口将被设为 0，OSTATE 端口将被赋为 IC 端口设定值；当 ICEMETH 为 2，ICFLAG 为 True 时，OUTPUT、ISTATE、OSTATE 端口都将被设为 0
输出端		
端口名	数据类型	说　明
OUTPUT	模拟量	积分输出值
ISTATE	模拟量	上一扫描期的 INPUT 值
OSTATE	模拟量	上一扫描期的 OUTPUT 值

21. LOGSPCM2(Logic Setpoint Command)

LOGSPCM2 模块(见图 2-54)用于控制输出端模拟量的变化。LOWER 和 RAISE 端口输入的命令决定了 CMD 端口数值是减小还是增大，RATE 端口决定了这种变化的变化率，MAXLIMT 端口设定值决定了 CMD 允许的最大值，MINLIMT 端口设定值决定了 CMD 允许的最小值。LOGSPCM2 模块数据表见表 2-51。

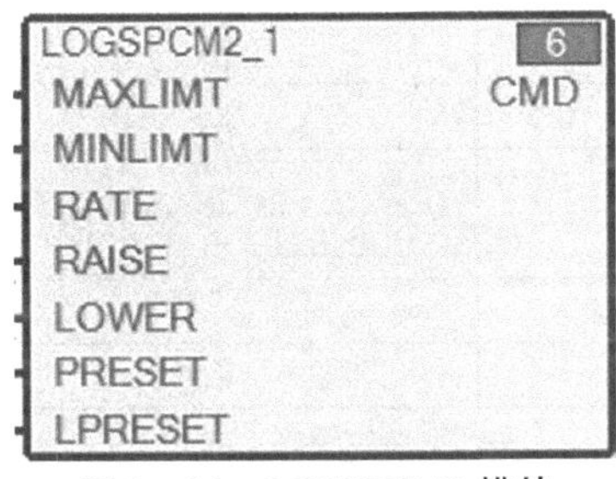

图 2-54　LOGSPCM2 模块

无论何时，若 LPRESET 端口激活，则 CMD 端口被重置，重置后 CMD 端口数值由 PRESET 端口数值决定。

表 2-51　LOGSPCM2 模块数据表

输入端		
端口名	数据类型	说　明
MAXLIMT	模拟量	设定的 CMD 端口允许最大值
MINLIMT	模拟量	设定的 CMD 端口允许最小值
RATE	模拟量	设定的 CMD 端口允许变化率
RAISE	数字量	CMD 端口数值增大命令
LOWER	数字量	CMD 端口数值减小命令

续表

输入端		
端口名	数据类型	说　明
PRESET	模拟量	重置后 CMD 端口设定值
LPRESET	数字量	重置命令
输出端		
端口名	数据类型	说　明
CMD	模拟量	输出值

22. B_AND(Logical AND Function)

B_AND 模块(见图 2-55)负责进行"与"运算,最多允许输入 16 个数字量信号,当所有被接入的输入端都为 True 时,输出端 OUTPUT 输出 True。B_AND 模块数据表见表 2-52。

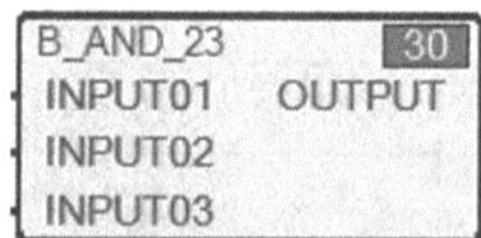

图 2-55　B_AND 模块

表 2-52　B_AND 模块数据表

输入端		
端口名	数据类型	说　明
INPUT1	数字量	输入 1
INPUT2	数字量	输入 2
INPUT3	数字量	输入 3
…	…	…
INPUT16	数字量	输入 16
输出端		
端口名	数据类型	说　明
OUTPUT	数字量	输出

23. B_NOT(Logical Not Function)

B_NOT 模块(见图 2-56)负责执行"非"运算,输入端去反后由输出端输出。B_NOT 模块数据表见表 2-53。

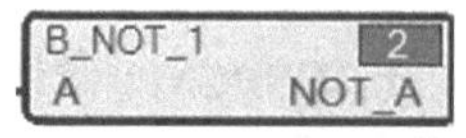

图 2-56　B_NOT 模块

表 2-53　B_NOT 模块数据表

输入端		
端口名	数据类型	说　明
A	数字量	输入
输出端		
端口名	数据类型	说　明
NOT_A	数字量	输出

24. B_OR(Logical OR Function)

B_OR 模块(见图 2－57)负责进行“或”运算,最多允许输入 16 个数字量信号,当接入的输入端中任一个为 True 时,输出端 OUTPUT 输出 True。B_OR 模块数据表见表 2－52。

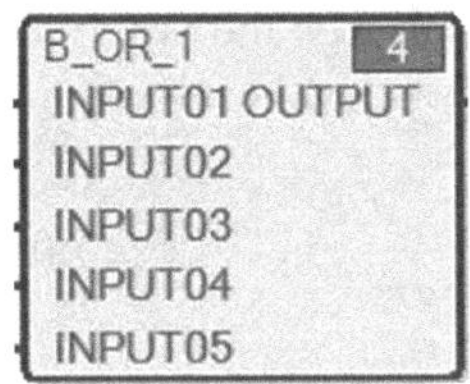

图 2－57　B_OR 模块

表 2－54　B_OR 模块数据表

输入端		
端口名	数据类型	说　明
INPUT1	数字量	输入 1
INPUT2	数字量	输入 2
…	…	…
INPUT16	数字量	输入 16
输出端		
端口名	数据类型	说　明
OUTPUT	数字量	输出

25. B_NOR(Logical OR Function, with Negated Output)

B_NOR 模块(见图 2－58)最多允许输入 16 个数字量信号,当接入的输入端中全部为 False 时,输出端 OUTPUT 输出 True。B_NOR 模块数据表见表 2－55。

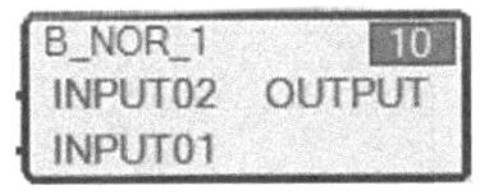

图 2－58　B_NOR 模块

表 2－55　B_NOR 模块数据表

输入端		
端口名	数据类型	说　明
INPUT1	数字量	输入 1
INPUT2	数字量	输入 2
…	…	…
INPUT16	数字量	输入 16
输出端		
端口名	数据类型	说　明
OUTPUT	数字量	输出

26. MANSET3(Manual Setpoint)

MANSET3 模块(见图 2-59)用于控制模拟量的发出。

当 RL_ENA 端口为 T 时,模块根据 RAISE 和 LOWER 端口状态决定 REF_OUT 是增大还是减小。当 RL_ENA 端口为 F 时,REF_OUT 不断向 CMD 端口给出的目标值变化。

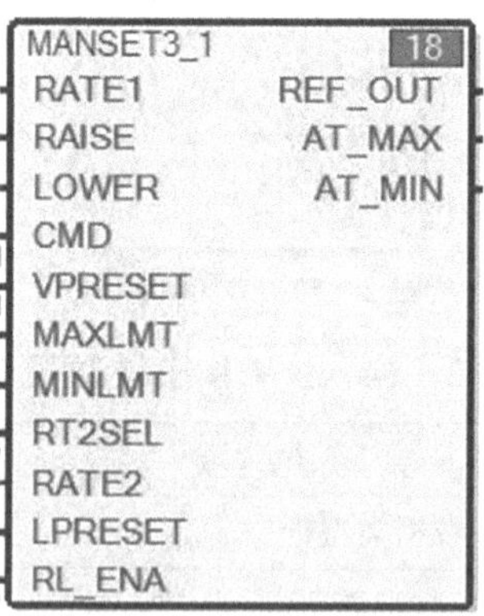

图 2-59 MANSET3 模块

REF_OUT 端口数值的变化率是由 RATE1 和 RATE2 端口决定的。当 RT2SEL 为 F 时,选定 RATE1 端口的变化率;当 RT2SEL 为 T 时,选定 RATE2 端口的变化率。MANSET3 模块数据表见表 2-56。

任意时刻,当 LPRESET 端口激活,输出端 REF_OUT 都将被重置为 VPRESET 端口的设定值。MAXLMT 和 MINLMT 端口决定了 REF_OUT 允许的最大值和最小值。

表 2-56 MANSET3 模块数据表

输入端		
端口名	数据类型	说　明
MAXLMT	模拟量	设定了输出值允许最大值
MINLMT	模拟量	设定了输出值允许最小值
RT2SEL	数字量	为 F,选定 RATE1;为 T,选定 RATE2
RATE1	模拟量	设定了每秒允许变化率 1(单位:s^{-1})
RATE2	模拟量	设定了每秒允许变化率 2(单位:s^{-1})
CMD	模拟量	目标值
LPRESET	数字量	复位命令
VPRESET	模拟量	复位后输出设定值
RAISE	数字量	为 T,数值增大
LOWER	数字量	为 T,数值减小
RL_ENA	数字量	RAISE 和 LOW 端口使能
输出端		
端口名	数据类型	说　明
AT_MAX	数字量	输出值达到允许最大值,为 T
AT_MIN	数字量	输出值达到允许最小值,为 T
REF_OUT	模拟量	输出值

27. MEDIAN(Median Selector with Enable)

MEDIAN 模块(见图 2-60)用于在 3 个输入模拟量中选择中间值,并将选定中间值输出到 MEDIAN 端口。MEDIAN 模块数据表见表 2-57。

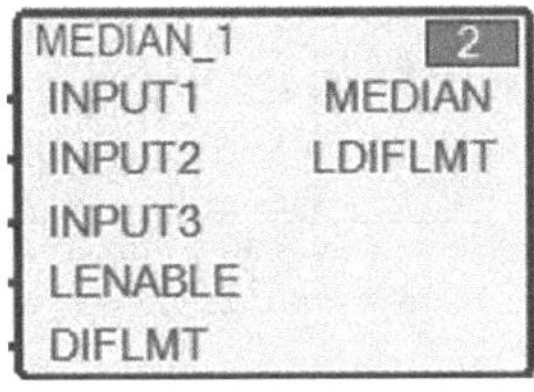

图 2-60　MEDIAN 模块

当 3 个输入值中最大值与最小值之差超过了 DIFLMT 端口的设定值时,模块输出端 LDIFLMT 变为 True。

表 2-57　MEDIAN 模块数据表

输入端		
端口名	数据类型	说　明
INPUT1	模拟量	输入 1
INPUT2	模拟量	输入 2
INPUT3	模拟量	输入 3
DIFLMT	模拟量	高偏差设定值
LENABLE	数字量	为 True,模块功能使能
输出端		
端口名	数据类型	说　明
MEDIAN	模拟量	选定的中间值
LDIFLMT	数字量	输入值高偏差

28. B_MINMAX(Min/Max)

B_MINMAX 模块(见图 2-61)用于在两个模拟量中选定较大值或较小值。FUNC 端口设定了模块功能,当 FUNC 端口为“MAX”,模块输出较大值;当本端口为“MIN”时,模块输出较小值。B_MINMAX 模块数据表见表 2-58。

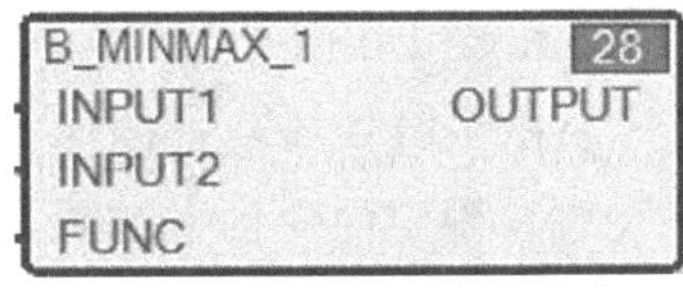

图 2-61　B_MINMAX 模块

表 2-58　B_MINMAX 模块数据表

输入端		
端口名	数据类型	说　明
INPUT1	模拟量	输入 1
INPUT2	模拟量	输入 2

续表

输入端		
端口名	数据类型	说　明
FUNC	—	功能选择端口； 当本端口为“MAX”时，模块输出较大值； 当本端口为“MIN”时，模块输出较小值
输出端		
端口名	数据类型	说　明
OUTPUT	模拟量	输出值

29. B_MULT(Multiplier Block)

B_MULT 模块(见图 2-62)最多允许 8 个模拟量输入。B_MULT 模块会对接入的各输入值连续相乘，将乘积输出到 OUTPUT 端。B_MULT 模块数据表见表 2-59。

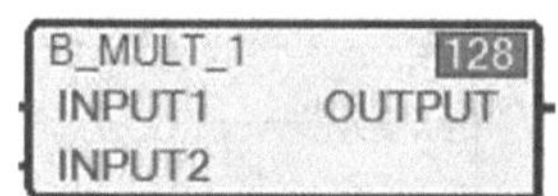

图 2-62　B_MULT 模块

表 2-59　B_MULT 模块数据表

输入端		
端口名	数据类型	说　明
INPUT1	模拟量	输入 1
INPUT2	模拟量	输入 2
…	…	…
INPUT8	模拟量	输入 8
输出端		
端口名	数据类型	说　明
OUTPUT	模拟量	输出

30. B_RT_LIMIT(Rate-of-Change Limiter)

B_RT_LIMIT 模块(见图 2-63)用于限定模拟量的变化速率。INPUT 端口输入的模拟量必须受到 UPPER 和 LOWER 端口限定的变化率控制，在控制下的数值最终被输送到输出端 OUTPUT。B_RT_LIMIT 模块数据表见表 2-60。

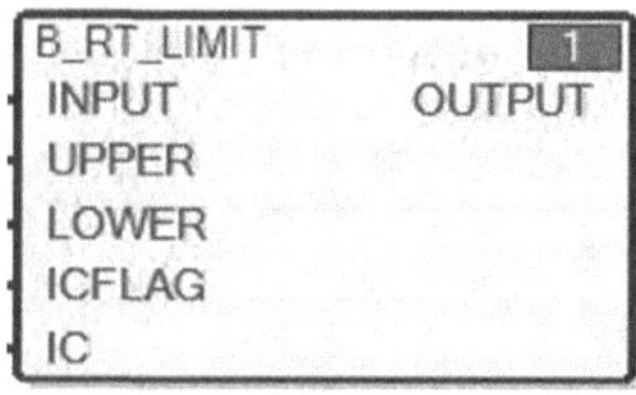

图 2-63　B_RT_LIMIT 模块

表 2－60　B_RT_LIMIT 模块数据表

输入端		
端口名	数据类型	说　明
INPUT	模拟量	输入
UPPER	模拟量	允许的最大增大率(单位：s^{-1})
LOWER	模拟量	允许的最小增大率(单位：s^{-1})
ICFLAG	数字量	
IC	模拟量	
ICMETH		本端口有 4 种设定供选 0＝External，1＝Value，2＝Input or ICInput，3＝Value2； 当 ICEMETH 为 0 或 3 时，模块没有初始状态； 当 ICEMETH 为 1，ICFLAG 为 True 时，STATE 端口设定值将被赋予 IC 端； 当 ICEMETH 为 2，ICFLAG 为 True 时，INPUT 端口将被赋予 STATE 端和 IC 端
输出端		
端口名	数据类型	说　明
OUTPUT	数字量	INPUT 在 UPPER 和 LOWER 进行变化率限制的情况下，所输出的数值
STATE	模拟量	

31. B_FILTER2(Second Order Filter)

B_FILTER2 模块(见图 2－64)用于对 INPUT 端输入的模拟量进行滤波处理，其计算公式较为复杂，此处从略。

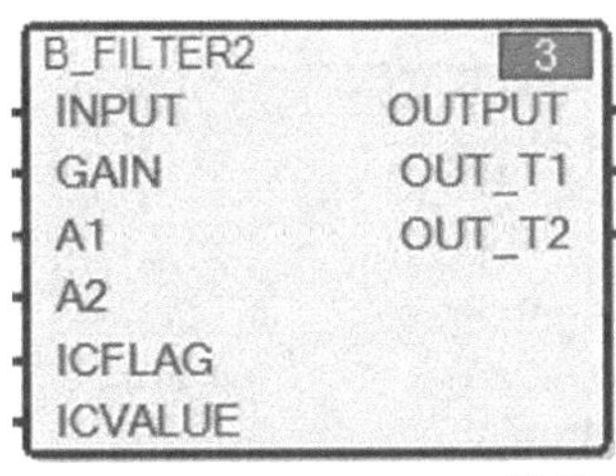

图 2－64　B_FILTER2 模块

32. L30COMP1(Signal Level Comparison1)

L30COMP1 模块(见图 2－65)最多支持 16 组数据的处理。模块对每一组 INPUTx 和 LEVELx 进行对比，当任一组 INPUTx≥LEVELx 时，OUTPUT 端口激活。L30COMP1 模块数据表见表 2－61。

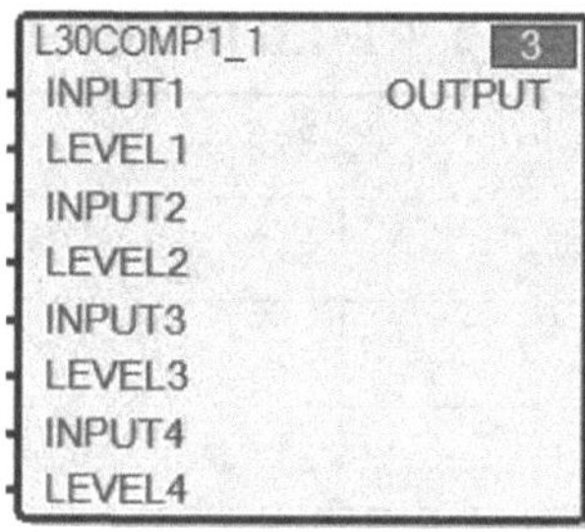

图 2-65　L30COMP1 模块

表 2-61　L30COMP1 模块数据表

输入端		
端口名	数据类型	说　明
INPUT1	模拟量	输入值
LEVEL1	模拟量	输入值
INPUT2	模拟量	输入值
LEVEL2	模拟量	输入值
…	…	…
INPUT16	模拟量	输入值
LEVEL16	模拟量	输入值
输出端		
端口名	数据类型	说　明
OUTPUT	数字量	当任一组 INPUTx≥LEVELx 时，本端口激活

33. L30COMP2(Signal Level Comparison2)

L30COMP2 模块(见图 2-66)最多支持 8 组数据的处理。模块对每一组 INPUTx 和 LEVELx 进行对比，当 INPUTx≥LEVELx 时，相应的 OUTx 端口激活；当 OUTx 中任一个激活时，OUTPUT 端口激活。L30COMP2 模块数据表见表 2-62。

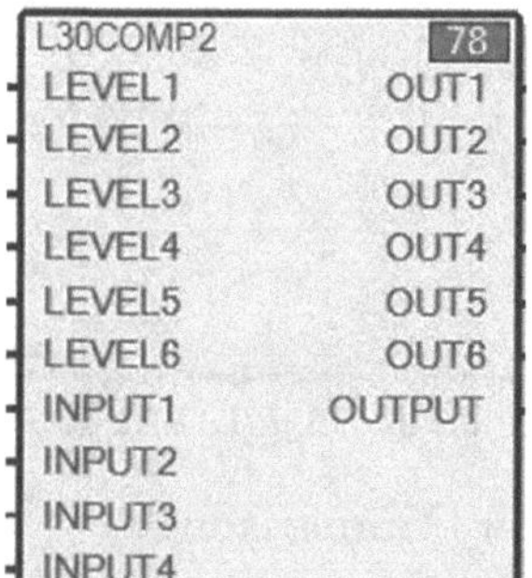

图 2-66　L30COMP2 模块

表 2-62　L30COMP2 模块数据表

输入端		
端口名	数据类型	说　明
INPUT1	模拟量	输入值
LEVEL1	模拟量	输入值
INPUT2	模拟量	输入值
LEVEL2	模拟量	输入值
…	…	…
INPUT8	模拟量	输入值
LEVEL8	模拟量	输入值
输出端		
端口名	数据类型	说　明
OUTPUT	数字量	当 OUT1 到 OUT8 中任一个为 T 时，本端口为 T
OUT1	数字量	当 INPUT1≥LEVEL1 时，OUT1 变 T
OUT2	数字量	当 INPUT2≥LEVEL2 时，OUT2 变 T
…	…	…
OUT8	数字量	当 INPUT8≥LEVEL8 时，OUT2 变 T

34. L30COMP3(Input Range Checks)

L30COMP3 模块(见图 2-67)用于对输入模拟量的数值范围进行检查，超出高低报警值时发出报警。当超出允许最大范围时，报故障。具体各端口作用见表 2-63。

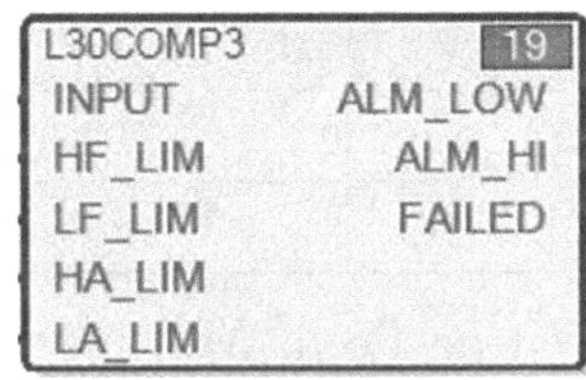

图 2-67　L30COMP3 模块

表 2-63　L30COMP3 模块数据表

输入端		
端口名	数据类型	说　明
INPUT	模拟量	输入值
HF_LIM	模拟量	高故障设定值
LF_LIM	模拟量	低故障设定值
HA_LIM	模拟量	高报警设定值
LA_LIM	模拟量	低报警设定值

续表

输出端		
端口名	数据类型	说　明
ALM_LOW	数字量	当 INPUT≤LA_LIM 时,ALM_LOW 变 T
ALM_HI	数字量	当 INPUT≥HA_LIM 时,ALM_HI 变 T
FAILED	数字量	当 INPUT≤LF_LIM 或 INPUT≥HF_LIM 时,FAILED 变 T

35. B_SWITCH(SPDT Selector Switch)

B_SWITCH 模块(见图 2-68)用于在两个输入信号中进行选择。两个输入信号分别接入 T 端口和 F 端口,输入信号可以是模拟量或数字量。当 SEL_T 端口为 True 时,输出 T 端口输入值;当 SEL_T 端口为 False 时,输出 F 端口输入值。B_SWITCH 模块数据表见表 2-64。

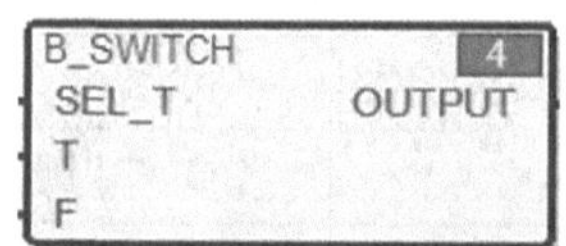

图 2-68　B_SWITCH 模块

表 2-64　B_SWITCH 模块数据表

输入端		
端口名	数据类型	说　明
SEL_T	数字量	为 True,输出 T 端口;为 False,输出 F 端口
T	模拟量或数字量	输入 1
F	模拟量或数字量	输入 2
输出端		
端口名	数据类型	说　明
OUTPUT	模拟量或数字量	输出

36. B_GAIN(Two Input Floating Point Multiply)

B_GAIN 模块(见图 2-69)将 INPUT 端口和 GAIN 端口的数值相乘后,送往输出端 OUTPUT。B_GAIN 模块数据表见表 2-65。

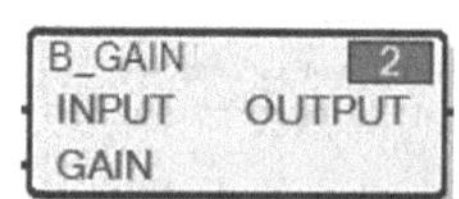

图 2-69　B_GAIN 模块

表 2-65　B_GAIN 模块数据表

输入端		
端口名	数据类型	说　明
INPUT	模拟量	输入值
GAIN	模拟量	增益值

续表

输出端		
端口名	数据类型	说　明
OUTPUT	模拟量	输出值

2.1.4.2　本型号机组中未使用的燃机功能模块

FMVCTL2A(Feedback for DLE Engines)

DTEST01(Dynamic Response Test Block)

XECCM01(Eccentricity Monitor)

XIOCK00(Dual Input Check)

FMVGPEST(Electric Gas Fuel Metering Valve Control Demand for non-DLE Engines with GP2EST Calculation)

FMVCTL2B(Electric Gas Fuel Metering Valve Control Demand for DLE Engines)

ERRORADJ(Error Adjust Functional Logic)

B_XOR(Exclusive OR)

B_XNOR(Exclusive OR w/ Negated Output)

DAQIP00(Double Analog Quadratic Interpolation)

XDAXC00(Double Automatic Extraction Control)

TNRV1(Droop Speed Control Reference)

FMVED00(DLE Fuel Metering Valve Electric Drive Interface)

FSRSDV1(Calculation of Shutdown FSR)

CLVDT01(Calibration Aide for Non-Ratiometric LVDT)

SIG_SCAL(Calibration/Scaling Module)

FMVCR2(CLE Fuel Metering Valve Correction Factor)

TTXSPV4(Combustion Spread Monitor)

CMDSTATE(Command State Selection(1 of 8))

CMDSTATE4(Command State Selection)

CQTCV1(Compressor Airflow Temperature Correction)

FMVCTL0G(Demand for non-DLE Engines)

B_MUX(Beacon Multiplexer)

B_THLD(Beacon Threshold)

B_RTLAG1FC(Beacon First Order Rate Lag Filter Coefficient Form)

B_RTLAG1TC(Beacon First Order Rate Lag Filter Time Constant Form)

B_LDLAG1FC(Beacon First Order Lead-Lag Coefficient Form)

B_BOOL_THLD(Beacon Boolean Threshhold)

B_LAG1FC(Beacon First Order Lag Coefficient Form)

ADVMWTMON(Advanced Machine Wheelspace Temperature Monitor)

AFQDV1(Air Flow Measurement)

ALMLATCH(Alam Latch)

AVRG00(Analog Average)

ACOMPARE(Analog Compare)
XACCEL00(Analog Differentiator)
ASEL00(Analog Selection)
A_3_RM(Analog Three I/P Redundancy Manager)
A_2_RM(Analog Two I/P RedundancyManager)
XAXPO01(Axial Position Monitor)
FSRACCV1(Acceleration Control Fuel Stroke Ref.)
ACCELR(Acceleration Function)
FMVTEST1(FMV Frequency Response Test)
FSROUTV2(FSR Output to Gas Valve Servo)
L60FSRV2(FSR Rate of Change)
FQXLATV1(Fuel Flow Signal Translation)
FSR1V1(Fuel Splitter)
FSRV2(Fuel Stroke Reference)
AGA8M2PR(Gas Compressibility Factor Calculation)
GASFLWC1(Gas Flow Calcualtion1)
GASFLWC2(Gas Flow Calcualtion2)
ZCOMP0(Gas Fuel Compressibility Calculation)
L3GFLTV1(Gas Fuel Control Signal Fault Detection)
FPRGV3(Gas Ratio Valve Reference and PI Loop)
L60SYNC1(Generator Synchronizing Functions)
HSS_BUS(High Signal Selector)
HUMIDV1(Humidity Calculation)
B_TANH(Hyperbolic Tangent)
CSRGVPS(IGV Part Speed Reference)
TTRXGVV5(IGV Temperature Control Reference)
WQRV2(Injection Flow Reference Calculation)
L3IGVFLT(Inlet Guide Vane Fault Detection)
CSRGVV3(Inlet Guide Vane Reference)
ISEL_HI(Input Selection-High)
FQROUTV1(Liquid Fuel Flow Command)
L90LV2(Load Regulator Module for Generator Drive)
B_NAND(Logical AND Function, with Negated Output)
LSS_BUS(Low Signal Selector)
FSRMANV2(Manual Fuel Stroke Reference)
MPID(Mimic PID Block)
FSRMINV2(Minimum Fuel Stroke Reference)
XTNCB03(Overspeed Monitor and Speed Error w/o Wobulator)
XTNCB02(Overspeed Monitoring and Speed Error)

L12HV1(Overspeed Trip(High Pressure Turbine)
XPTS00(Parallel Transmitter Selector)
PI_REG00(PI Regulator)
DPFV1(Power Factor Calculation)
PF_CTRL1(Power Factor Control)
XPLAG00(Proportional PlusLag Controller)
HRAMP(Ramp with Select Position and Rate)
B_RT_LIMIT(Rate-of-Change Limiter)
OUT_SCAL(Scaling Module for Ouputs)
NULCOMP1(Servo Current Null Compenation)
XVLVO01(Servo Valve Output)
XSAXC00(Single Auto Extraction Control)
FSRNV4(Speed Control FSR)
L14TV1(Speed Level Detectors For Turbine1)
L14TV2(Speed Level Detectors For Turbine2)
L60BOGV1(Starting Device Bog Down)
FSRSUV1(Startup Fuel Stroke Reference)
WQJV2(Steam Injector Flow)
STEP00(Step Response Test)
STRESS_CALC(Stress Calculation)
SSTEST0(Swept Sime Frequency Response Test)
L86GVTV2(System Frequency Difference Sync Permissive)
TTXMV4(Temperature Control Feedback)
TTXMV5(Temperature Control Feedback)
FSRTV3(Temperature Control Fuel Stroke Reference)
TTRXV5(Temperature ControlReference)
T_MISMATCH(Temperature Mismatch)
TC_MON(Temperature Monitor)
TTX_ADJV1(Turbine Combustion Monitor Adjacency)
TTXSPV5(Turbine Exhaust Temperature Spread Monitor)
TTXSPV6(Turbine Exhaust Temperature Spread Monitor)
TPRV1(Turbine Pressure Ratio)
UTTRFV1(Universal Combustion Ref Temperature Calculation)
XVIBM00(Vibration Monitor)
L39VV7(Vibration Protection)
L30WSAV1(Wheelspace Temperature Monitor)
B_XTOC_POW(X to the C Power Function)
B_XTOY_POW(X to the Y Power Function)

L14HRPR2(Zero Speed Detection)

2.1.5 第三类功能模块——传统功能模块(Legacy Block Lib)

在机组 Toolbox 软件中,归类于 Legacy Block Lib(传统功能模块)的模块共有 15 种,其中在西一线燃驱机组程序中实际使用的仅有 1 种。

2.1.5.1 本型号机组中使用的传统功能模块

1. OUTXFER(Output Transfer)

OUTXFER 模块(见图 2-70)用于数字量信号的传递。OUTXFER 模块数据表见表 2-66。

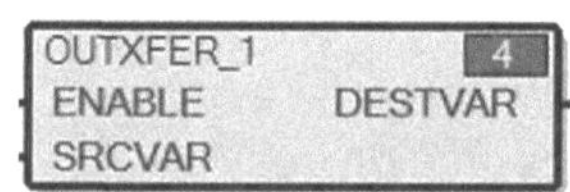

图 2-70 OUTXFER 模块

从 EGD 传入 Mark VIe 的控制信号,其数据接入点都设定在 OUTXFER 模块的输出端 DESTVAR 上。

例如,来自 HMI 的控制命令,在由 EGD 送入 Mark VIe 控制程序中后,必须是在 OUTXFER 模块的输出端做一个接入点,之后才能在 Mark VIe 程序中产生作用。一般而言,程序针对 OUTXFER 模块输出端接入控制命令的不同,对该模块上、下游的模块分布有着很强的规律性,在本书中不再赘述,读者可以在程序中自行尝试查看。

表 2-66 OUTXFER 模块数据表

输入端		
端口名	数据类型	说　明
ENABLE	数字量	模块功能使能
SRCVAR	数字量	输入
输出端		
端口名	数据类型	说　明
DESTVAR	数字量	输出

2.2 FANUC 功能块解读

2.2.1 PACSystems 应用程序的结构

PACSystems 应用程序包含一个块结构应用程序。应用程序包含控制 CPU 运行和系统模块所需的所有逻辑。应用程序在编程软件中编写并传输到 CPU 中。程序存储在 CPU 的非易失性存储器中。

CPU 扫描期间,CPU 从系统模块上读取输入数据并将输入数据存储在其配置的输入存储器中。然后,CPU 使用新输入数据完整执行一次应用程序。执行应用程序会产生新的输出数据并将输出数据，放入所配置的输出存储器中。

应用程序执行结束后，CPU 将输出数据写入系统模块。

块结构应用程序通常包含一个_MAIN 块。程序从_MAIN 块开始执行。包括_MAIN 块在内，程序最多可以有 512 个块。

块(Blocks)：可执行逻辑的指定块称谓块。可执行程序可以下载到目标控制器并且在目标控制器上运行。块的逻辑可以包括功能、功能块和调用其他块。块在被_MAIN 块或其他块中的程序逻辑调用的情况下执行。

功能(Functions)：功能为一种没有任何存储(实例数据)的指令。因此，每次功能执行产生的同一组输入值的结果都一样。

功能块(Function Blocks)：功能块将数据定义为一组输入值和输出值。这组输入值和输出值可以实现与其他块和内部变量的软件连接。功能块每次执行时都会采用运算法则。由于功能块带有实例数据，可以存储数值，所以其处于已定义状态。

嵌套调用：只要有足够的执行堆栈空间支持调用，CPU 允许嵌套块调用。如果没有足够的堆栈空间支持指定块调用，就会记录一条“应用程序堆栈溢出”故障。这种情况下，CPU 不能执行块。但 CPU 将布尔输出设置为“假”，并在块调用指令发出后在该点重新开始执行块。

调用深度为八级或更高，但是在少数情况下，几个调用块带有大量的参数。实际的调用深度取决于几个因素，包括块的数据流量(非布尔)、块调用的特殊功能和为块定义的参数数量和类型。若块使用的堆栈资源量小于规定的最大堆栈资源量，则可能发生 8 次以上的嵌套调用。调用等级嵌套将_MAIN 块设置为 1 级嵌套调用。

块类型：PACSystems 支持 4 种块(见表 2－67)。

表 2－67　PACSystems 数据表

块类型	局部数据	编程语言	大小限制	参　数
块	自带局部数据	LD FBD ST	128 KB	0 输入 1 输出
参数化块	从调用程序承继局部数据	LD FBD ST	128 KB	63 输入 64 输出
用户定义的功能块(UDFB)	自带局部数据	LD FBD ST	128 KB	63 输入 64 输出 不受限制的内部套件变量
外部块	从调用程序承继局部数据	C	用户存储器大小J 限制(10 MB)	63 输入 64 输出

所有 PACSystems 块类型自动提供一个 OK 输出参数。块中引用 OK 参数的名称为 Y0。块中逻辑可以读取并写入 Y0 参数。当块被调用时，Y0 参数自动初始化为 TRUE。因此，当块完成执行时，除非 Y0 设为 FALSE，否则将在块逻辑中通过块调用指令产生一个正向能流。

对于所有块类型，最大输入参数量小于最大输出参数量。其原因在于，输入块调用中的EN并不视为块的输入参数。EN用于LD语言，用于确定是否调用块，但是如果块已被调用，就不会传递至该块。

程序块(Program Blocks)：任何块都可以成为程序块。当创建块结构程序时，_MAIN块被自动申明。当申明任何其他块时，必须分配一个唯一的块名称。块的自动配置不带有任何输入参数，但是带有一个输出参数(OK)。当块结构程序执行时，_MAIN块也自动执行。其他块在被_MAIN块或其他块或自身中的程序逻辑调用的情况下执行。程序块支持使用%P全局数据。除此之外，除_MAIN块之外的各块都有各自的%L局部数据。块不会从自身的调用程序承继%L局部数据。

当参数程序块使用时，每个块都自动定义为带有一个名为Y0的能流输出参数(或OK)。Y0是长度为1的布尔参数，通过初始值传输。Y0表明块成功执行。可以采用逻辑读取Y0并写入块中。

参数化块(Parameterized Blocks)：除_MAIN块的任何块都可以成为参数化块。当申明任何其他块时，必须分配一个唯一的块名称。参数化块最多可以配置63个输入参数和64个输出参数。参数块在被_MAIN块或其他块或自身中的程序逻辑调用的情况下执行。

参数化块支持使用%P全局数据。参数化块自身没有%L数据，但是可以从其调用块承继%L数据。参数化块还承继FST_EXE系统引用和“时间戳”数据。后者用于从调用块更新计时器功能。如果在参数化块中使用%L引用，并且这个块被_MAIN块调用，那么无论在参数化块的哪个位置出现，都将从%P引用中承继%L引用(例如：%L0005 = %P0005)。

参数化块可以定义0～63个输入形参以及1～64个输出形参。参数化块使用时，自动为每个参数化块定义一个名为Y0的能流输出参数(或OK)。Y0是长度为1的布尔参数，表明参数化块成功执行。可以采用参数化块的逻辑读取和写入Y0。

用户定义的功能块(User Defined Function Blocks)：用户可以定义自己的块。这些块带有参数和实例数据，而并非受限于PACSystems指令集中提供的标准和内置功能块。多数情况下，使用本特性会导致减小程序总大小。成员变量不会作为参数传入或传出UDFB。成员变量仅限于在功能块的逻辑中使用。

一旦得以定义，就可以通过在程序逻辑中调用的方式创建多个UDFB实例。每个实例都有自己唯一的功能块实例数据。实例数据包含功能块的内部成员变量以及所有输入和输出参数，但是不包括通过引用传递的参数。当指定实例调用UDFB时，UDFB逻辑就会在该实例的实例数据副本上操作。一次UDFB执行中的实例数据取值会保持到下一次UDFB执行。

可采用FBD、LD或ST建立UDFB逻辑。UDFB逻辑可以调用所有其他类型的PACSystems块(块、参数化块、外部块和其他UDFB)。块、参数化块和其他UDFB可以调用该UDFB。

外部块(External Blocks)：外部块是指采用外部开发工具和PACSystems C编程器工具包开发的块。有关外部块的详情，参见《C Programmer's Toolkit for PACSystems User's

Manual》(GFK-2259)。除_MAIN 块以外的任何块都可以是外部块。当申明外部块时，必须分配唯一的块名称。外部块最多可以配置 63 个输入参数和 64 个输出参数。外部块在被_MAIN 块中的程序逻辑或其他块中的逻辑调用的情况下执行。外部块不能调用任何其他块。外部块支持使用%P 全局数据，自身没有%L 数据，但是可以从调用块承继%L 数据。外部块还承继 FST_EXE 系统参考和“时间戳”数据，后者用于从调用块更新计时器功能。如果在被_MAIN 块调用的外部块中使用%L 引用，那么无论在外部块的哪个位置引用，都将从%P 引用中承继%L 引用(例如：%L0005＝%P0005)。

2.2.2　编程语言

PACSystems 组态软件 Proficy Machine Edition 中可以直接编写查看的有三种编程语言，分别是梯形图(LD)、功能块图(FBD)、结构化文本(ST)，三种编程语言可以编写块、参数化块和用户定义的功能块。外部块只能使用 C 语言，通过 C 语言编程组件编写并编译后，导入 PLC 程序中。Proficy Machine Edition 无法直接查看或修改外部块的源代码。

2.2.2.1　梯形图(LD)

用梯形图(见图 2-71)语言书写的逻辑中包含一系列从上到下执行的梯级。将逻辑执行视为“能流” “能流”沿着梯形图左侧的“轨道”向下，并依次从左向右执行遇到的每个梯级。

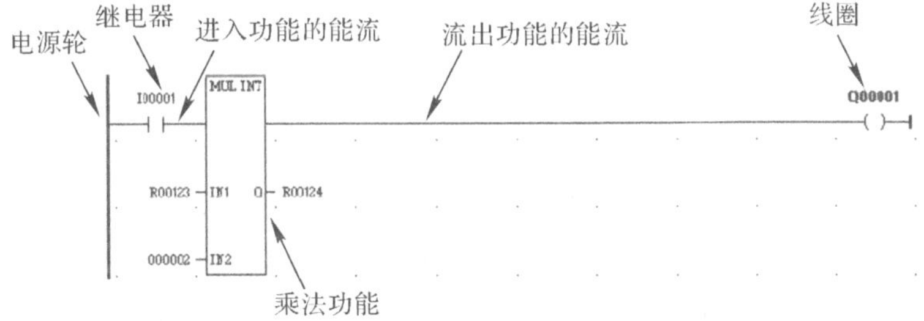

图 2-71　梯形图(LD)

由一套简单程序指令控制每个梯级的逻辑能流。这个程序指令的工作原理与机械继电器和输出线圈的一样。继电器是否沿梯级通过逻辑能流取决于与程序中的继电器相关的存储单元。例如：若相关存储单元包含数值 1，则继电器通过正向能流；若为 0，则不通过正向能流。

通常，一个接收反向能流的指令不会向该梯级的下一个指令执行或传递反向能流。但是，计时器或计数器等指令在收到反向能流时执行，并且可能将反向能流传递出去。一旦一个梯级执行完后，不管输出正向能流还是反向能流，能流都会沿左侧轨道传递给下一梯级。

同一个梯级中有许多复杂的功能。它们是标准功能库的一部分，并且可以完成存储器数据移动、数学运算和 CPU 与系统内其他设备的通信控制等操作。转移功能和主控器控制延时等程序功能可以控制程序执行。大量的梯形图指令和标准库功能一起构成 CPU 指令集。

2.2.2.2　功能块图(FBD)

功能块图(FBD)是一种 IEC 61131-3 图解编程语言。它将功能特性、功能块和程序描述成一套相互关联的图形块。

FBD 从处理单元之间的信号流方面对系统进行描述。这种描述方式与电子线路图中对信号流的描述方式非常相似。指令显示从左侧输入并且从右侧输出。功能块的类型名称始终在组件内显示，而功能块实例的名称在组件上方显示。

1. FBD 中指令的执行顺序取决的因素

1)指令在 FBD 编辑器中的显示位置。

2)FBD 指令中的输入是否已求解。

2. FBD 编译器应执行的步骤

为了确定在 FBD 编辑器中执行 FBD 指令的顺序，FBD 编译器应执行以下步骤。

1)FBD 编译器按从左到右和从上到下的顺序扫描 FBD 编辑器内的指令。遇到指令时，编译器会尝试分解该指令，即输入为已知。若输入为已知，则指令得以解决，并且继续扫描至至下一指令。

2)如果不能分解当前指令，即输入为未知，编译器就会采用将上一个指令输出与当前指令的输入连接的线路，扫描上一个指令。

3)如果可以分解上一个指令，编译器就会计算输出。上一个指令的输出此时会变成当前指令的输入，当前指令得以分解，并且继续扫描至下一指令。

4)若不能分解上一个指令，即输入为未知，则重复第 2 步，直到遇到可以解决的指令。

2.2.2.3 结构化文本(ST)

结构化文本(ST)编程语言是一种 IEC1131 - 3 文本编程语言。结构化文本程序包括一系列的说明。说明根据表达式和语言关键字创建。一个说明使 PLC 执行指定操作。说明提供变量分配、条件评估、迭代和调用其他块的能力。

可以在 ST 中将块、参数化块和 UDFB 程序化。_MAIN 程序块同样可以在 ST 中程序化。

在 ST 中程序化的块可以调用块、参数化块和 UDFB。

2.2.3 梯形图基础功能

FANUC PLC 中多数功能通过梯形图或梯形图中的功能块编程，功能块图使用较少且其主要功能块与梯形图中的功能块仅外观存在差异，格式与功能基本相同，这里不再进行赘述。

2.2.3.1 线圈

线圈用于控制分配给线圈的离散(BOOL)引用。必须使用条件逻辑控制线圈的能流。线圈直接导致动作。线圈不再向右传递能流。若因线圈条件需执行程序中的附加逻辑，则可使用线圈的内部引用或连续线圈/触点组合。

连续线圈不使用内部参考。连续线圈后的任何梯级开始处，必须在其后紧跟连续触点。线圈始终位于逻辑线路的最右位。

线圈示意图表见表 2 - 68。

表 2－68　线圈示意图表

线　圈	表示符号	助记符	描　述	操作数
记忆型线圈	-(M)-		当一个线圈能接受到能流时，置相关 BOOL 型变量为 ON，没有接收到能流时，置相关 BOOL 变量为 OFF。并在掉电时保持状态，直至下一次启动运行的第一个扫描周期	%Q、%M、%T、%SA、%SB、% SC、和% G；符号离散型变量；字导向存储器(%AI 除外)中字里的位基准
非记忆型线圈	-( )-	COIL	同上，但掉电不保持	
记忆型取反线圈	-(M)-		状态与记忆型线圈相反，并在掉电时保持状态	
非记忆型取反线圈	-(/)-	NCCOIL	同上，但掉电不保持	
记忆型置位线圈	-(SM)-		当置位线圈接收到能流时，置离散型点为 ON。当置位线圈接收不到能流时，不改变离散型点的值	
非记忆型置位线圈	-(S)-	SETCOIL	同上，但掉电不保持	
记忆型复位线圈	-(RM)-		当置位线圈接收到能流时，置离散型点为 OFF。当置位线圈接收不到能流时，不改变离散型点的值	
非记忆复位型线圈	-(R)-	RESETCOIL	同上，但掉电不保持	
正跳变线圈	-(↑)-	POSCOIL	当变量的跳变位当前值是 OFF；变量的状态位当前值是 OFF；输入到线圈的能流当前值是 ON 的瞬间，正跳变线圈接通一个扫描周期	
负跳变线圈	-(↓)-	NEGCOIL	当变量的跳变位当前值是 ON；变量的状态位当前值是 ON；输入到线圈的能流当前值是 OFF 的瞬间，正跳变线圈接通一个扫描周期	

续表

线　圈	表示符号	助记符	描　述	操作数
正跳变线圈	-(P)-	PTCOIL	当输入能流为 ON 时，上一扫描周期能流的操作结果是 OFF，与 PTCOIL 相关的 BOOL 变量的状态位转为 ON；在任何其他情况下，BOOL 变量的状态位转为 OFF	
负跳变线圈	-(N)-	NTCOIL	当输入能流为 OFF 时，上一扫描周期能流的操作结果是 ON，与 NTCOIL 相关的 BOOL 变量的状态位转为 ON；在任何其他情况下，BOOL 变量的状态位转为 OFF	
连续线圈	-(+)-	CONTCOIL	使 PLC 在下一级的顺延触点上延续本级梯形图逻辑能流值。顺延线圈的能流状态传递给顺延触点	无

2.2.3.2 触点

触点用于监控引用地址的状态。触点是否传递能流取决于进入触点的正向能流、正在监视的引用地址的状态及触点类型。若状态为 1，则引用地址为 ON；若状态为 0，则引用地址为 OFF。触点示意图表见表 2－69。

表 2－69　触点示意图表

触　点	显　示	助记符	触点向右传递能流
连续触点	—|+|—	CONTCON	若前一持续线圈设置为“开”
故障触点	BWVAR —|F|—	FAULT	若相关 BOOL 或字变量具有单点故障
高报警触点	WORDV —|HA|—	HIALR	若与模拟(字)参考有关的高报警位打开
低报警触点	WORDV —|LA|—	LOALR	若与模拟(字)参考有关的低报警位打开
无故障触点	BWVAR —|NA|—	NOFLT	若有关的 BOOL 或字变量没有单点故障
常闭触点	BOOLV —|/|—	NCCON	若有关的 BOOL 变量“OFF”

续表

触　点	显　示	助记符	触点向右传递能流
常开触点	BOOLV —┤ ├—	NOCON	若有关的 BOOL 变量“ON”
负跳变触点	BOOLV —┤↓├—	NEGCON	若 BOOL 参考从“ON”转换到“OFF”
负跳变触点	BOOL_V —┤N├—	NTCON	若 BOOL 参考从“ON”转换到“OFF”
正跳变触点	BOOLV —┤↑├—	POSCON	若 BOOL 参考从“OFF”转换到“ON”
正跳变触点	BOOL_V —┤P├—	PTCON	若 BOOL 参考从“OFF”转换到“ON”

2.2.3.3　转换函数

转换函数将一个数据项从一个数字格式(数据类型)变成另一个数字格式。许多编程指令(如数学函数),必须与一种类型的数据一同使用。因此,在使用这些指令前,通常要求数据转换。

转换函数基本形式如图 2－72 所示。

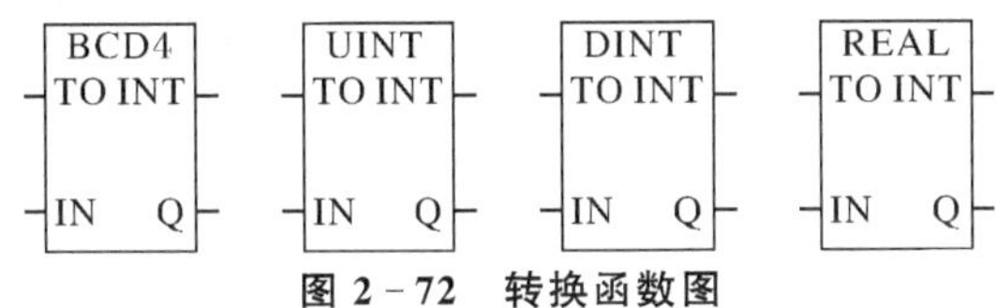

图 2－72　转换函数图

其中输入参数 IN 输入需要转换的数值,输出参数 Q 输出转换后的数值。转换函数表见表 2－70。

表 2－70　转换函数表

函　数	说　明
转换角度	
DEG_TO_RAD	将角度转换为弧度
RAD_TO_DEG	将弧度转换为角度
转换为 BCD4(4 位二进制编码的十进制数)	
UINT_TO_BCD4	将 UINT(16 位无符号整数)转换为 BCD4
INT_TO_BCD4	将 INT(16 位带符号整数)转换为 BCD4
转换为 BCD8(8 位二进制编码的十进制数)	
DINT_TO_BCD8	将 DINT(32 位带符号整数)转换为 BCD8
转换为 INT(16 位带符号的整数)	
BCD4_TO_INT	将 BCD4 转换为 INT
UINT_TO_INT	将 UINT 转换为 INT
DINT_TO_INT	将 DINT 转换为 INT

续表

函　数	说　明
REAL_TO_INT	将 REAL 转换为 INT
转换为 UINT(16 位无符号整数)	
BCD4_TO_UINT	将 BCD4 转换为 UINT
INT_TO_UINT	将 INT 转换为 UINT
DINT_TO_UINT	将 DINT 转换为 UINT
REAL_TO_UINT	将 REAL 转换为 UINT
转换为 DINT(32 位带符号整数)	
BCD8_TO_DINT	将 8 位二进制编码的十进制数(BCD8)转换为 DINT
UINT_TO_DINT	将 UINT 转换为 DINT
INT_TO_DINT	将 INT 转换为 DINT
REAL_TO_DINT	将 REAL(32 位带符号实数或浮点值)转换为 DINT
LREAL_TO_DINT	将 LREAL(64 位带符号实数或浮点值)转换为 DINT
转换为 REAL(32 位带符号实数或浮点值)	
BCD4_TO_REAL	将 BCD4 转换为 REAL
BCD8_TO_REAL	将 BCD8 转换为 REAL
UINT_TO_REAL	将 UINT 转换为 REAL
INT_TO_REAL	将 INT 转换为 REAL
DINT_TO_REAL	将 DINT 转换为 REAL
LREAL_TO_REAL	将 LREAL 转换为 REAL
转换为 LREAL(64 位带符号实数或浮点值)	
DINT_TO_LREAL	将 DINT 转换为 LREAL
REAL_TO_LREAL	将 REAL 转换为 LREAL
截　断	
TRUNC_DINT	将 REAL 值下舍入至 DINT(32 位带符号整数)值
TRUNC_INT	将 REAL 值下舍入至 INT(16 位带符号整数)值

2.2.3.4　数据传送函数

数据传送功能块提供基本的数据传送功能。数据传送函数图如图 2－73 所示。

数据传送分类下的功能块较多，但大多不常用，本书仅介绍最常用的 Move 功能块，其余功能块详见 PACSystem 处理器参考手册(GFK 2222)。

Move 功能块主要功能为传送数据，其助记符有 MOVE_BOOL、MOVE_DATA、MOVE_DINT、MOVE_DWORD、MOVE_INT、MOVE_REAL、MOVE_LREAL、MOVE_UINT、MOVE_WORD，分别对应传送不同格式的数据。Move 功能块使用单独的位为单位复制数据，因此新的存储单元并不需要相同的数据类型，数据能够被传送到不同的数据类型中，而不需要预先转换。但未经转换的数据存入新的数据类型，可能在数值上与原数据存在偏差。数据传送函数表见表 2－71。

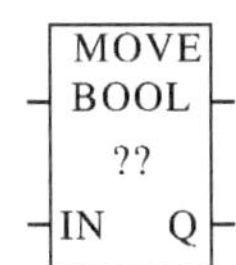

图 2－73　数据传送函数图

表 2－71　数据传送函数表

参　数	描　述	允许操作数
长度	N 的长度；要传送的位、字、双字的数目。如果 IN 是一个常量，Q 是个布尔量，那么 1≤长度≤16；否则 1≤长度≤256，1≤长度≤32 767	常量
IN	复制第一个传送数据项的存储单元。对于 MOVE_BOOL，任何离散引用地址都可使用，而不需要排成字节组。从指定引用地址开始的 16 个位在线显示	任何操作数。%S、%SA、%SB、%SC 只允许在 WORD、DWORD、BOOL 类型中
Q	第一个目的数据项的位置。对于 MOVE_BOOL，任何离散引用地址都可使用，而不需要排成字节组。从指定引用地址开始的 16 个位在线显示	任何操作数。%S、%SA、%SB、%SC 只允许在 WORD、DWORD、BOOL 类型中

Move 功能块是按位传送，传送的位数与传送格式和长度参数有关，若 MOVE_BOOL 长度为 1，则传送 1 位数据；若 MOVE_WORD 长度为 1，则传送 16 位数据。

2.2.3.5　关系函数

关系功能比较相同数据类型的两个值或决定一个数是否在给定的范围内。原值不受影响。关系函数表见表 2－72。

表 2－72　关系函数表

功　能	助记符	描　述
比较	CMP_DINT CMP_INT CMP_REAL CMP_LREAL CMP_UINT	比较助记符指定的数据类型的两个数，即 IN1 和 IN2； 若 IN1<IN2，则 LT 输出“ON”； 若 IN1=IN2，则 EQ 输出“ON”； 若 IN1 > IN2，则 GT 输出“ON”
等于	EQ_DATA EQ_DINT EQ_INT EQ_REAL EQ_LREAL EQ_UINT	检验两个数是否相等

续表

功　能	助记符	描　述
大于或等于	GE_DINT GE_INT GE_REAL GE_LREAL GE_UINT	检验一个数是否大于或等于另一个数
大于	GT_DINT GT_INT GT_REAL GT_LREAL GT_UINT	检验一个数是否大于另一个数
小于或等于	LE_DINT LE_INT LE_REAL LE_LREAL LE_UINT	检验一个数是否小于或等于另一个数
小于	LT_DINT LT_INT LT_REAL LT_LREAL LT_UINT	检验一个数是否小于另一个数
不等于	NE_DINT NE_INT NE_REAL NE_LREAL NE_UINT	检验两个数是否不等
范围	RANGE_DINT RANGE_DWORD RANGE_INT RANGE_UINT RANGE_WORD	检验一个数是否在另两个数给定的范围内

1. 比较功能块

比较功能块如图 2－74 所示。

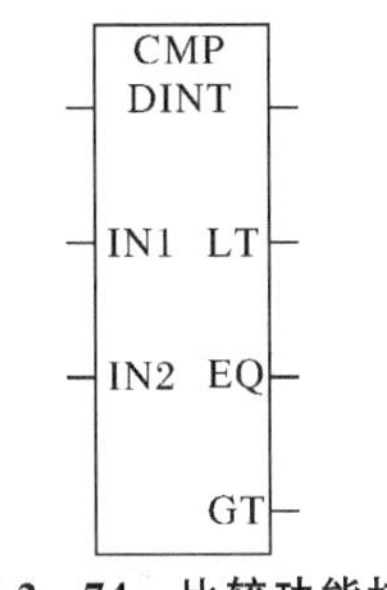

图 2－74　比较功能块

比较功能块数据表见表 2－73。

表 2－73　比较功能块数据表

参　数	描　述	允许操作数
IN1	要比较的第一个数	除 S、SA、SB、SC 外任何操作数
IN2	要比较的第二个数	除 S、SA、SB、SC 外任何操作数
LT	I1＜I2 时输出 LT 激活	能流
EQ	I1＝I2 时输出 EQ 激活	能流
GT	I1＞I2 时输出 GT 激活	能流

2. 等于、不等于、大于或等于、大于、小于或等于、小于功能块

等于、不等于、大于或等于、大于、小于或等于、小于功能块如图 2－75 所示。

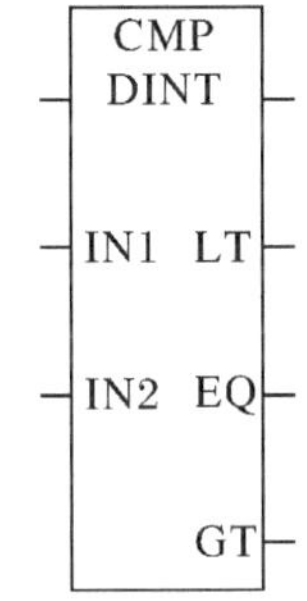

图 2－75　等于、不等于、大于或等于、大于、小于或等于、小于功能块

等于、不等于、大于或等于、大于、小于或等于、小于功能块数据表见表 2－74。

表 2－74　等于、不等于、大于或等于、大于、小于或等于、小于功能块数据表

参　数	描　述	允许操作数
IN1	要比较的第一个数	除 S、SA、SB、SC 外任何操作数
IN2	要比较的第二个数	除 S、SA、SB、SC 外任何操作数
Q	能流。若关系式为真值，则 Q 激活，除非 IN1 或 IN2 是 NaN(非数值)	能流

3.范围功能块

范围功能块如图 2－76 所示。

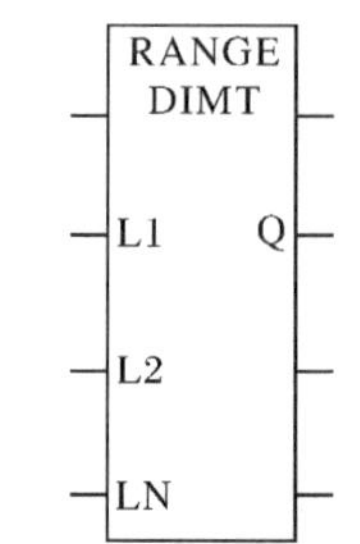

图 2－76　范围功能块

范围功能块数据表见表 2－75。

表 2－75　范围功能块数据表

参　数	描　述	允许操作数
IN	与 L1 和 L2 限定的范围相比较的值。必须与 L1 和 L2 数据类型相同	除 S、SA、SB、SC 外任何操作数
L1	范围的起点。可以是上限或下限。必须与 IN 和 L2 数据类型相同	除 S、SA、SB、SC 外任何操作数
L2	范围的终点。可以是下限或上限。必须与 L1 和 IN 数据类型相同	除 S、SA、SB、SC 外任何操作数
Q	若 L1≤IN≤L2 或 L2≤IN≤L1，则 Q 被激活；否则，Q 关断	能流

2.2.3.6　数学函数

在使用一个数学或数字功能之前，程序可能需要包含将数据转换为相应类型的逻辑。每个功能块的描述中包含相应数据类型的信息。数学函数表见表 2－76。

表 2－76　数学函数表

功　能	助记符	描　述
绝对值	ABS_DINT，ABS_INT，ABS_REAL，ABS_LREAL	求一个双精度整数(DINT)、单精度整数(INT)或浮点数(REAL 或 LREAL)的绝对值。助记符指定了数值的数据类型
加	ADD_DINT，ADD_INT，ADD_REAL，ADD_LREAL，ADD_UINT	加法。将两个数相加
除	DIV_DINT，DIV_INT，DIV_MIXED，DIV_REAL，DIV_LREAL，DIV_UINT	除法。一个数除以另一个数并输出商。需注意数据溢出
模数	MOD_DINT，MOD_INT，MOD_UINT	模除运算。一个数除以另一个数，输出余数

续表

功　能	助记符	描　述
乘	MUL_DINT,MUL_INT,MUL_MIXED,MUL_REAL,MUL_LREAL,MUL_UINT	乘法。两个数相乘。需注意数据溢出
比例	SCALE	把一个输入参数比例放大或缩小,把结果放在输出单元
减	SUB_DINT,SUB_INT,SUB_REAL,SUB_LREAL,SUB_UINT	减法。从另一个数中减去一个数

当一个运算结果溢出时,就没有能流。

1.绝对值功能块

绝对值功能块如图 2－77 所示。

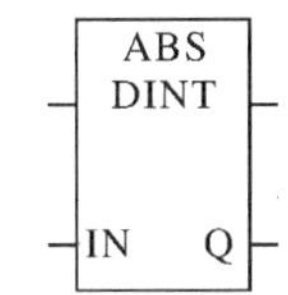

图 2－77　绝对值功能块

绝对值功能块数据表见表 2－77。

表 2－77　绝对值功能块数据表

参　数	描　述	允许操作数
IN	待处理的值(必须与 Q 类型相同)	除 S、SA、SB、SC 外任何操作数
Q	IN 的绝对值(必须与 IN 类型相同)	除 S、SA、SB、SC 和常量外任何操作数

2.加、减、乘、除、模数功能块

加、减、乘、除、模数功能块如图 2－78 所示。

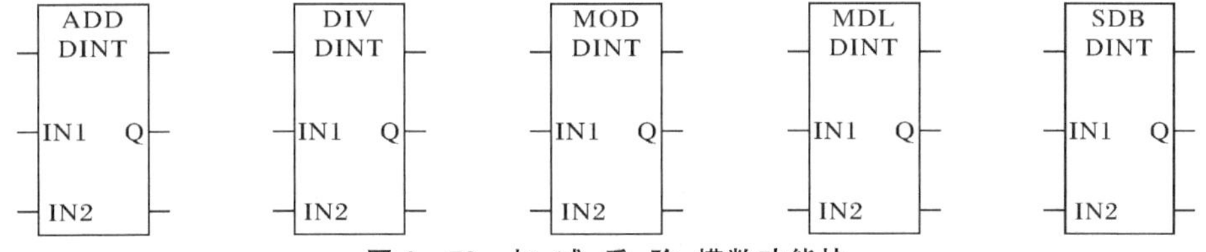

图 2－78　加、减、乘、除、模数功能块

加、减、乘、除、模数功能块数据表见表 2－78。

表 2－78　加、减、乘、除、模数功能块数据表

参　数	描　述	允许操作数
IN1	运算符(＋－×÷mod)左侧的数	除 S、SA、SB、SC 外任何操作数
IN2	运算符(＋－×÷mod)右侧的数	除 S、SA、SB、SC 外任何操作数
Q	运算的计算结果,如果结果溢出,将 Q 设为最大的可能值,并且无能流	除 S、SA、SB、SC 和常量外任何操作数

3. 缩放功能块

缩放功能块如图 2－79 所示。

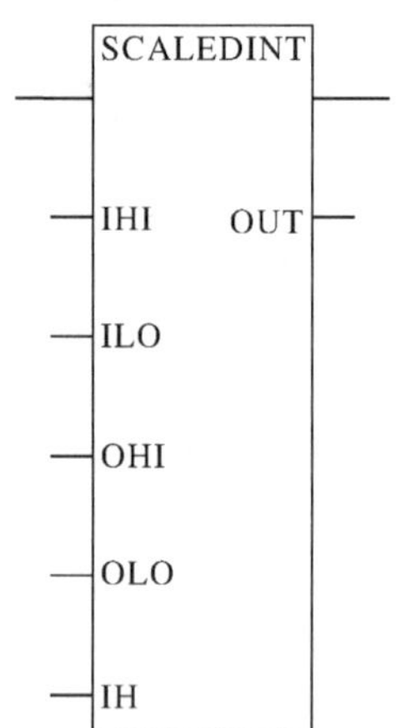

图 2－79 缩放功能块

缩放功能块数据表见表 2－79。

表 2－79 缩放功能块数据表

参 数	描 述	允许操作数
IHI	(输入上限)最大输入值(与模块有关)。未缩放数的上限。IHI 是与 ILO、OHI、OLO 一起使用来计算应用于输入 IN 的缩放因子	除 S、SA、SB、SC 外任何操作数
ILO	(输入下限)最小输入值(与模块有关)。未缩放数的下限。必须与 IHI 数据类型相同	除 S、SA、SB、SC 外任何操作数
OHI	(输出上限)最大输出值。缩放数据的上限。必须与 IHI 数据类型相同。当 IN 输入是 IHI 值时,输出 OUT 值与 OHI 值相同	除 S、SA、SB、SC 外任何操作数
OLO	(输出下限)最小输出值。缩放数据的下限。必须与 IHI 数据类型相同。当 IN 输入是 IHI 值时,输出 OUT 值必须与 OLO 值相同	除 S、SA、SB、SC 外任何操作数
IN	(输入值)被缩放的值。必须与 IHI 数据类型相同	除 S、SA、SB、SC 外任何操作数
OUT	(输出值)输入值经缩放后的等效值。必须与 IHI 数据类型相同。	除 S、SA、SB、SC 外任何操作数

4. 对数、指数、二次方根、三角、反三角计算功能块

对数、指数、二次方根、三角、反三角计算功能块数据表见表 2－80。

表 2－80　对数、指数、二次方根、三角、反三角计算功能块数据表

功　能	助记符	描　述
指数	EXP_REAL EXP_LREAL	计算以 e 为底，IN 为指数的幂（e^{IN}）
	EXPT_REAL EXPT_LREAL	计算以 IN1 为底，IN2 为指数的幂（$IN1^{IN2}$）
反三角	ACOS_REAL ACOS_LREAL	计算 IN 操作数的反余弦，并以弧度为单位表达结果
	ASIN_REAL ASIN_LREAL	计算 IN 操作数的反正弦，并以弧度为单位表达结果
	ATAN_REAL ATAN_LREAL	计算 IN 操作数的反正切，并以弧度为单位表达结果
对数	LN_REAL LN_LREAL	计算操作数 IN 的自然对数
	LOG_REAL LOG_LREAL	计算操作数 IN 的以 10 为底的对数
二次方根	SQRT_DINT	计算操作数 IN 的二次方根（双精度整数），并在 Q 中存储输入 IN 的平方根的双精度整数部分
	SQRT_INT	计算操作数 IN 的二次方根（单精度整数），并在 Q 中存储输入 IN 的平方根的单精度整数部分
	SQRT_REAL SQRT_LREAL	计算操作数 IN 的二次方根（实数），并在 Q 中存储实数结果
三角	COS_REAL COS_LREAL	计算操作数 IN 的余弦，其中，以弧度为单位表达 IN
	SIN_REAL SIN_LREAL	计算操作数 IN 的正弦，其中，以弧度为单位表达 IN
	TAN_REAL TAN_LREAL	计算操作数 IN 的正切，其中，以弧度为单位表达 IN

2.2.3.7　计时器

PACSystems 有 4 个定时触点能用于向其他程序功能提供能流的规则脉冲。定时触点以方形波形式每 0.01 s、0.1 s、1.0 s 和 1 min 循环开和关。定时触点能够被一个外部通信设备读，取以监控 CPU 的状态和通信线路。定时触点也经常被使用来点亮标志灯和发光二极管。

定时触点作为 T_10MS(0.01 s)、T_100MS(0.1 s)、T_SEC(1.0 s)和 T_MIN(1 min)的基准。定时触点表示%S 存储器(%S0003—%S0006)中的特定存储单元。

CPU 基于一个自由运行的定时器更新定时触点基准,该定时器与 CPU 扫描启动没有关系。如果扫描时间与定时触点时钟保持同相,定时触点将一直显示相同的状态。例如,如果 CPU 是在一个扫描时间设定为 100 ms 的固定扫描模式,T_10MS 和 T_100MS 位将不会触发。

计时器数据表见表 2-81。

表 2-81　计时器数据表

功　能	助记符	描　述
延时关定时器	OFDT_HUNDS OFDT_SEC OFDT_TENTHS OFDT_THOUS	当能流输入打开时定时器的当前值(CV)重设为 0。当能流关闭时 CV 增加。当 CV=PV(预置值),能流不再向右传送直到能流输入再次打开
跑表型延时开定时器	ONDTR_HUNDS ONDTR_SEC ONDTR_TENTHS ONDTR_THOUS	保持型延时定时器。当它接收能流时值增加,在能流停止时保持它的值
延时开定时器	TMR_HUNDS TMR_SEC TMR_TENTHS TMR_THOUS	一般延时定时器。当它接收能量时值增加,能流停止时重设为 0
关断延时定时器	TOF	输入 IN 从“ON”到“OFF”时,定时器开始定时,直到规定的时间后,再将输出 Q 设为“OFF”
接通延时定时器	TON	输入 IN 从“OFF”到“ON”时,定时器开始定时,直到过去一段指定时间,然后将输出 Q 设为“ON”
脉冲定时器	TP	当输入 IN 从“OFF”到“ON”时,定时器以规定的间隔将输出 Q 设为“ON”

1. 关断延时定时器

关断延时定时器信号图如图 2-80 所示。

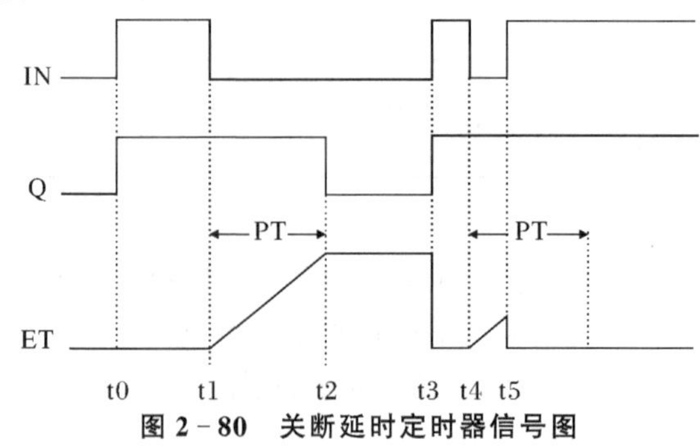

图 2-80　关断延时定时器信号图

t0 输入 IN 设置为打开后，将输出 Q 设置为打开，并使其保持打开状态。耗费时间(ET)不增加。

t1 IN 关闭时，定时器开始计时，ET 增加，ET 继续增加，直到其值等于预设时间(PT)。

t2 ET 等于 PT 时，将 Q 设置为关闭，耗费时间仍然为预设时间(PT)。

t3 输入 IN 设置为打开后，将输出 Q 设置为打开，并使其保持打开状态。将耗费时间设置为 0。

t4IN 设置为关闭时，ET 开始增加。若 IN 的关闭时间比指定的 PT 短，则使 Q 保持打开状态。

t5IN 设置为打开时，将 ET 设置为 0。

2. 接通延时定时器

接通延时定时器信号图如图 2－81 所示。

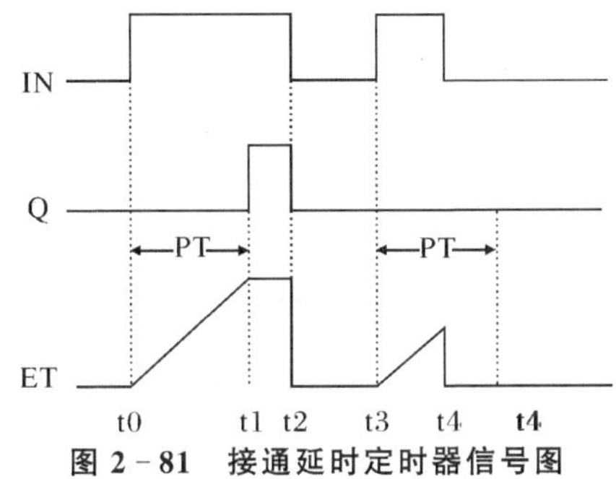

图 2－81 接通延时定时器信号图

t0 输入 IN 设置为打开时，定时器开始计时，耗费时间输出(ET)开始增加。输出 Q 保持关闭状态，ET 继续增加，直到其值等于预设时间(PT)。

t1 ET 等于 PT 时，输出 Q 关闭，ET 仍然为预设时间(PT)。Q 保持打开状态，直到 IN 关闭。

t2 IN 设置为关闭时，Q 关闭，将 ET 设置为 0。

t3 IN 设置为打开时，ET 开始增加。

t4 若 IN 的打开时间比 PT 的指定延时短，则输出 Q 保持关闭状态。IN 设置为关闭时，将 ET 设置为 0。

3. 脉冲定时器

脉冲定时器及其信号图如图 2－82 和图 2－83 所示。

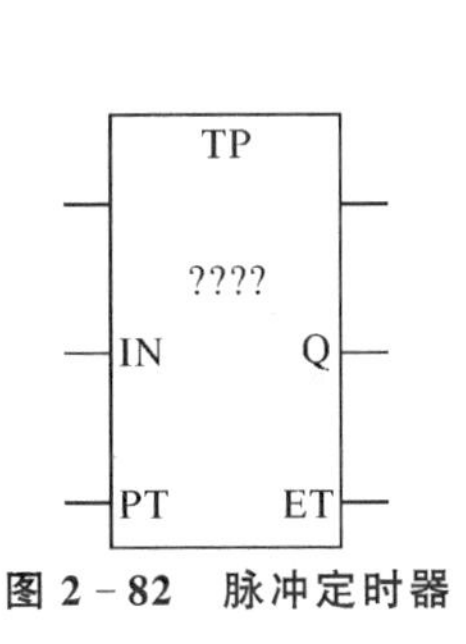

图 2－82 脉冲定时器

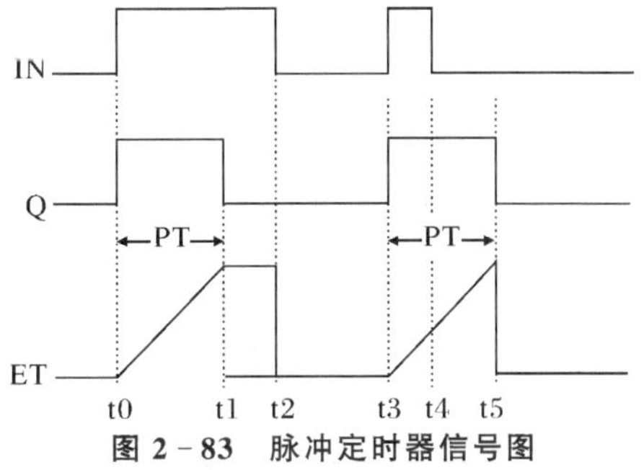

图 2－83 脉冲定时器信号图

t0 输入 IN 设置为打开时，定时器开始计时，耗费时间输出(ET)增加，直到其值等于指定的预设时间(PT),将 Q 设置为打开,直到 ET 等于 PT。

t1 ET 等于 PT 时,将 Q 设置为关闭。保持 ET 值不变,直到将 IN 设置为关闭。

t2 IN 设置为关闭时,将 ET 设置为 0。

t3 IN 设置为打开时,定时器开始计时,ET 开始增加。将 Q 设置为打开。

t4 若输入的关闭时间比输入 PT 短,则使输出 Q 保持打开状态,ET 继续增加。

t5 ET 等于 PT 时,将 Q 设置为关闭,将 ET 设置为 0。

2.2.4 自定义功能块简介

2.2.4.1 模拟量信号处理

1. A1M_ALM 功能块

A1M_ALM 功能块(见图 2-84)用于单路模拟量报警,包括 A1M_ALMH、A1M_ALMHH、A1M_ALMHLHH、A1M_ALML、A1M_ALMLH、A1M_ALMLHLL、A1M_ALMLLL。其中,H 表示高报警,HH 表示高高报警,L 表示低报警,LL 表示低低报警,并进行组合。

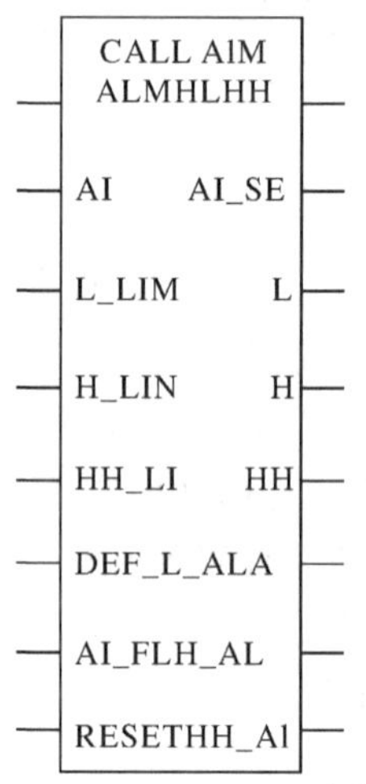

图 2-84 A1M_ALM 功能块

A1M_ALM 功能块数据表见表 2-82。

表 2-82 A1M_ALM 功能块数据表

输入端		
端口名	数据类型	说 明
AI	模拟量 R	输入信号
H_LIMIT	模拟量 R	输入信号高报警设定值
L_LIMIT	模拟量 R	输入信号低报警设定值
HH_LIMIT	模拟量 R	输入信号高高报警设定值
LL_LIMIT	模拟量 R	输入信号低低报警设定值

续表

输入端		
端口名	数据类型	说　明
DEF_VALUE	模拟量 R	输入信号预设值
AI_FLT	数字量	输入信号故障信号
RESET	数字量	复位命令
输出端		
端口名	数据类型	说　明
AI_SEL	模拟量 R	输出信号：输入信号无故障使用输入信号；输入信号故障使用预设值
H	数字量	信号高于设定高值，不需复位
HH	数字量	信号高于设定高高值，不需复位
L	数字量	信号低于设定低值，不需复位
LL	数字量	信号低于设定低低值，不需复位
H_ALARM	数字量	高报警，需通过复位命令复位
L_ALARM	数字量	低报警，需通过复位命令复位
HH_ALARM	数字量	高高报警，需通过复位命令复位
LL_ALARM	数字量	低低报警，需通过复位命令复位

2. A2M_ALARM 功能块

A2M_ALARM 功能块(见图 2-85)用于两路模拟量选择与报警。

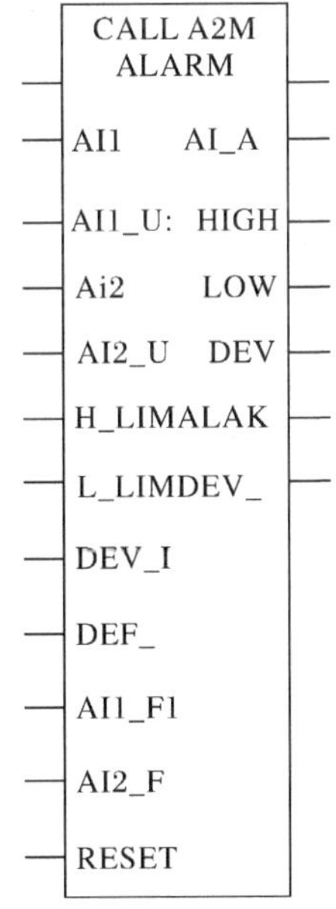

图 2-85　A2M_ALARM 功能块

A2M_ALARM 功能块数据表见表 2-83。

表 2－83　A2M_ALARM 功能块数据表

输入端		
端口名	数据类型	说　明
AI1	模拟量 R	输入信号 1
AI1_USED	模拟量 R	输入信号 1 使用值:输入信号 1 无故障使用输入信号 1,输入信号 1 故障而输入信号 2 无故障使用输入信号 2
AI2	模拟量 R	输入信号 2
AI2_USED	模拟量 R	输入信号 2 使用值:输入信号 2 无故障使用输入信号 1,输入信号 2 故障而输入信号 1 无故障使用输入信号 1
H_LIMIT	模拟量 R	输入信号高报警设定值
L_LIMIT	模拟量 R	输入信号低报警设定值
DEV_LIMIT	模拟量 R	输入信号偏差报警设定值
DEF_VALUE	模拟量 R	输入信号预设值
AI1_FLT	数字量	输入信号 1 故障信号
AI2_FLT	数字量	输入信号 2 故障信号
RESET	数字量	复位命令
输出端		
端口名	数据类型	说　明
AI_AVG_SEL	模拟量 R	输出信号:输入信号 1 或输入信号 2 无故障使用两者算数平均值;输入信号 1 和输入信号 2 均故障使用预设值
HIGH	数字量	信号高于设定高值,不需复位
LOW	数字量	信号低于设定低值,不需复位
DEV	数字量	两信号偏差大于设定偏差,不需复位
ALARM	数字量	报警:高报警或低报警,需通过复位命令复位
DEV_ALM	数字量	偏差报警,需通过复位命令复位

3. AI_SCALE_I 功能块

AI_SCALE_I 功能块(见图 2－86)用于模拟量输入值规整及报警。

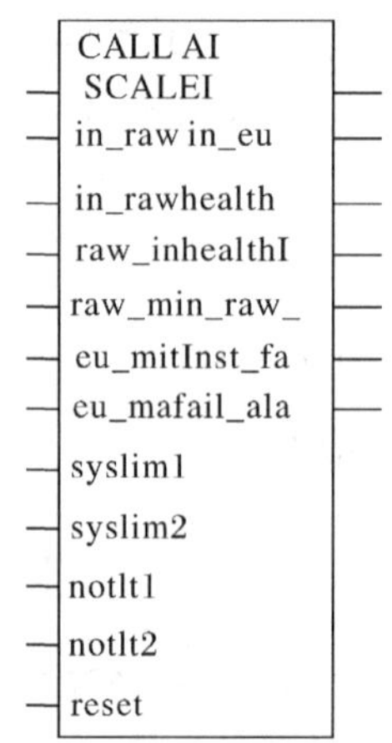

图 2－86　AI_SCALE_I 功能块

AI_SCALE_I 功能块数据表见表 2－84。

表 2－84　AI_SCALE_I 功能块数据表

输入端		
端口名	数据类型	说　明
in_raw1	模拟量 I	输入信号 1 原始值，范围一般为 4 000～20 000
in_raw2	模拟量 I	输入信号 2 原始值，范围一般为 4 000～20 000
raw_min	模拟量 R	原始最小值，一般为 4 000
raw_max	模拟量 R	原始最大值，一般为 20 000
eu_min	模拟量 R	工程最小值
eu_max	模拟量 R	工程最大值
syslim1	模拟量 I	输入信号原始值下限，一般为 3 800
syslim2	模拟量 I	输入信号原始值上限，一般为 22 000
noflt1	数字量	信号 1 健康/故障判断使能
noflt2	数字量	信号 2 健康/故障判断使能
reset	数字量	复位命令
输出端		
端口名	数据类型	说　明
in_eu	模拟量 R	输出信号(工程值)
healthA	数字量	信号 A 健康：原始值大于 3 800，小于 22 000
healthB	数字量	信号 B 健康：原始值大于 3 800，小于 22 000
in_raw_r	模拟量 R	取用信号原始值
Inst_fail	数字量	仪表故障：双信号均超限故障
fail_alarm	数字量	仪表故障报警：Inst_fail 故障报警，需用复位命令复位

4. AO_SCALE_I 功能块

AO_SCALE_I 功能块(见图 2－87)用于模拟量输出值规整。

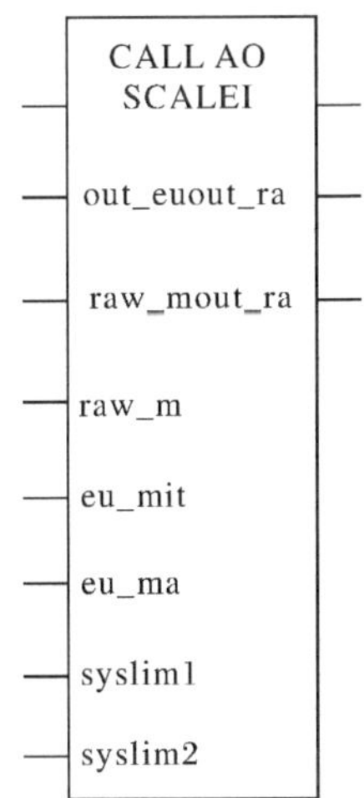

图 2－87　AO_SCALE_I 功能块

AO_SCALE_I 功能块数据表见表 2-85。

表 2-85　AO_SCALE_I 功能块数据表

输入端		
端口名	数据类型	说　明
out_eu	模拟量 R	输出信号工程
raw_min	模拟量 R	原始最小值，一般为 4 000
raw_max	模拟量 R	原始最大值，一般为 20 000
eu_min	模拟量 R	工程最小值
eu_max	模拟量 R	工程最大值
syslim1	模拟量 I	输入信号原始值下限，一般为 3 800
syslim2	模拟量 I	输入信号原始值上限，一般为 22 000
输出端		
端口名	数据类型	说　明
out_raw	模拟量 I	输出信号(原始值)，下限 syslim1，上限 syslim2
out_raw_r	模拟量 R	输出信号(原始值)，下限 syslim1，上限 syslim2

2.2.4.2　置位复位

1. ALARM_RESET 功能块

ALARM_RESET 功能块(见图 2-88)用于报警的产生与复位。

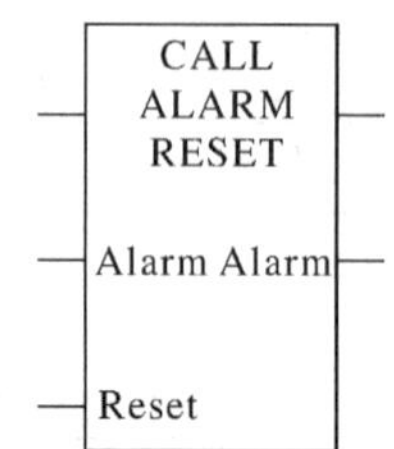

图 2-88　ALARM_RESET 功能块

ALARM_RESET 功能块数据表见表 2-86。

表 2-86　ALARM_RESET 功能块数据表

输入端		
端口名	数据类型	说　明
Alarm	数字量(能流)	报警逻辑触发
Reset	数字量(能流)	复位命令
输出端		
端口名	数据类型	说　明
Alarm_Rst	数字量(能流)	报警信号。Alarm 为 ON 时报警触发(ON)，其后 Alarm 为 OFF 且 Reset 为 ON 复位报警(OFF)

2. LATCHR 功能块

LATCHR 功能块(见图 2－89)用于置位复位数字量信号,复位优先级高。

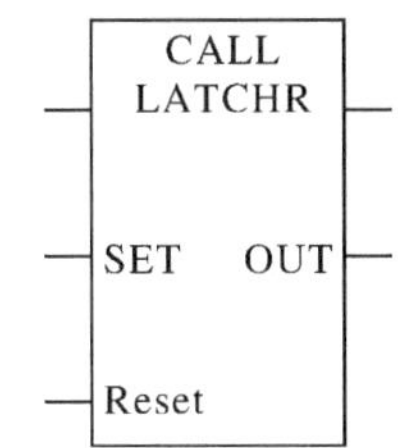

图 2－89　LATCHR 功能块

LATCHR 功能块数据表见表 2－87 和表 2－88。

表 2－87　LATCHR 功能块数据表 1

输入端		
端口名	数据类型	说　明
SET	数字量(能流)	触发命令
Reset	数字量(能流)	复位命令
输出端		
端口名	数据类型	说　明
OUT	数字量(能流)	输出信号。SET 为 ON 时报警触发(ON),Reset 为 ON 复位(OFF)

表 2－88　LATCHR 功能块数据表 2

SET	Reset	OUT
ON	ON	OFF
ON	OFF	ON
OFF	ON	OFF
OFF	OFF	初始值(上一周期值)

3. LATCHS 功能块

LATCHS 功能块(见图 2－90)用于置位复位数字量信号,置位优先级高。

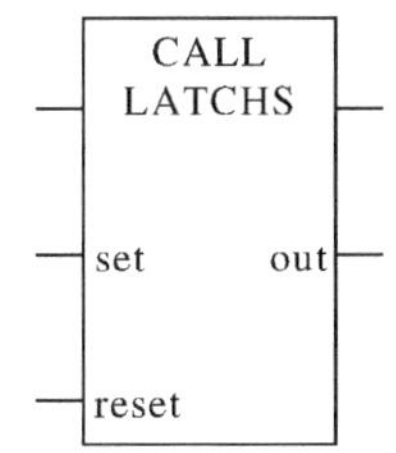

图 2－90　LATCHS 功能块

LATCHS 功能块数据表见表 2－89 和表 2－90。

表 2-89　LATCHS 功能块数据表 1

输入端		
端口名	数据类型	说　明
SET	数字量(能流)	触发命令
Reset	数字量(能流)	复位命令
输出端		
端口名	数据类型	说　明
OUT	数字量(能流)	输出信号。SET 为 ON 时报警触发(ON),Reset 为 ON 复位(OFF)

表 2-90　LATCHS 功能块数据表 2

SET	Reset	OUT
ON	ON	ON
ON	OFF	ON
OFF	ON	OFF
OFF	OFF	初始值(上一周期值)

4. SRLATCH 功能块

SRLATCHS 功能块(见图 2-91)用于置位复位数字量信号。

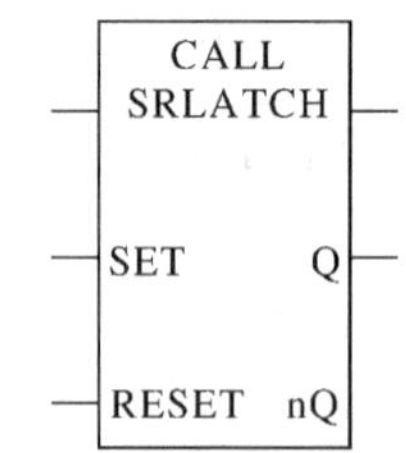

图 2-91　SRLATCH 功能块

SRLATCH 功能块数据表见表 2-91 和表 2-92。

表 2-91　SRLATCH 功能块数据表 1

输入端		
端口名	数据类型	说　明
SET	数字量(能流)	触发命令
Reset	数字量(能流)	复位命令
输出端		
端口名	数据类型	说　明
Q	数字量(能流)	输出信号。SET 为 ON 时报警触发(ON),Reset 为 ON 复位(OFF)
nQ	数字量(能流)	输出信号。Q 取反

表 2－92　SRLATCH 功能块数据表 2

SET	Reset	Q	nQ
ON	ON	OFF	ON
ON	OFF	ON	OFF
OFF	ON	OFF	ON
OFF	OFF	初始值(上一周期值)	初始值(上一周期值)

2.2.4.3　格式转换

1. BOOL_TO_REAL 功能块

BOOL_TO_REAL 功能块(见图 2－92)用于将 BOOL 值转换为 REAL 值。

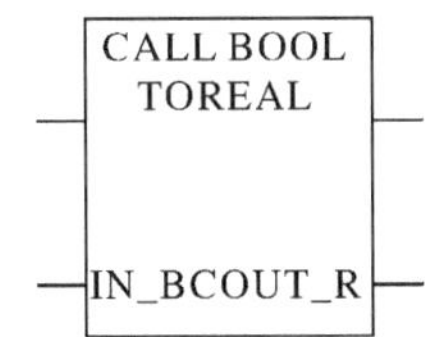

图 2－92　BOOL_TO_REAL 功能块

BOOL_TO_REAL 功能块数据表见表 2－93。

表 2－93　BOOL_TO_REAL 功能块数据表

输入端		
端口名	数据类型	说　明
IN_BOOL	数字量(能流)	待转换的 BOOL 量(能流)
输出端		
端口名	数据类型	说　明
OUT_REAL	模拟量 R	输出信号。IN_BOOL 为 ON 时输出 1.0，IN_BOOL 为 OFF 时输出 0.0

2. REAL_TO_BOOL 功能块

REAL_TO_BOOL 功能块(见图 2－93)用于将 REAL 值转换为 BOOL 值。

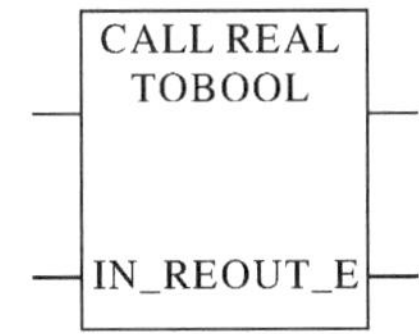

图 2－93　REAL_TO_BOOL 功能块

REAL_TO_BOOL 功能块数据表见表 2－94。

表 2－94　REAL_TO_BOOL 功能块数据表

输入端		
端口名	数据类型	说　明
IN_REAL	模拟量 R	待转换的模拟量 R

续表

输出端		
端口名	数据类型	说　明
OUT_BOOL	数字量(能流)	输出信号。IN_REAL 为大于 0.5 时输出 ON，否则输出 OFF

3. SWAP_REAL 功能块

SWAP_REAL 功能块(见图 2－94)用于 REAL 数据的高低位转换。

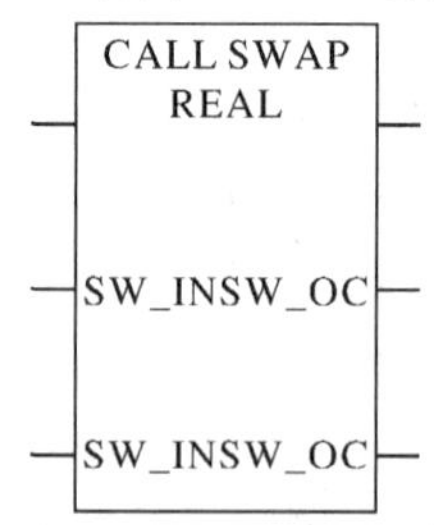

图 2－94　SWAP_REAL 功能块

SWAP_REAL 功能块数据表见表 2－95。

表 2－95　SWAP_REAL 功能块数据表

输入端		
端口名	数据类型	说　明
SW_IN1	模拟量 REAL/WORD	待转换的模拟量高位
SW_IN2	模拟量 REAL/WORD	待转换的模拟量低位
输出端		
端口名	数据类型	说　明
SW_OUT1	模拟量 REAL/WORD	转换后的模拟量高位，等于 SW_IN2
SW_OUT2	模拟量 REAL/WORD	转换后的模拟量低位，等于 SW_IN1

2.2.4.4　选择功能

1. SELECT_1I 功能块

SELECT_1I 功能块(见图 2－95)用于单一信号的选择。

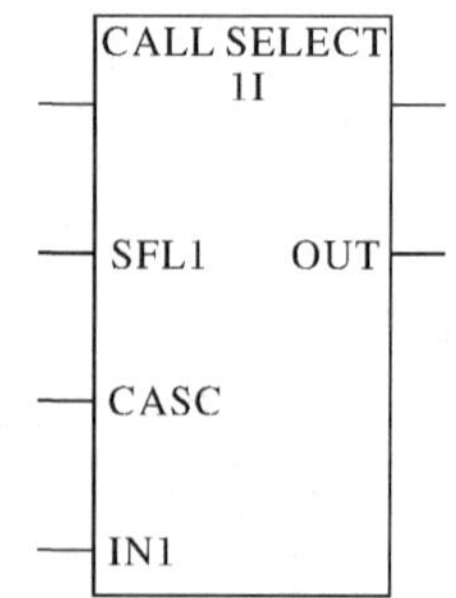

图 2－95　SELECT_1I 功能块

SELECT_1I 功能块数据表见表 2－96。

表 2－96　SELECT_1I 功能块数据表

输入端		
端口名	数据类型	说　明
SEL1	数字量	IN1 的选择控制信号
CASC	模拟量 REAL	输出信号的默认值
IN1	模拟量 REAL	输出信号的选择值
输出端		
端口名	数据类型	说　明
OUT	模拟量 REAL	输出值。SEL1 为 ON 时输出 IN1，否则输出 CASC

2. SELECT_2I 功能块

SELECT_2I 功能块（见图 2－96）用于两个模拟信号的选择。

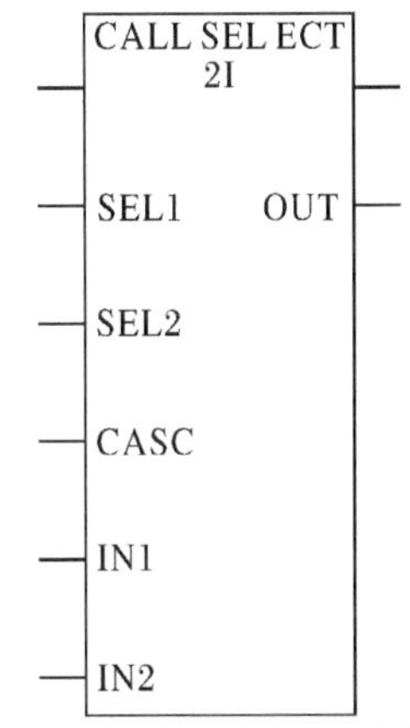

图 2－96　SELECT_2I 功能块

SELECT_2I 功能块数据表见表 2－97。

表 2－97　SELECT_2I 功能块数据表

输入端		
端口名	数据类型	说　明
SEL1	数字量	IN1 的选择控制信号
SEL2	数字量	IN2 的选择控制信号
CASC	模拟量 REAL	输出信号的默认值
IN1	模拟量 REAL	输出信号的选择值
IN2	模拟量 REAL	输出信号的选择值
输出端		
端口名	数据类型	说　明
OUT	模拟量 REAL	输出值。SEL1 为 ON 时输出 IN1，否则 SEL2 为 ON 时输出 IN2，否则输出 CASC

2.2.4.5 阀门控制

1. Valve_CMD 功能块

Valve_CMD 功能块(见图 2-97)用于阀门控制,根据阀门状态反馈及逻辑要求输出开阀命令。

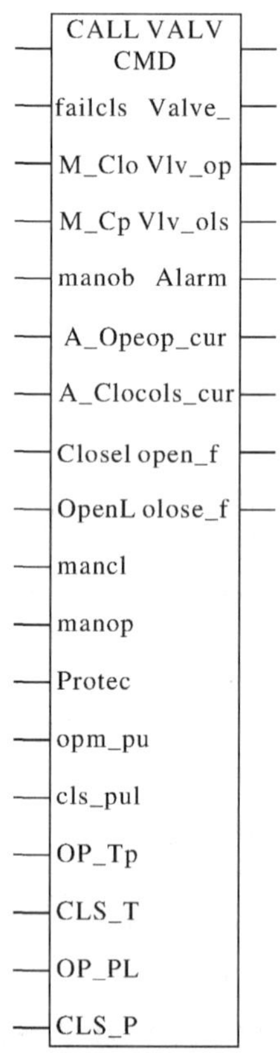

图 2-97 Valve_CMD 功能块

Valve_CMD 功能块数据表见表 2-98。

表 2-98 Valve_CMD 功能块数据表

输入端		
端口名	数据类型	说 明
failcls	数字量	故障关阀:故障状态下的阀门控制方式 (1 代表故障关阀,0 代表故障开阀)
M_Close	数字量	手动关命令(按钮)
M_Open	数字量	手动开命令(按钮)
manctrl	数字量	手动控制信号
A_Open	数字量	自动开阀命令
A_Close	数字量	自动关阀命令

续表

CloseLS	数字量	阀位关反馈
OpenLS	数字量	阀位开反馈
MaxCl	模拟量	最大关阀时间(180 s)
MaxOp	模拟量	最大开阀时间(180 s)
Protect	数字量	保护信号(直接触发故障状态)
opn_pul_msec	模拟量	开阀脉冲时间(单位:ms)
cls_pul_msec	模拟量	关阀脉冲时间(单位:ms)
OP_TMR	上升沿延时计时器	开阀时间计时器
CLS_TMR	上升沿延时计时器	关阀时间计时器
OP_PUL_TMR	脉冲延时计时器	开阀脉冲时间计时器
CLS_PUL_TMR	脉冲延时计时器	开阀脉冲时间计时器
输出端		
端口名	数据类型	说　明
Valve_Cmd	数字量	阀门输出命令:无保护关阀信号时:①非手动控制状态自动开阀命令发出;②手动控制状态故障关阀门手动开命令发出且没有手动关命令,或故障开阀门手动关命令发出且没有手动开命令;以上情况置 1
Vlv_open_pulse	数字量	开阀脉冲:Valve_Cmd 为 1 时输出的脉冲信号,用于开阀
Vlv_cls_pulse	数字量	关阀脉冲:Valve_Cmd 为 0 时输出的脉冲信号,用于关阀
Alarm	数字量	反馈丢失报警:开阀失败(开阀命令发出,最大开启时间后无开到位反馈)或关阀失败(关阀命令发出最大关闭时间后无关到位反馈),或开到位、关到位同时触发,触发报警
op_curtime	模拟量	当前开阀时间(s):故障关阀时取阀门输出命令 1(开阀)后计时,否则取阀门输出命令 0(关阀)后计时
cls_curtime	模拟量	当前关阀时间(s):故障关阀时取阀门输出命令 0(关阀)后计时,否则取阀门输出命令 1(开阀)后计时
open_fail	数字量	开阀失败:开阀命令发出后,超过最大开阀时间未收到阀门开到位反馈
close_fail	数字量	关阀失败:关阀命令发出后,超过最大开阀时间未收到阀门关到位反馈

2.3 Logix5000 功能块及文本含义解读

2.3.1 Logix 软件的结构

Logix5000 控制程序是西门子燃驱机组控制的核心，位于 Rockwell Software\RSLogix 5000\Common\下。针对不同的控制要求，Logix 控制程序会调整机组上各个设备的状态，从而使机组完成启动、停机、运行等过程。同时，Logix 控制程序接受来自 BENTLY 系统、机组 PLC 系统、站控 PLC 系统（即 SCADA 系统）发来的信号，并作出相应的反应。

从功能结构上，Logix 控制程序可以分成 6 个层次。

1）控制器（Controller XXXX）：包含控制器内的全局标签（变量），有模拟量如水位、压力、温度。数字量如开关启停、状态显示等。在程序中使用它进行编程时，在窗口中在线查看状态，也可以向上位机输出标签值。控制器标签（Controller tags）是适用于控制器内全部例程的数据组成的，而不管什么任务或程序包含了这些例程。对控制而言，这些标签是全局的。

2）任务（Task）：一个任务可以为一组或多组程序提供时序安排及优先级信息，这些程序是按照特定的标准来执行，用户可以将任务组态成连续方式或周期方式控制器中的每一任务都有一个优先等级。当有多个任务被触发时，炒作系统更具有线级别来决定执行哪一个任务。对于周期性任务，有 15 个可组态的优先级别，其范围从 1～15，其中 1 具有最高优先级，而 15 的优先级最低。高优先级的任务有权中断优先级较低的任务。连续性任务的优先级最低，因此可以随时被周期性任务中断。一个任务最多可以有 32 个单独的程序，每一个程序都有自己的可执行例程和程序作用域标签（program-scoped tags）。一旦有一个任务被触发（被激活），则所有分配给该任务的程序将按照他们的分组顺序来执行。程序在控制器的项目管理器中只能出现一次，并且不能被多个任务共享。每个任务都有一个看门狗定时器，用于监控任务的执行。当任务启动时，看门狗定时器开始计时，而当任务内的全部程序执行完毕时，看门狗定时器停止。

3）运动组（Motion Group）：一般不做使用，暂不做介绍。

4）数据类型（Data Types）：指使用的变量的数据类型，不同的数据类型适用的环境不同，常用的数据类型见表 2－99。

表 2－99 数据类型(Data Types)表

数据类型	数据全称	数据大小	所能表示范围
BOOL 布尔型	boolean	1 BIT	0、1
SINT 短整型	short interger	1 BYTE	－128～＋127
INT 整型	interger	2 BYTE	$-2^{15}\sim 2^{15}$
DINT 双整型	Doubleinterger	4 BYTE	$-2^{31}+2^{31}$
REAL 实型	Real	4 BYTE	－3.402 823e＋38～3.402823e＋38

注：1 BYTE ＝8 BIT。

5)趋势(Trends):用户自定义的变量的运行趋势。

6)I/O 模块配置(I/O configuration):用户硬件的实际架构及组成,如现场 PLC 对应的型号,在程序中也要对应同样型号进行配置才能识别。

本书介绍的功能模块实现了最基本的程序功能,例如,“与”运算、“或”运算、取反、计时等,用于完成用户需要的一些特殊功能,如延时导通模块 TON 模块、延时断开模块 TOF 模块等。不同的程序在一起组成整个 Logix 控制程序。

当想要详细地、全面地说明程序具体内容时,最简单的方法是按照指令集已有的目录进行逐个介绍,最大限度、最全面地覆盖所有的程序,但由于指令较多,且不一定适用于燃机控制,所以本节只对西门子燃驱机组常用的功能块进行介绍。

2.3.2　梯形图(LD)

在机组 Logix 软件中,其中在西二线西门子燃驱机组程序中实际常用使用的有 16 种。

本节按首字母对各个梯形图进行介绍,在实际使用情况下还有其他少见指令,可查阅 Logix5000 指令集。

2.3.2.1　ADD 指令

ADD 指令如图 2-98 所示。

加法指令 (ADD)　　ADD 指令是一条输出指令。

操作数:

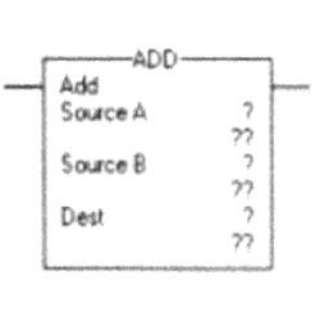

操作数:	数据类型:	格式:	说明:
源 A	SINT INT DINT REAL	立即数 标签	与源 B 操作数相加的值。
源 B	SINT INT DINT REAL	立即数 标签	与源 A 操作数相加的值。
目的单元	SINT INT DINT REAL	标签	存放计算结果的标签。

说明:　ADD 指令使源 A 操作数与源 B 操作数相加,并存放计算结果于目的单元内。

执行:

条件:	动作:
预扫描	梯级输出条件被设置为假。
梯级输入条件为假	梯级输出条件被设置为假。
梯级输入条件为真	目的单元 = 源 A + 源 B 梯级输出条件被设置为真。

算术状态标志:　影响算术状态标志

故障条件:　无

图 2-98　ADD 指令

使用方法:当该 ADD 指令使能时,使 SourceA 加上 SourceB 的值得到 DEST 输出值。

2.3.2.2 AFI 指令

AFI 指令如图 2－99 所示。

恒假指令 (AFI)　　AFI 指令是一条输入指令。

-[AFI]-

操作数: 无

说明: AFI 指令设置它的梯级输出条件为假。

执行:

条件:	动作:
预扫描	梯级输出条件被设置为假。
梯级输入条件为假	梯级输出条件被设置为假。
梯级输入条件为真	梯级输出条件被设置为假。

算术状态标志: 不影响

故障条件: 无

AFI 指令举例: 当用户调试程序时，AFI 指令临时禁止一个梯级。

|-[AFI]-

当指令被使能时，AFI 指令禁止在该梯级的所有指令。

图 2－99　AFI 指令

使用方法：将该指令加在程序回路最前方，即可实现本条程序梯级全不使能并永远禁止。

2.3.2.3 CPT 指令

CPT 指令如图 2－100 所示。

计算指令 (CPT)　　CPT 指令是一条输出指令。

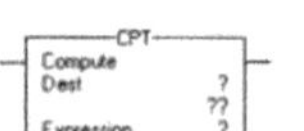

操作数:

操作数:	数据类型:	格式:	说明:
目的单元	SINT	标签	存储结果的标签
	INT		
	DINT		
	REAL		
表达式	SINT	立即数	表达式由运算符分开的标签
	INT	标签	/ 立即数组成。
	DINT		
	REAL		

说明: CPT 指令执行表达式中定义的算术运算。当指令被使能时，CPT 指令计算表达式的数值并且存放结果于目的单元内。

与其它算术指令运算相比，CPT 指令的运算速度稍慢而且占用更多的内存。CPT 指令的优点是它允许用户在一条指令内输入复杂的表达式。

有效运算符:

运算符:	说明:	最优数据类型:	运算符:	说明:	最优数据类型:
+	加	DINT，REAL	FRD	BCD 码转换成整数	DINT
-	减 / 非	DINT，REAL	LN	自然对数	REAL
*	乘	DINT，REAL	LOG	以 10 为底的对数	REAL
/	除	DINT，REAL	NOT	位补码	DINT
**	指数(x to y)	DINT，REAL	OR	按位 OR	DINT
ACS	反余弦	REAL	RAD	角度转换成弧度	DINT，REAL
AND	按位与	DINT	SIN	正弦	REAL
ASN	反正弦	REAL	SQR	平方根	DINT，REAL
ATN	反正切	REAL	TAN	正切	REAL
COS	余弦	REAL	TOD	整数转换成 BCD	DINT
DEG	弧度转换成角度	DINT，REAL	XOR	按位异或	DINT

图 2－100　CPT 指令

使用方法：在该指令 Expression 处输入相关数据的表达式，例如，A＊B＋C/D 即可得出四个数据运算后产生的值（DEST，需要定义标签即定义变量）。

2.3.2.4　EQU 指令

EQU 指令如图 2－101 所示。

等于指令 (EQU)

EQU 指令是一条输入指令。

操作数：

操作数:	数据类型:	格式:	说明:
源 A	SINT	立即数	与源 B 比较的数值
	INT	标签	
	DINT		
	REAL		
源 B	SINT	立即数	与源 A 比较的数值
	INT	标签	
	DINT		
	REAL		

说明：EQU 指令测试源 A 的值与源 B 的值是否相等.

REAL 数据类型的数值很少绝对相等。如果必须确定两个 REAL 值是否相等，可以使用 LIM 指令。

图 2－101　EQU 指令

使用方法：在该指令 SourceA、SourceB 输入两个变量，即可用该指令比较两个数据的值是否相等，相等则导通，不相等则不导通。

1. GEQ 指令

GEQ 指令如图 2－102 所示。

大于或等于指令 (GEQ)

GEQ 指令是一条输入指令。

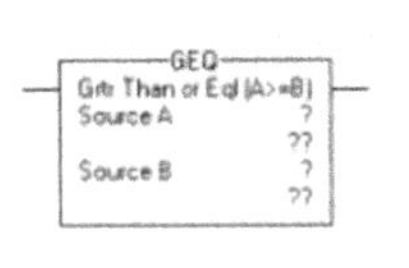

操作数：

操作数:	数据类型:	格式:	说明:
源 A	SINT	立即数	与源 B 比较的数值
	INT	标签	
	DINT		
	REAL		
源 B	SINT	立即数	与源 A 比较的数值
	INT	标签	
	DINT		
	REAL		

说明：GEQ 指令测试源 A 的值是否大于或等于源 B 的值。

图 2－102　GEQ 指令

使用方法：在该指令 SourceA、SourceB 输入两个变量，即可用该指令比较是否 A≥B，若是，则导通，否则不导通。

2. GRT 指令

GRT 指令如图 2－103 所示。

使用方法：在该指令 SourceA、SourceB 输入两个变量，即可用该指令比较是否 A＞B，若是，则导通，否则不导通。

大于指令 (GRT)

GRT 指令是一条输入指令。

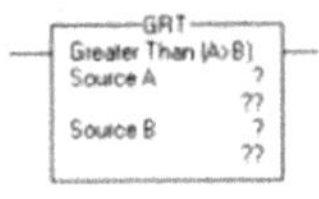

操作数:

操作数:	数据类型:	格式:	说明:
源 A	SINT	立即数	与源 B 比较的数值
	INT	标签	
	DINT		
	REAL		
源 B	SINT	立即数	与源 A 比较的数值
	INT	标签	
	DINT		
	REAL		

说明: GRT 指令检测源 A 的值是否大于源 B 的值。

图 2-103　GRT 指令

2. LEQ 指令

LEQ 指令如图 2-104 所示。

小于或等于指令 (LEQ)

LEQ 指令是一条输入指令。

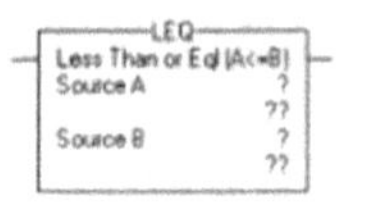

操作数:

操作数:	数据类型:	格式:	说明:
源 A	SINT	立即数	与源 B 比较的数值
	INT	标签	
	DINT		
	REAL		
源 B	SINT	立即数	与源 A 比较的数值
	INT	标签	
	DINT		
	REAL		

说明: LEQ 指令测试源 A 的值是否小于或等于源 B 的值。

图 2-104　LEQ 指令

使用方法：在该指令 SourceA、SourceB 输入两个变量，即可用该指令比较是否 A≤B，若是，则导通，否则不导通。

3. LES 指令

LES 指令如图 2-105 所示。

小于指令 (LES)

LES 指令是一条输入指令。

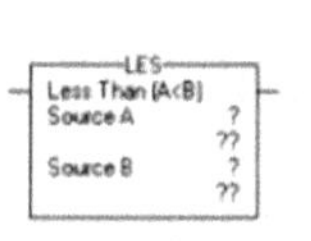

操作数:

操作数:	数据类型:	格式:	说明:
源 A	SINT	立即数	与源 B 比较的数值
	INT	标签	
	DINT		
	REAL		
源 B	SINT	立即	与源 A 比较的数值
	INT	标签	
	DINT		
	REAL		

说明: LES 指令检测源 A 的值是否小于源 B 的值。

图 2-105　LES 指令

使用方法：在该指令 SourceA、SourceB 输入两个变量，即可用该指令比较是否 A<B，若是，则导通，否则不导通。

2.3.2.5　GSV/SSV 指令

GSV/SSV 指令如图 2－106 所示。

获取系统数值 (GSV)和
设置系统数值 (SSV)指令

GSV 指令是一条输出指令。
SSV 指令是一条输出指令。

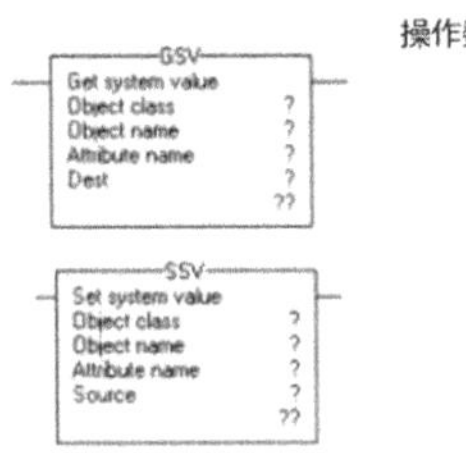

操作数：

操作数：	类型：	格式：	说明：
GSV 指令			
对象类别		名称	对象类别名称
对象名称		名称	当对象要求名称时，指定的名称
属性名称		名称	对象的属性．数据类型与用户选择的属性有关。
目的	SINT INT DINT REAL	标签	用于属性数据的目的单元。
SSV 指令			
对象类别		name	对象类别名称
对象名称		name	当对象要求名称时，指定的名称
属性名称		name	对象的属性
源	SINT INT DINT REAL	标签	包含要复制到属性的数据标签。

说明：GSV/SSV 指令获取或设置存储在对象内的控制器系统数据。控制器存储系统数据于对象内。与 PLC-5 处理器一样，没有状态文件。
当指令被使能时，GSV 指令读取指定信息并把信息存放在目的单元内。当指令被使能时，SSV 指令用来自源操作数的数据设置指定的属性。
当用户输入一条 GSV/SSV 指令时，对于每条指令编程软件显示其有效的对象类别，对象名称，和属性名称。对于 GSV 指令，
用户可以从所有有效属性获取数值。对于SSV 指令，只有编程软件显示的属性允许设置(SSV)。

图 2－106　GSV/SSV 指令

使用方法：在该指令 Object class 处选择需要选取的数据大项，例如 TASK，在 Object name 处选择 TASK 目录下属的数据，在 Attribute name 处选择准确需要获取/设定的属性，Source 处选择提前定义好的标签(变量)。

2.3.2.6　MOV 指令

MOV 指令如图 2－107 所示。

传送指令 (MOV)

MOV 指令是一条输出指令。

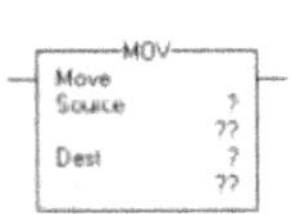

操作数：

操作数：	数据类型：	格式：	说明：
源	SINT INT DINT REAL	立即数 标签	被传送(复制)的数值
目的单元	SINT INT DINT REAL	标签	存储结果的标签

说明：MOV指令复制源操作数到目的单元。源操作数保持不变。

图 2－107　MOV 指令

使用方法：在该指令 Source 处选择需要复制的标签（变量），在 Dest 处选择需要被覆写的标签（变量），至此源数据将会把数据复制到被覆写的标签上。

2.3.2.7 OTE 指令

OTE 指令如图 2-108 所示。

输出激励指令 (OTE)　　OTE 指令是一条输出指令。

?
—( )—

操作数：

操作数：	数据类型：	格式：	说明：
数据位	BOOL	标签	位被置位或清零

说明：OTE 指令置位或清零数据位。

图 2-108 OTE 指令

使用方法：在该指令之前若条件导通，则将会使能"?"处所设置的标签（变量，必须为 BOOL 量）激励 1 次。

2.3.2.8 ONS 指令

ONS 指令如图 2-109 所示。

一次响应指令 (ONS)　　指令是一条输入指令。

?
—[ONS]—

操作数：

操作数：	数据类型：	格式：	说明：
存储位	BOOL	标签	内部存储位 存储指令最近一次执行的梯级输入条件

说明：ONS指令根据存储位的状态使能或禁止梯级的其余部分。

如果指令被使能时存储位清零，则ONS 指令使能梯级的其余部分。如果被禁止或存储位置位，ONS指令禁止梯级的其余部分。

图 2-109 ONS 指令

使用方法：在该指令之前若条件导通 1 次，则将会使能"?"处所设置的标签（变量）激励 1 次；只有当该指令之前的条件由导通到不导通再到导通时，才会触发该指令再次激励 1 次。

2.3.2.9 PID 指令

PID 指令如图 2-110 所示。

使用方法：在该指令 PID 设置调节好的 PID 参数配置（此标签可配置 PID 参数）；在 Process variable 处设置需要控制的过程变量，如干气密封供气压差选择 63SGJS；在 PID 参数配置中选择 manual 后，可在 tieback 处设置牵引值，该值将代替控制器输出，一般不做设置，将其设置为 0，实际百分比需要根据 Scaling 中 tieback 的最大值和最小值来进行换算，例如，tieback 的最大值和最小值分别设置为 10 000 和 0，手动输入 5 000，则在 manual 控制模式下，控制器 output 输出为 50%；在 Control variable 处选择能调节 Process variable 的参数，若干气密封供气压差由干气密封调节阀的开度来进行调节，则选择 C75SGCV；PID Master Loop 燃机未使用串联式的 PID 控制，因此不用设置，设置为 0。Inhold bit、Value 不适用燃机控制，不做设置，设置为 0。

比例 积分 微分指令(PID)

PID 指令是一条输出指令。

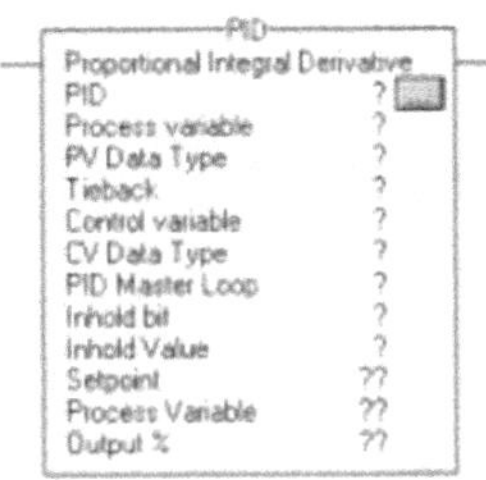

操作数:

操作数:	数据类型:	格式:	说明:
PID	PID	结构体	PID 结构体
过程变量	SINT INT DINT REAL	标签	用户要控制的值
牵引信号	SINT INT DINT REAL	立即数 标签	(可选的) 硬件手动/自动工作站的输出，它旁路控制器的输出。 如果用户不想用此参数输入一个 0 值。
控制变量	SINT INT DINT REAL	标签	用于控制最终设备的数值(阀，气闸等) 如果用户用死区控制，则控制变量的数据类型必须是 REAL，否则当误差在死区范围内时，该值会被强制为 0。
PID 主回路	PID	结构体	可选择的 用于主 PID 循环的 PID 标签。 如果用户执行级联控制，而且此 PID 是从回路，则输入主 PID 回路的名称。 如果用户不想用此参数输入一个 0 值。
初始化保持位	BOOL	标签	可选择的 来自 1756 模拟量输出通道的初始化保持位的当前状态，用于支持无冲击再起动。 如果用户不想用此参数，输入一个 0 值。
初始化保持数据	SINT INT DINT REAL	标签	可选择的 来自 1756 模拟量输出通道的数据读出值，用于支持无冲击再起动。 如果用户不想用此参数，输入一个 0 值。
设定点			只用于显示 显示设定点的当前值。
过程变量			只用于显示 显示整定的过程变量的当前值。
输出百分比			只用于显示 显示输出百分比的当前值。

图 2-110　PID 指令

单击 PID 栏可进入该控制器的参数配置界面，如图 2-111～图 2-117 所示。

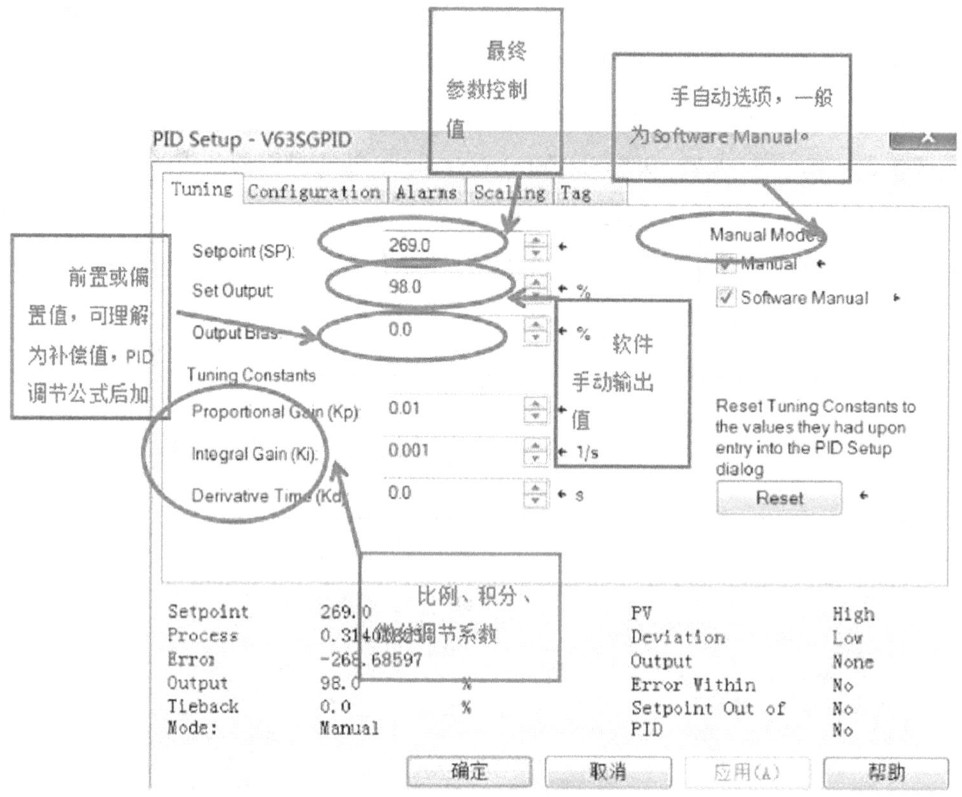

图 2－111　参数配置界面 1

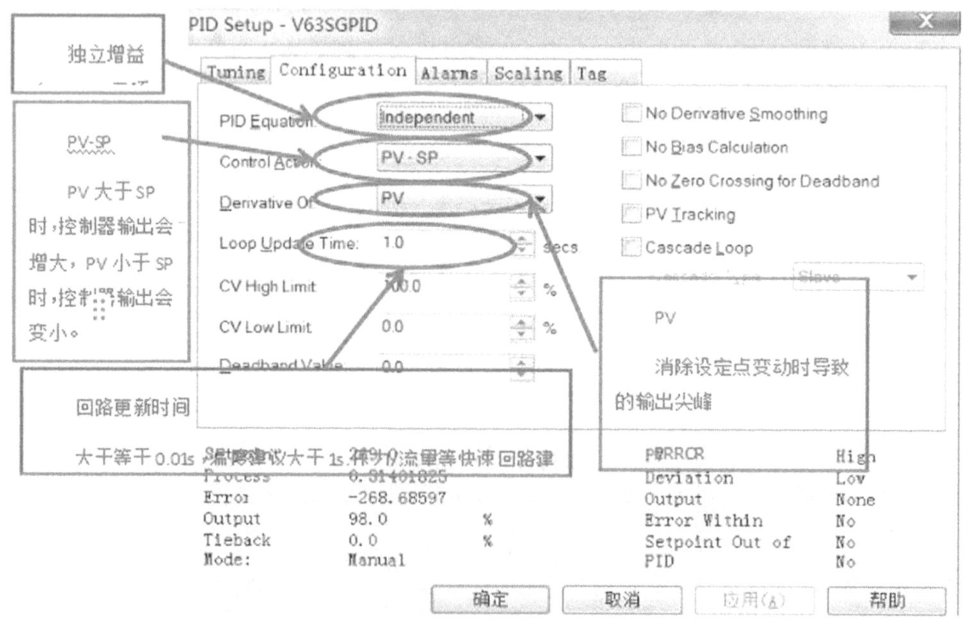

图 2－112　参数配置界面 2

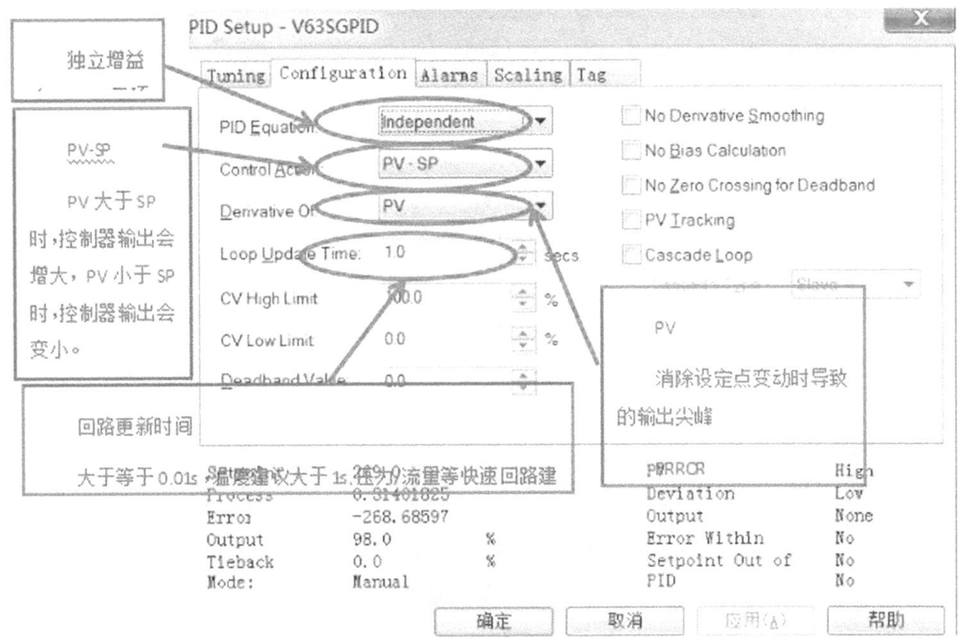

图 2－113　参数配置界面 3

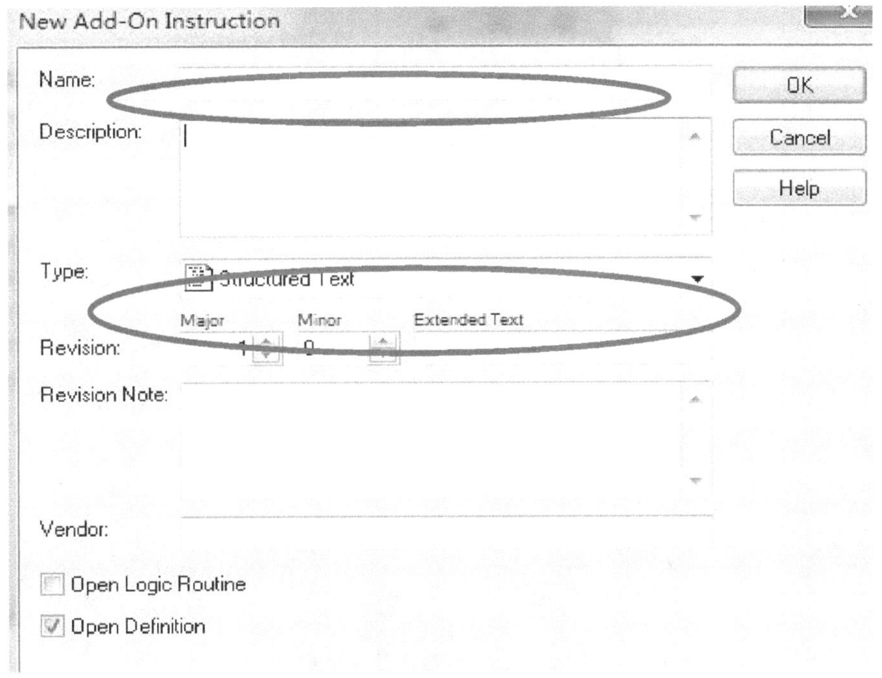

图 2－114　参数配置界面 4

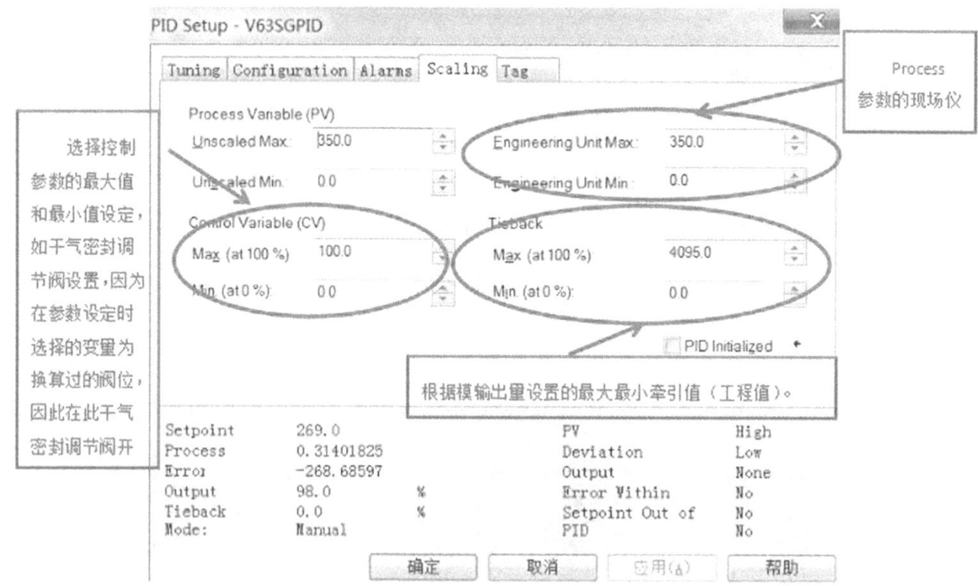

图 2-115　参数配置界面 5

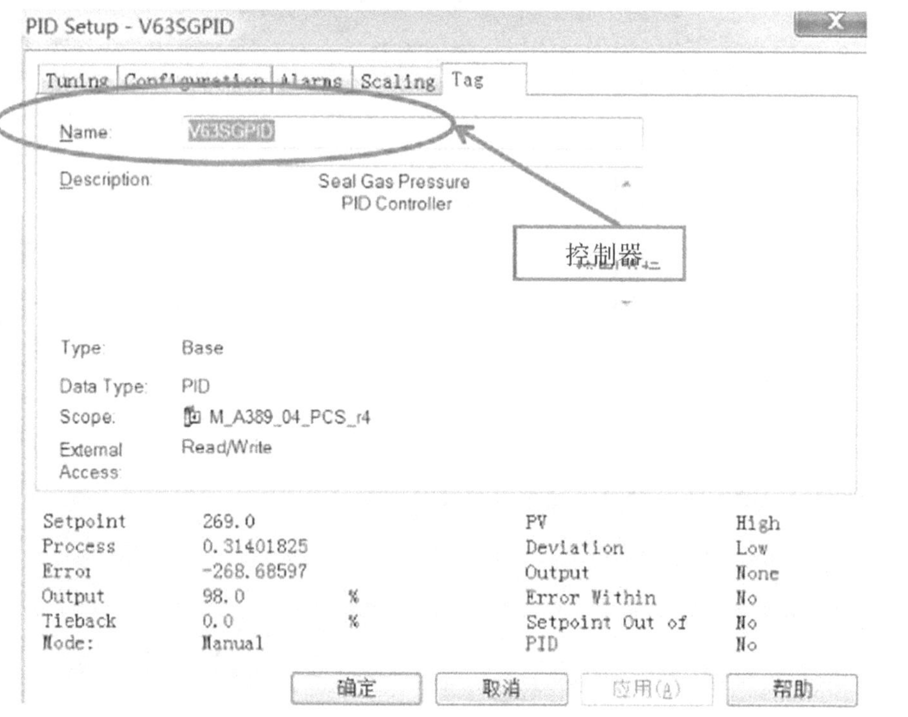

图 2-116　参数配置界面 6

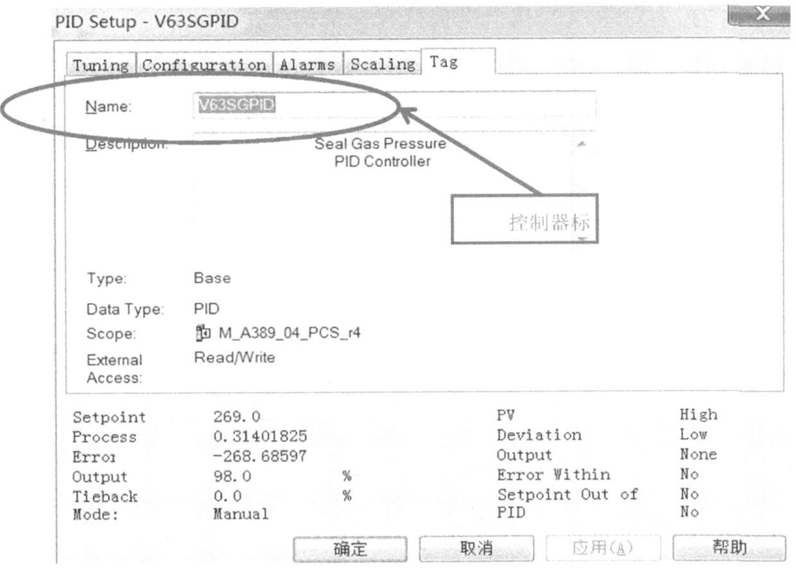

图 2－117　参数配置界面 7

2.3.2.10　XIC/XIO 指令

XIC/XIO 指令如图 2－118 所示。

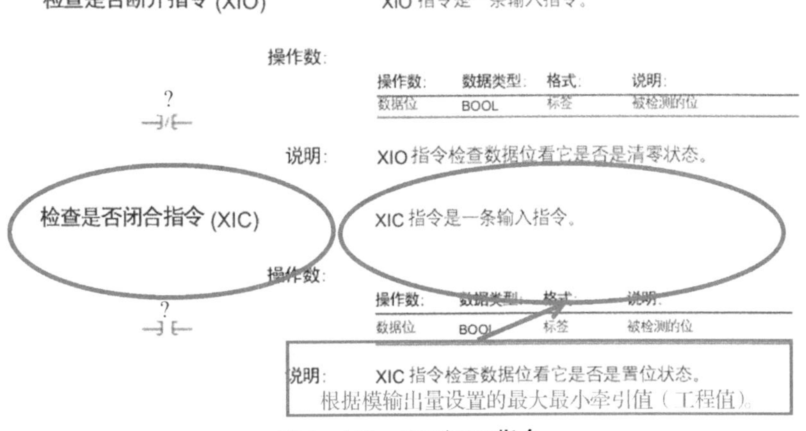

图 2－118　XIC/XIO 指令

使用方法：两者如字面意思，一个是确认“?”处信号是否处于断开或者导通的情况，常用于数据的状态判断，比如箱体门是否闭合，闭合和打开的状态量不同(BOOL)。将需要确认的标签(变量)在“?”处选择即可。

2.3.3　文本语言(ST)

在机组 Logix 软件中，其中在西二线西门子燃驱机组 ECS、SIS 程序中涉及部分文本语言编辑的逻辑，本节将对其中较为常用的文本语言做简单介绍。

了解文本语言前，先对常用的几个连接符有一个初步了解，例如常在文本语言中出现的NOT、AND、OR。含义及优先级举例见表2-100。

表2-100 文本语言(ST)表

对　象	返回结果	优先顺序
NOT x	if x is false, then True, else False	1
x AND y	if x is false, then x, else y	2
x OR y	if x is false, then y, else x	3

含义：not是“非”；and是“与”；or是“或”(可以用数学去理解)

①not True = False或者not False = True(非真就是假，0；非假即真，1)；

②and是一假则假，两真为真，两假则假；

③or是一真即真，两假即假，两真则真。

优先级是not(取反)>and(且运算)>or(或运算)，当三者同时出现，比如x OR y AND NOT z，根据优先程度需要先判断NOT z是否为真，再将NOT z的真假值与y做且运算，最后两者作完且运算的真假值与x进行或运算得出最后值，但在实际文本编写的过程，文本编写的习惯一般会将原式变为x OR(y AND NOT z)，即用括弧做简单区分，方便非程序编写者观察。

2.3.3.1 IF指令

Logix 5000中文本语言用法基本与VB一致，IF语句是最简单的逻辑语言，但是与其他语句叠加后能实现较为复杂的功能。因此在使用if语句之前，先要了解if语句的基本语法结构，通常情况下，if语句有三种基本形式，一种是单分支结构，另一种是双分支结构，还有一种是多分支结构。

1)单分支结构。其基本语法结构if(条件)then语句end if，解释为如果条件成立就执行then后面紧跟着的语句，否则什么也不干，就接着执行end if下面的语句(见图2-119)。

```
IF dxggn24g OR dx24gt THEN
    dopbov := (dxbovcl OR (dopbov AND NOT dxbovop)) AND dxfuel AND NOT dxbovls AND NOT dxdsd;
END_IF;
```

图2-119 指令语句1

图2-119所示的基本就是最简单的IF指令结构，图中红色全为前文所讲述定义的变量，蓝色的几个单词为关键的指令连接符号。

对上述逻辑来说，IF的条件便是dxggn24g or dx24gt，只有当此条件为真(bool量的值为1)时，才执行THEN后面的语句(见图2-120)。

```
dopbov := (dxbovcl OR (dopbov AND NOT dxbovop)) AND dxfuel AND NOT dxbovls AND NOT dxdsd;
```

图2-120 指令语句2

否则就什么也不干，接着执行 end if 下面的语句。

2)双分支结构。其基本语法结构为 if(条件)then(语句一)else(语句二)end if，解释为如果条件成立，那么执行语句一的内容，如果不成立，就执行语句二的内容，通俗地说，摆在你面前有两条路，只能选择其中一条，选择那一条路要根据 if 后面的条件(见图 2-121)。

```
IF lssout >= nuout THEN
    lssfdbk := lssout;
ELSE
    lssfdbk := nuout;
END_IF;
```

图 2-121　指令语句 3

图 2-121 所示为最简单的双分支结构，图中红色全为前文所讲述定义的变量，蓝色的几个单词为关键的指令连接符号。

对上述逻辑来说，IF 的条件便是 lssout≥nuout，，只有当此条件为真(bool 量的值为 1)时，才执行 THEN 后面的语句 lssfdbk：＝lssout。否则执行 ELSE 后紧跟着的 lssfdbk：＝lssout 语句，选择完毕后，继续执行 END IF 后面的语句。

3)多分支结构。多分支结构相对来说复杂一些，其基本结构为 if(条件)then 语句一 elsif(条件)then 语句二 elsif(条件)语句三……，其中在最后一个 elsif 之后可以再加一个 else，表示除了以上所有 IF、elsif 条件为假的情况下，均执行 else 后的语句，最后加上 end if 即可。

```
IF qpid <= qacset AND qpid <= qstset THEN
    qlwg := qpid;
ELSIF qacset < qpid AND qacset < qstset THEN
    qlwg := qacset;
ELSE
    qlwg := qstset;
END_IF;
```

图 2-122　指令语句 4

如图 2-122 所示，跟前文所述相同内容均不赘述。图 2-122 所示程序执行顺序如下。

IF 的条件便是 qpid≤qacset AND qdip≤qstset，只有当此条件为真(bool 量的值为 1)时，才执行 THEN 后面的语句 qllwg：＝qpid。

否则执行 ELSIF(注意不是 ELSE IF)后的判断条件：qacset＜qpid AND qacset＜qstset。

只有当此条件为真(bool 量的值为 1)时，才执行第二个 THEN 后面的语句：qllwg：＝qacset。

若后续有 ELSE 语句，则指除了前面两种条件为真，均执行 ELSE 后面语句：qllwg：＝qstset。

若后续没有 ELSE 语句，则 END IF，结束整个 IF 指令判断后继续 END IF 后面的语句。关于多分支结构中，if、elsif、else 的用法，可总结为在整个判断语句中 ELSE 和 ELSIF

都可以没有，elsIF 可以有多个，但是 ELSE 至多只能有一个，就一定是在判断结构的最后。

总结：IF 指令广泛应用于机组 ECS、SIS 程序，通过不同的条件可实现较多功能，完成例如 T455 温度探头（坏一个探头剔除一个探头参与逻辑计算）（详见本书第 4 章 4.1 节）、利用机组 T455 排气温度上升速率判断机组是否点火成功的经典逻辑。读者有兴趣可仔细研读机组逻辑。

2.3.3.2 MIN/MAX 指令

MIN/MAX 指令广泛用于在两个数据中取两者之间的最小值或者最大值，一般燃机上常用的为 MIN 指令，但此功能实则为用户自定义功能块，在 DATA TYPE 下 ADD-ON-DEFINED 中右键即可新建（见图 2-123 和图 2-124）。

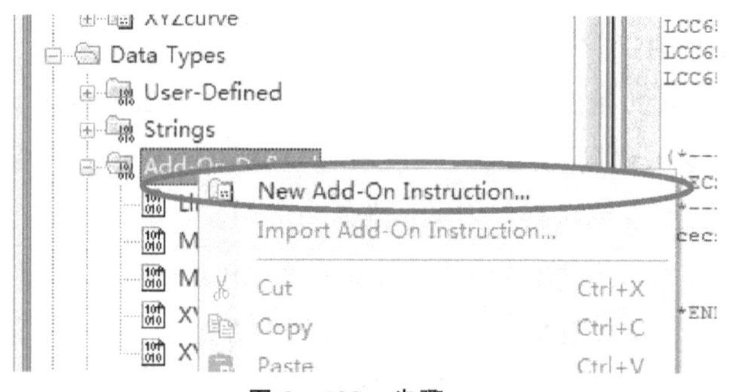

图 2-123　步骤一

New Add-On Instruction
Name:
Description:
Type:
Structured Text
Major　Minor　Extended Text
Revision:　1　0
Revision Note:
Vendor:
Open Logic Routine
Open Definition
OK
Cancel
Help

图 2-124　步骤二

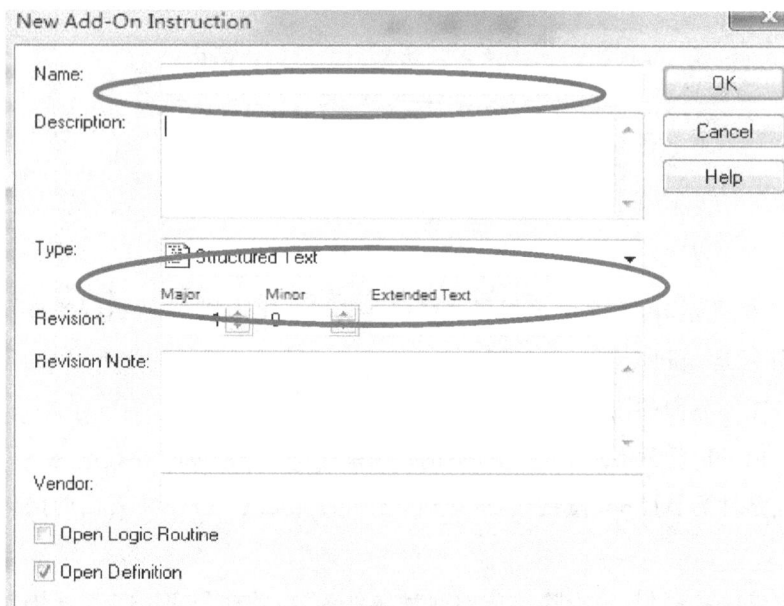

填写需要实现的功能块名称和类型后（本书后续介绍的是文本语言，因此截图为文本形式的功能块，梯形图也能使用），需要对在该功能块中使用的内部标签（区别于最开始介绍的

全局标签，只能在该功能块中使用）进行定义。

定义完成后可以在圆圈处编辑该功能块的逻辑（见图 2－125）。

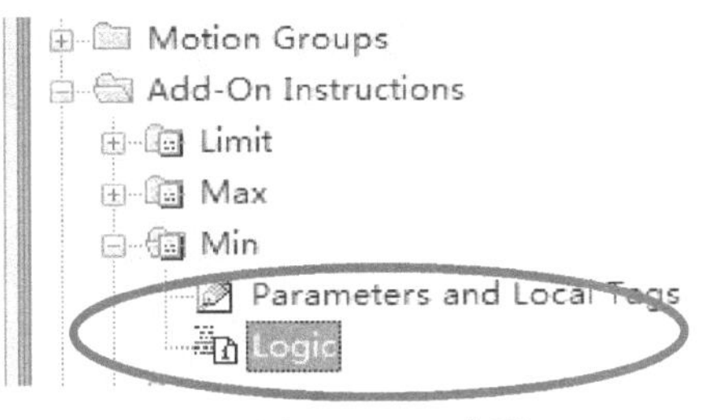

图 2－125　步骤三

如图 2－126 所示，此图为 Min 功能块内逻辑，实则也是使用到了 IF 指令，做了一次大小判断。

```
IF MinFunIn1 <= MinFunIn2 then
    MinFunRet := MinFunIn1;
ELSE
    MinFunRet := MinFunIn2;
END_IF;
```

图 2－126　指令语句 1

在日常使用中，也可以调用自定义好的功能块，在下程序快捷栏圆圈处可以选择。但还有前置条件，需要在需要调用建立好的功能块的任务中建立单独的调用标签，例如需要在 TIMECLass_1 中建立 FMIN（命名随意，但需要在其属性设置中的 Data Type 中选择已建立的自定义功能块的名称），如图 2－127 所示。

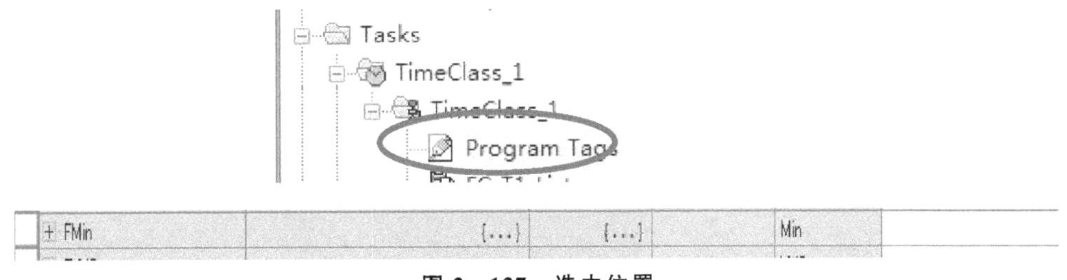

图 2－127　选中位置

如图 2－128 所示，选择功能块后，可看到括弧里面的 4 个数据，括弧第一个数据为已在所需要调用任务中建立的标签名称，如 FMin，第二、三位为需要进行取小比较的两个标签（变量），第四个为调用功能块最后的输出值（自己设置即可），这样输入完毕后就会按照前面 Logic 里面编辑好的程序去执行。MAX 指令同理，不再赘述。

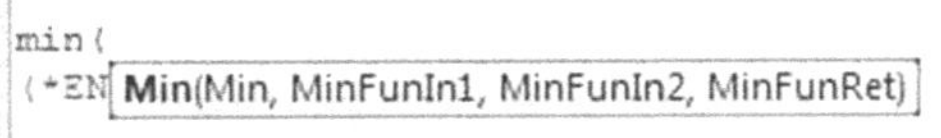

图 2－128　指令语句 2

2.3.3.3 Limit 指令

Limit 指令也是常见的用户自定义的功能块，具体前置要求见 MAX/MIN 指令要求，此处不再赘述，本节只对其用法做解释。

首先确认其底层逻辑，如图 2-129 所示。

```
IF LimitFunMin >= LimitFunMax THEN
    LimitFun.HighLimit := LimitFunMin;
    LimitFun.LowLimit  := LimitFunMax;
ELSE
    LimitFun.HighLimit := LimitFunMax;
    LimitFun.LowLimit  := LimitFunMin;
END_IF;

IF LimitFunIn >= LimitFun.HighLimit THEN
    LimitFunRet := LimitFun.HighLimit;
ELSIF LimitFunIn <= LimitFun.LowLimit THEN
    LimitFunRet := LimitFun.LowLimit;
ELSE
    LimitFunRet := LimitFunIn;
END_IF;
```

图 2-129　指令语句 1

上半段程序规定了该 Limit 指令中 LimitFun. HighLimit 与 LimitFun. LowLimit 大小交换，例如，LowLimit 值初始值为 0，HighLimit 值为 10，当 LimitFunMin 在实际与其他指令组合运用后大于 10 后，则 HighLimit 的值变为 LimitFunMin 的值，此时 LowLimit 的值变为原始 HighLimit 的值，满足正常大小排序。

图 2-130 为 Limit 指令的典型应用场景，结合 IF 指令做机组报警、停机延时，同时也是解释整个文本语言段的作用。

```
tl1ha := 70.0;  (*Setpoint, C*)
IF tl1 < tl1ha THEN
    tl1hatim := 0.0;
ELSE
    LimitIn := tl1hatim + syt2sec;
    LimitMax := 10.0;
    LimitMin := 0.0;
    Limit(FLimit, LimitIn, LimitMax, LimitMin, tl1hatim);
    //JSR(Function_Limit,3, LimitIn, 0.0, 10.0, tl1hatim);
END_IF;
datl1h := (tl1hatim < 1.0);

* Limit(Limit, LimitFunMin, LimitFunMax, LimitFunIn, LimitFunRet)
*------------------------*)
```

图 2-130　指令语句 2

程序第一段给 tl1ha 赋予固定值，70。

程序第二段判断 tl1 的值是否小于 70，若小于 70，则赋予 tl1hatim(high alarm timer 过热报警计时器)初始值 0。

程序第三段为当 tl1 的值大于或等于 70 时，计时器开始工作，此时 LimitIn 为一个动态累加的数据，按照任务周期来算刚好每秒增加 1。同时赋予 LimitMax 一个不变的初始值 10，和 LimitMIN 一个初始值 0，参与自定义 Limit 指令逻辑计算一次。

程序第四段为计时器小于 1 s 时，不产生报警 datl1h，大于或等于 1 s 时，产生报警 datl1h。

额外介绍，为 Limit 指令底层实现原理：

结合这段 IF 的逻辑，可以以下四个中间态值来解释 Limit 指令：

1)当初始 LimitFunMin=0 时，此时 LimitFunMAX=10，LimitFunIN=0 并为一个保持不变的常数，此时 Highlimit=10，Lowlimit=0，此时输出值 LimitFunRet=0。

2)同理随着计时器增加，即 LimitFunMin 开始累加至 1 时，此时 LimitFunMAX=10，LimitFunIN=0 并为一个保持不变的常数，此时 Highlimit=10，Lowlimit=0，此时输出值 LimitFunRet=1。

3)同理随着计时器增加，即 LimitFunMin 开始累加至 10 时，此时 LimitFunMAX=10，LimitFunIN=0 并为一个保持不变的常数，此时 Highlimit=10，Lowlimit=10，此时输出值 LimitFunRet=10。

4)同理随着计时器增加，即 LimitFunMin 开始累加至 11 时，此时 LimitFunMAX=10，LimitFunIN=0 并为一个保持不变的常数，此时 LimitFunMin>LimitFunMAX，因此，上、下限进行交换，Highlimit=11，Lowlimit=10，但此时输出值 LimitFunRet 仍然保持=10。

总结：通过以上 4 个中间态值，可以判断，整个 Limit 指令专门为服务文本形式的计时器存在，当计时器触发时，由 Highlimit 来确认计时器总共计时长，由 LimitFunMAX 的初始值来确定这个计时器最多能计时到多少时间。但实际用于计时报警的参数为 Limit 指令中的输出值 LimitFunRet。

第 3 章　机组顺控相关逻辑解读

3.1　LM2500+机组启停顺序控制

3.1.1　选择控制模式和程序

模式选择：关断（OFF）、手动（MANUAL）、遥控（REMOTE）、带转（CRANK）、慢车（IDLE）、自动（AUTO）、校准带转（CALIB. C）、水洗（W. WASH）共 8 项，可通过 HMI 上的选择器（HMI MODS SELECT）进行选择，如果模式选择“遥控”，那么机组的启、停指令由 DCS 完成。在任何情况下，应急停机信号不受模式选择的影响。

3.1.2　关断模式

燃驱压缩机（简称燃压机）组处于启动或运行状态时，选择和启动关断（OFF）模式是不可行的。在任何其他时间都可以选择和启动关断模式。当关断程序选择后，操作员不能进入燃气轮机的启动程序。也应该注意到，一旦 Mark VIe 处于关断模式，所有的模拟和数字监控信号仍然有效。

3.1.3　水洗模式

水洗模式从“HMI MODE SELECT”上选定后，操作员在 HMI 上的 MASTER CONTROL 点按“START”按钮之后，下列动作开始执行。

1）矿物润滑油辅助油泵电机 88MQA－1 启动。

2）启动 88CR－1，带动 GG 旋转。

3）若 NGG 大于 110 r/min，则离线水洗电磁阀 FY－662（20TW－1）打开，此时有水洗液向 GT 喷射，进行周期性的清洗；同时 GG 加速到水洗转速 1 200 r/min。

4）GG 转速加速至 1 200 r/min 并保持，最多可持续 40 min，之后程序自动停止，在达到最大允许时间之前，操作员也可以通过 HMI 上的“MASTER CONTROL”启动“停止”按钮停止程序。

3.1.4　慢车启动模式

这个运行模式首先是用来严格验证 GT 启动允许的功能:若启动允许指示全部通过,则操作员可以选择“IDLE“模式,而过程像正常启动一样,GG 转速上升到慢车转速(6 800 r/min),机组可以在慢车转速下保持运行最多 30 min。

3.1.5　带转模式

不进行点火试验时,可以选择带转模式。GG 转速上升达到带转转速 2 100 r/min 并保持,直到下列情况之一发生:

1)操作员从 HMI 上停转 GG。

2)GG 应急停机发生。

3)操作员把控制模式改为自动、手动、慢车或遥控。

3.1.6　校准带转模式

在带转转速保持连续运行情况下,这个模式才允许进行,在此模式下,能操作燃料计量阀校准程序,此时工艺阀门全关,不进行检查。

3.1.6.1　手动和自动模式启动程序

手动或自动模式启动功能可在“HMI MODE SELECT”上选择 AUTO(自动)或 MANUAL(手动)模式,自动模式能正常启动直到 PT 转速达到设定点。

1. 允许启动检查

在启动机组之前,所有的启动允许检查必须完成,检查包括以下项目。

1)确认发动机没有锁定。

2)没有选择关断(OFF)模式。

3)确认没有任何正常停机、自动停机(应急停机、卸压停机)、减速到最小负载、阶跃到慢车状态。

4)GG 和 PT 转速调节器的设定点处于最小值。

5)GG 转速<350 r/min。

6)燃料气计量活门驱动器 XS－331B(86GC－4)无故障。

7)燃料气关断阀在关闭位置,ZAL－224(GSOV－1)/ZAL－226(GSOV－2)位置正确。

8)燃料气放空阀 XY－100(GVNT)在打开位置。

9)火焰探测器电路 OK,BE－473A,BE－473B 无故障。

10)燃料气加热器(预热)活门 XY－222(20VG－2)关闭。ZAL－222(33VG－2A)位置正确。

11)自动隔离阀 XY－159 关闭,ZSL－159 位置正确。

12)合成润滑油箱油位 LAL－125(96QL－1)正常,液位传感器无故障。

13)合成润滑油油箱内油温 TALL－127(CT－OT－1)正常,温度传感器无故障。

14)合成润滑油手动阀 ZAH－131(33QP－10)打开。

15)液压油滤压差正常,压差变送器 PDIT－139<PVGF>无故障。

16)启动器进口管阀门打开 ,ZAH－372(33HP－1)位置正确。

17)带旋风过滤器的燃料气进口阀关闭,ZAL－158 位置正确。

18)GT 箱体各大门关闭,ZAL－571(33DT－1～33DT－7)位置正确。

19)GT 箱体通风阻尼器 ZAH－546(33ID－1A),ZAH548(33OD－1A),ZAH－549(33ID－2A)打开。

20)CO_2 外释放限位开关不低,WAL－700(33CR－1－5)位置正确。

21)CO_2 工作阀门限位开关打开,ZAH－700A/C 位置正确。

22)矿物润滑油油箱油位 LAL－174A(71MQT－1)正常,液位传感器无故障。

23)矿物质润滑油油箱内油温正常,测温传感器 TE－180 无故障。

24)火焰和可燃气体监测系统不在禁止位。

25)火焰和可燃气体探测系统无公共故障。

26)防冰阀关闭,ZSL－537 位置正确。

27)密封气进口平衡管管压正常。

28)遥控允许启动正常。

29)燃料器加热器面板无故障。

30)MCC 和 DCP 控制的每一只电机都正常。

31)MCC 各电机和加热器控制模式在自动位置。

32)振动监控器无故障报警。

33)装置无振动高现象。

34)MCC 电源正常。

35)24 VDC 和 28 VDC 电源正常。

36)所有工艺气阀门在正确位置。

37)脉冲式喷射面板无故障。

38)第三级密封(Tertiary Seal System)气压正常(大于 6 bar)。

39)TE－475A～TE－475H 8 只传感器中,若 3 只有故障,则不准启动。

40)TE－471A～TE－471D 4 只传感器中,若有 3 只传感器故障,则不准启动。

41)润滑油冷却器风扇振动参数正常。

42)矿物润滑油温度正常,TAL－105A 正常。

43)矿物油冷却器回油温度不低。

44)防喘隔离阀阀门关闭,ZSL－777 位置正确。

2. 检查主程序状态

在启动机组之前,主程序的“健康状态”应该检查,包括以下方面。

(1)减速到最小负载状态

1)合成润滑油温度在 HH 位(TE－151A/B、TE－156A/B、TE－161A/B、TE－166A/B)回油温度超过 171 ℃应发出信号。

2)TE－465A、TE－465B 两只压气机进气温度传感器故障应发出信号。

3)燃料气供气压力低于 1 350 kPa 应发出信号。

4)进气过滤器压差 HH,大于 1.65 kPa 应发出信号。

以上各种情况之一发生,应减速到最小负载状态。

(2)增压停机状态

1)合成润滑油压力 LL 时应停机(停机后锁定 4 h 不能启机)。

2)在燃料气旋风清滤器中,冷凝液位 LL 应停机。

3)GG 转速 HH 应停机,两只转速传感器有故障应停机(停机后锁定 4 h 不能启机)。

4)燃料气计量活门执行器 ZC－331 故障应停机。

5)燃料气计量活门驱动器 XS－331B 故障应停机。

6)液压启动器转速 HH 应停机,SAHH－370<77－HS－1/2>(停机后锁定 4 h 不能启机)。

7)离合器温度 HH 应停机,TAHH－370(A26ST－1/2)(停机后锁定 4 h 不能启机)。

8)GG 排气温度 HH 应停机 TAHH－475(T8A－T8F)。

9)离合器温度 HH 应停机,TAHH－370(A26ST－1/2)(停机后锁定 4 h 不能启机)。

10)PT 转速 HH,SAHH－407C(NPTC)应停机:

11)GG 出口压力 HH,PAHH－455(PS3A/B)或两只传感器故障应停机。

12)PT 轴承温度 HH(TAHH－401、TAHH－403、TAHH－405、TAHH－409)应停机。

13)PT 出口温度 HH,TAHH－479(T48A－T48H)应停机。

14)燃烧室腔内火焰探测 LL,BALL－473,或两只传感器故障应停机。

15)进口气滤压差 HH,PDAHH－538(96TF1A/1B)应停机。

16)矿物质润滑油温度 HH,(TAHH－105)应停机。

17)矿物润滑油箱压差 HH,PDAHH－176(96QV－1A/1B)应停机。

18)矿物质润滑油汇管压力 LL,PALL－182(96QT－1A/1B)应停机。

19)压缩机轴径向振动 HH,(XAHH－196,XAHH－197) 应停机。

20)压缩机轴向位移 HH,(ZAHH－138)应停机。

21)用户应急停机,XS－550(CESD－1)按钮按下应停机。

22)UCS 上应急停机,XS－724(5ESD－2)按钮按下应停机。

23)离心压缩机振动 HH,VSHH－742(BN－NVV) 应停机(停机后锁定 4 h 不能启机)。

24)动力涡轮温度 HH 应停机。

25)增压应急停机,XS－502A/B(4ESD－PR－1/2)按钮按下应停机。

26)锁定 4 h 停机 4ESD－NM(软链路)。

27)压缩机出口末端密封气排气压力变送器两只故障应停机(PIT－755A～PIT－755B)。

28)压缩机出口密封气压力变送器两只故障(PID－757A～PID－757B),应停机。

29)压缩机进口过滤器压差 HH,PDAHH－780 应停机。

(3)卸压停机状态

1)GG 箱体内温度 HH。TAHH－553,或两只温度传感器故障应停机。

2)消防系统手动释放按钮按下。HS－707A(43CP－1)、HS－707B(43CP－2)应停机。

3)消防系统应急停机按钮按下。PB－708A(5ESD－1)、PB－708B(5ESD－2)应停机。

4)GG 箱体内的紫外线探头发现火苗,RAHH－702(45UV－1～45UV－3)。(停机后锁定 4 h 不能起机)。

5)GG 箱体内红外探头发现火苗,TAHH－703(45FT－1～45FT－3)、TAHH－704(45FT－4～45FT－6) 应停机(停机后锁定 4 h 不能起机)。

6)GG 箱体通风出口可燃气体探测器发现可燃气体 AATT－557(45HD－1A/1B/1C)应停机。(停机后锁定 4 h 不能起机)。

7)GG 箱体通风进口可燃气体探测器发现可燃气体浓度超标 AATT－532(45HT－1～45HT－3)、AATT－533(45HT－4～45HT－6)应停机。

8)压缩机密封气排气压力 HH、PAHH－755、PAHH－757 应停机。

9)用户的应急停机卸压指令有效 XS－551(CESD－2)。

10)UCS 上应急停机按钮有效 XS－723(5ESD－1):

11)压缩机出口工艺气压力 HH、PAHH－782 或两只压力变送器故障应停机。

12)卸压应急停机按钮有效,XS－503A/B(4ESD－DP－1/2)。

13)压缩机出口工艺气温度 HH、TTX－783 应停机。

14)CO_2 灭火器快速释放有效,PSHH－700。

15)火焰和可燃气体监测系统故障停机有效,XS－722(4MKVI)。

在启动之前,以上的停车状态应能手动复位。

(4)正常停机状态

1)动力涡轮第一级轮盘空间温度 HH,TAHH－413(TT－WS1F1－1～TT－WSIFI－2)、TAHH－415(TT－WS1A－1～TT－WSIA－2)或两只温度传送器故障应停机。

2)动力涡轮第二级轮盘空间温度 HH,TAHH－417(TT－WS2F1－1～TT－WSZFI－2)、TAHH－419(TT－WS2A－1～TT－WS2A－2),或两只传感器故障应停机。

3)通风口阻尼器关闭,ZAL－545(2OO2 选择)应停机。

4)在燃料气旋风过滤器中,冷凝度液位传感器(压差传感器)LT－202A(71GF－1A)、LT－202B(71GF－1B),两只传感器故障应停机。

5)合成润滑油油温传感器,TE－147A(TLUB－A)、TE－147B(TLUB－B)两只温度传感器故障应停机。

6)辅助齿轮箱和转换齿轮箱(TGB)滑油回油温度传感器 TE－151A(TAGB－A)、TE－151B(TAGB－B)中,两只温度传感器故障应停机。

7)“A”回油箱和 TGB 滑油回油温度传感器 TE－156A(TGBA－A)、TE－156B(TGBA－B)中,两只传感器故障应停机。

8)“B”回油箱和 TGB 滑油回油温度传感器 TE－161A(TGBB－A)、TE－156B(TGBB－B)中,两只传感器故障应停机。

9)“C”回油箱和 TGB 滑油回油温度传感器 TE－166A(TGBC－A)、TE－166B(TGBC－B)中,

两只传感器故障应停机。

10)动力涡轮 1＃轴承温度传感器 TE－409A(BT－J1－1A)、TE－409C(BT－J1－2A)中,两只传感器故障应停机。

11)动力涡轮 2＃轴承温度传感器 TE－4 011(BT－J2－1A)、TE－4 013(BT－J1－2A)中,两只传感器故障应停机。

12)动力涡轮止推轴承主动侧温度传感器 TE－4 031(BT－TM－1A)、TE－4 033(BT－TM－2A)中,两只传感器故障应停机。

13)动力涡轮止推轴承被动侧温度传感器 TE－4051(BT－TM－1A)、TE－4053(BT－TM－2A)中,两个传感器故障应停机。

14)空气进气过滤器压差变送器 PDIT－538A(P6FT－1A)、PDIT－538B(P6TF－1B)中,两只传感器故障应停机。

15)矿物油滑油箱压差变送器 PDIT－176A(96QV－1A)、PDIT－176B(96QV－1B)中,两只传感器故障应停机。

16)矿物润滑油箱过滤器温度探测器 TE－105A/B(LT－TA－1A/1B)中,两只传感器故障应停机。

17)燃气涡轮进口气滤下方可燃气体探测器 AE－532A(45HT－1)、AE－532B(45HT－2)、AE－532C(45HT－3)、AE－533A(45HT－4)、AE－533B(45HT－5)、AE－533C(45HT－6)中,两只传感器故障应停机。

18)涡轮箱体出口处可燃气体探测器 AE－557A(45HA－4)、AE－557B(45FT－5)、AE－557C(45HA－6)中,两只传感器故障应停机。

19)燃机箱体内热升温探测器 TSHH－703A(45FT－1)、TSHH－703B(45FT－2)、TSHH－703C(45FT－3),TSHH－703D(45FT－4)中,两只探测器故障应停机。

20)排气舱热探测器 TSHH－701A(45FT－5)、TSHH－701B(45FT－6)中,两只探测器故障应停机。

21)正常停机按钮有效 XS－5051。

22)燃机箱体内紫外线探测器 RE－702A(45UV－1)、RE－702B(45UV－2)、RE－702C(45UV－3)中,两只探测器故障应停机。

23)遥控停机指令有效 XSB－5003:(CA1－STOP)。

24)两只风扇电机 88BA－1、88BA－2 故障应停机。

25)热电偶 TE－479A、TE－479B、TE－479C、TE－479D、TE－479E、TE－479F 中,三只传感器故障应停机。

26)热电偶 TE－479/1、TE－479/2、TE－479/3、TE－479/4、TE－479/5、TE－479/6、TE－479/7、TE－479/8 中,三只传感器故障应停机。

(5)阶跃到慢车状态

1)燃料气供气温度 HH,TAHH－221(FTEG－2A/2B)。

2)进气气滤压差 HH,PDAHH－469(PO)。

3)PT、GG 积累的加速度振动 HH,TSHH－743(BN－AHH)。

以上状态出现，则阶跃到慢车状态。若 10 s 后振动仍不能停止，则正常停机程序有效。

(6)可以越过的报警停机(可确认)

在启动程序进行之前和进行中，某些报警和停机功能必须禁止或忽略，以预防引起启动失败。

1)矿物润滑油汇管压力低报警，PAL－111(96MQA－1)、PAL－182(96QT－1A/1B)(10 s 后发辅助启动命令)。

2)矿物质润滑油汇管压力低低停机，PALL－182(96QT－1A/1B)(先触动主保护继电器 L4)。

3)给动力涡轮的矿物质润滑油汇管压力 LL，PALL－186(A63MQE)。

4)燃料气供应压力低报警。PAL－223，(PGAS－A)(带转之前)。

5)密封气排气流量低 FAL－751，FAL－753(程序结束之前)。

6)GG 合成滑油供油压力低报警，低低停机 PAL－145/PALL－145(PLUB－A/B)(GG 转速达到 4 600 r/min 之前)。

7)火焰信号丢失停机 BALL－473(FLAMDTA/B)(在断开点火器电源之前)。

8)GG 和 PT 振动高高停机是可以确认的(在慢车暖机之前)。

(7)对箱体增压和清吹

操作员在＜HMI＞上点下“START”(启动)按钮以后，下列动作将会执行。

1)启动 GT 箱体主排风扇电机。

2)等待箱体内增压，PDAL－563(96BA－1)不起作用。

3)检查排风不正常状态。

4)等待箱体清吹。

(8)辅助启动

接到启动指令之后，程序继续启动下列辅助项目。

1)启动矿物油润滑油泵电机 88MQA－1。

2)启动滑油/合成油冷却风扇电机 88FC－1/2。

3)启动矿物润滑油油气分离器电机 88QV－1。

当润滑油压力恢复时，PAL－111、PALL－182(96QT－1A～96QT－1B)、PAL－145/PALL－145(PLUB－A/B)均不起作用，程序启动“主保护继电器”，L4＝1。若滑油压力不恢复，则程序停止执行。

在重新启动之前，对这个状态进行手动复位。

3.1.7 GG 带转/清吹程序

1)等到燃料气压力 OK，PAL－223(PGAS－A)无效，如果燃料气压力不正常，程序就停止，这种状态在启动之前应手动复位。

2)开始执行液压启动器程序：启动 88CR－1，目标带转转速是 2 100 r/min。

3)启动涡轮清吹定时器(最短 2 min，可调)清吹涡轮、燃烧室、空气进气和排气系统。

4)在涡轮清吹定时器工作的同一时刻，燃料气预备程序启动。

5)打开燃料气加温阀 XY－222(20VG－2),启动程序定时器。

6)等到燃料气温度 OK,TAL－221(FTG－2A/2B)失效,同时加热定时器到点。若温度值 OK 之前,定时器已到,则启动程序停止执行。

7)关闭燃料气加热阀 XY－222(20VG－2)。

8)在清吹和加热定时器到点之后:启动定时器,用于检查 GG 转速是否大于 4 600 r/min,启动定时器,检查慢车转速。

3.1.8　点火

1)检查计量活门位置是否正确,若没有关闭,则程序停止执行。

2)给点火变压器通电。

3)关闭燃料气放空阀 XY－100(GVNT)。

4)燃料气放空阀关闭之后 0.5 s 内,应把燃料气关断阀 XY－224(GSOV－1)和 XY－226(GSOV－2)打开,同时定时 10 s 的点火变压器断电定时器启动。

5)燃料气放空阀关闭后 2 s 内,燃料气控制系统投入运行,从而使计量活门打开,让燃料气用于点火。

6)检查 GG 排气温度 TE－4751/8(T8A－F),T48 是否小于或等于 621 ℃,若 T48 大于 621 ℃,则停机。

7)检查燃烧室内的火焰,在点火变压器断电定时器到点之后,若没有检测到火焰,则停机,只要停机,启动器将保持运转 2 min,以进行清吹。

3.1.9　加速到慢车转速

在检测到火焰之后,将进行下列步骤。

1)总的机组运行小时数定时器开始计时。

2)总的启动次数计数器增加 1 次。

3)GG 加速到慢车转速 6 800 r/min。

在 GG 转速超过 4 600 r/min 之后,进行下列步骤。

1)点火变压器断电。

2)启动器停止。

3)GG 合成润滑油压力低报警和压力低低停机功能投入。

4)若在清吹定时器到点之后的 90 s 内,GG 转速没有达到 4 600 r/min,则停机。

5)若在清吹定时器到点之后的 120 s 内,GG 转速没有达到 6 800 r/min,则停机。

在 GG 转速大于慢车转速(6 800 r/min)之后,进行下列各步骤。

1)慢车状态保持定时器启动,定时为 300 s。

2)GG 和 PT 振动 HH 停机功能投入。

3)防冰系统温度控制器投入。

4)PT 转速定时器启动,若 300 s 内 PT 转速≤350 r/min,则停机。

5)等到合成润滑油油温大于 32 ℃(90 ℉),TAHH－151、TAHH－156、TAHH－161、

TAHH－166 失效。当油温小于 32 ℃时，报警再次发生。

6)在慢车状态保持定时器到点之后，GG 转速上升，到达 8 600 r/min(空载同步慢车转速)。

3.1.10 持续增加到最小负载

1)GT 进入“准备加载状态”：L3＝1。

2)防喘控制器设置于“自动”位。

3)辅助滑油泵 88MQA－1 停转。

4)PT 转速上升到设定点；达到最小运行转速，GG 转速相应增加。

5)GT 达到运行转速。

若在这个时段，主选择器选为自动模式，则 PT 转速自动地上升到设定转速点；若主选择器选定为手动模式，则 PT 转速上升，低于(HMI)键盘指令设定的转速。

3.1.11 遥控启动程序

若“REMOTE”位置在 HMI 选择器上选定，则遥控启动可以进行；启动程序与加载运行模式同一方式进行，仅有下列差别：启动指令时来自 SCS 的线传信号，XS－604B(CA1－START)，触发器至少 1 s 内由 0 到 1，用于启动；遥控启动将产生一个程序，直到遥控转速到达设定转速。

3.1.12 正常停机程序说明

下面将详细说明正常启动，正常停机程序，能在 HMI 上执行，也可以在 TCP 上自动执行。

正常停机指令程序可选择：

操作员点(HMI)上 STOP 按钮。

若主选择器选在“REMOTE”位，则来自 SCS 的软件信号 XS－605b(CA1－STOP)－1。

有上述任一指令之后，将执行下列步骤。

1)信号 L94 有效，而信号 L3 失效。

2)PT 转速设定点降低到最小调整点。

3)若 PT 转速低于最小调整值，L14LS＝0，GG 转速设定点减少到慢车转速，防喘阀控制器设在“停机”模式，这将引起防喘阀 FCV－776 打开。

(1)慢车状态下冷吹

一旦 GG 慢车冷吹定时器(300 s)启动，GG 保持慢车转速直到定时器到点，在慢车冷吹定时器到点之前的任何时刻，只要给出重新启动指令，可中断正常停机程序。

(2)燃料气切断

一旦慢车冷吹定时器(300 s)到点，将进行以下步骤。

1)设定燃料气控制器的最小设定值。

2)关闭燃料气关断阀 FY－224(GSOV－1)和 FY－226(GSOV－2)，同时打开燃料气放空阀 XY－100(GVNT)。

3)关闭自动隔离阀 XY－159,同时打开燃料气排气阀 XY－160。

4)当 GG 转速低于有 2%的滞后的最小慢车转速时,防冰控制器失效,因而防冰挡板被强制在全关位置。

5)合成润滑油压力低报警和压力低低停机不再有效。

6)总运行时间记时器停止计时。

7)启动程序计时器重定。

(3)动力涡轮的冷却

等到动力涡轮/工艺气压缩机完全停转时,14LR＝1,在 PT/工艺气压缩机转速为零之后,启动动力涡轮冷却定时器(3 h),用辅助滑油泵 88MQA－1 对动力涡轮进行冷却到定时器到点,若交流电断电,则启动滑油应急泵 88MQE－1(直流泵),当 GG 轴停转时,L14HR＝1,矿物质滑油/合成滑油冷却风扇 88FC－1/2 辅助活动也停止。

(4)冷却结束

当冷却完成之后,下列辅助活动也停止。

1)矿物质滑油泵 88MQA－1。

2)滑油油气分离器 88QV－1。

3)主排风扇。

4)燃料气系统阀位恢复至起机前状态。

3.1.13　增压停机程序说明

满足下列增压停机的条件,增压停机就开始,以下步骤自动进行。

1)信号 L4 和 L3 失效。

2)防喘控制器强制在 STOP 模式。

3)防冰控制器失效,因而防冰挡板强制到全关位置。

4)燃料气关断阀程序。

5)给点火变压器断电。

6)停止液压启动器。

7)设定燃料气控制最小设定点,从而计量阀逐渐关闭。

8)关闭燃料气关断阀 FY－224(GSOV－1)和 FY－226(GSOV－2),同时打开放空电磁阀 XY－100(GVNT),关闭自动隔离阀 XY－159 同时打开燃料气放空阀 XY－160。

9)合成润滑油压力低报警和压力低低停机不再有效。

10)总运行工作小时数计数器不再计时。

11)启动程序计时器重定。

从这点出发,程序将作为正常停机程序说明中的要点,还应进行涡轮冷却和冷却结束。

3.1.14　点火故障程序说明

若在启动程序期间,点火的燃料气丢失(点火时间设置 12 h),L4 主继电器断电,则下列动作将会进行。

1)关闭燃料气关断阀 FY-224(GSOV-1)和 FY-226(GSOV-2),同时打开放空电磁阀 XY-100(GVNT)。

2)关闭自动隔离阀 XY-159,燃料气切断阀 GSOV,同时打开燃料气放空阀XY-160。

3)燃料气控制器失效,随之燃料气计量活门关闭。

4)点火变压器断电。

5)迟延 2 min 后,停止液压启动器。

3.1.15 液压启动器程序(HSS)说明

3.1.15.1 启动条件

在启动启动器泵电机之前,下列条件应该满足。

1)主泵马达 88CR-1 是完好待用的;没有来自 MCC 的报警。

2)手动进口阀打开[通过 ZSH-372(33HP-1)和 ZSL-372(33HP-2)限位开关回馈]。

3)一旦上述条件均满足,泵电机(88CR-1)可以启动,并在零流量时带着旋转斜盘,使泵速缓慢上升。

3.1.15.2 HSS 启动

一旦液压启动器使能,UCP 程序就立刻启动电机(88CR-1)。

如果滑油箱油温设定值已经达到(高压隔离阀通过弹簧仍然关着大约需要 70 barG 的油压才能打开进口);电机启动 15 s 之后,执行器 XY-379(20HS-1)打开。

秒钟之后,执行器 XY-379(20HS-1)动作,使泵的旋转斜盘移动并跟踪 4～20 mA 电流信号,移动的斜盘使 XV-370 比例阀动作,一个很小的上升斜率使发动机轴转速 300 r/min(典型的速率是每秒 0.5%～1%)。

一个快速的上升斜率加速发动机轴,从 300 r/min 上升到带转速度(典型的速度是每秒 2%～3%)。

当带转速度达到时,发动机轴转速度将保持一个清吹时间,通过一个平滑的调节,建立发动机转速回馈的基础。

清吹时间结束后,通过缓慢斜率(典型值为每秒 0.5%～2%)的减速 4～20 mA 电流信号,在点火之前快速降低启动器转速从而降低发动机转速到希望的值,同时离合器可以松开而不出现正常运行时的连续性故障。

逻辑程序等待 GG 转速达到点火转速设定值(1 700 r/min),点火后重新加速直到启动器丧失转速,典型状态是 4 300 r/min,这便于在 4 600 r/min 时启动器停止工作。

3.1.15.3 HSS 停止执行和冷却步骤

在上述设定条件满足后,HSS 停止执行,停止后旋转斜盘以不超过前面指出的离合器最大允许的减速率每秒 15%～20%的快速率重新回到零位。在停止之后至少 15 s 内应关闭高压隔离阀执行器 XY-379(20HS-1)。

需要注意:在转速控制过程中,提到任何跳闸(停机),旋转斜盘位置的改变,遵循上述相同的斜率。

3.1.15.4 液压启动系统监控

启动系统安装有下列监控和保护仪表。

1. 启动器超速

若启动器的转速，经 SE-370A/B(77-HS1/2)的检测，高于 5 400 r/min(120%的启动器最大设计转速)，则可确定启动器的超速，停机。

2. 启动器停转检测

为把由于再啮合造成的离合器故障对启动器的损坏降低到最低程度，在启动程序的末端，离合器脱开之后及转速降低到零之后，执行对启动器停转的检测 20 s，在启动器脱开之后，如果由 SE-370A/B(77-HS1/2)所测得的启动器转速高于 900 r/min(20%的启动器最大设计转速)，那么离合器的再啮合将被确定，停机。

3. 仪表的故障逻辑

若离合器箱内温度传感器 TE459(HST-OD)检测出有故障，则报警。注意：检测的故障状态在逻辑范围之外。

若启动器测速探头 SE-370A/B(77-HS1/2)检测出有故障，则报警；若至少有下列一种状态被确认，则故障状态被检出。

当离合器啮合(也就是发动机由启动器驱动)时，所检测到的启动器转速不同于 GG 转速，若转速超过 50 r/min，则报警。

注意：离合器和 GG 之间的齿轮转速的换算系数为 1。

3.1.16 排风扇逻辑说明

通风系统有两台风扇，由 VFD 驱动；操作员可通过按(HMI)按钮及在箱体内温度 HH 情况下，如果环境温度(TT-531)大于 5 ℃，只要启动程序一开始，UCS 就启动主排风扇，一旦实行冷却程序，主排风扇就停转。正常运行期间，箱体增压实现后，可测出三种不正常的排风状态。

3.1.16.1 箱体差压低，PDAL-563(96BA-1)有效(即差压小于 0.15 kPaG 就报警)

若箱体门开着，根据程序，通过＜HMI＞上按钮确认后可允许运行，则报警解除；如果不确认而运行，正常停机程序就会启动。如果箱体门关着，待机风扇已经运行，那么正常停程序也启动。若待机风扇停止，正常停机启动，那时主排风扇也停止；最初设定的 10 s 延时之后，再一次检测排风是否正常。

3.1.16.2 箱体内温度高，TAH-553 或 TAH-555 有效(＞85 ℃报警)

若主风扇停转时，则待机风扇开始启动，最初设定的 10 s 延时之后，再一次检测排风是否正常；若箱体内温度在增长，则 TAHH-553，或者 TAHH-555 有效(＞90 ℃停机)，箱体 HH 温度定时器(60 s)启动。等到定时器到点之后，再一次检查箱体内温度，若总是超过 HH 设定点(90 ℃)，则执行卸压应急停机程序。

3.1.16.3 排风出口可燃气体检测,AAH-557(45HA-4-45HA-6)有效

如果待机风扇停转,报警开始时主风扇也停转,最初设定的 10 s 延时之间,再一次检查排风扇是否正常,如果可燃气体浓度进一步增加,AAHH-557(45HA-4-45HA-6)有效,之后卸压应急停机程序启动。

3.1.16.4 只要下列所有状态被确认,则主、待机风扇都启动,并有自动和手动两种模式

通过 ZAH-546(33ID-1B),ZAH-550(33ID-2B),ZAH-551(33ID-3B),检查所有的排风扇进口处阻尼器均打开。

通过 ZAH-548(33ID-1A),ZAH-549(33ID-2A),ZAH-552(33ID-3A),检查排风出口阻尼器均打开。

火焰和可燃气体信号失效,UA-6081。

3.1.17 矿物质润滑油泵逻辑说明

二线 GE 燃驱压缩机组装有由交流电动机 88QA-1 驱动的辅助矿物质油泵,当主机械泵 PL3-1 完全不工作时,用于润滑机组工作时的动力涡轮和压缩机的各轴承。由直流电机 88QE-1 驱动的矿物质滑油应急泵也提供交流电源故障时 PT 及压缩机各轴承的冷却。矿物质滑油泵设计用于连续工作,但是在机组停机和冷却定时器到点之后不工作,为了矿物质滑油泵的正常运行,矿物质滑油箱的油位和油温必须在工作限制之内,在油位和油温低于最小状态下,机组应禁止启动,报警应在(HMI)上显示。当机组启动时,矿物质滑油系统也自动启动,正常的油位和压力就恢复,启动程序中的允许检查就通过。

正常运行期间,若矿物质滑油汇管压力损失状态被检测出,则 PALL-182(P6QT-1A)有效,应急滑油泵启动,增压应急停机程序开始执行;在冷却程序期间,应急泵先连续运行 15 min,为了电池组的保护,进行开 3 min、断 12 min 的循环运行,直到冷却程序结束(3 h)。

在正常运行期间,若在主机械泵的出口检查出压力太低,则 PAL-111(P6QA-13)有效;辅助泵应自动启动。若正常状态又恢复,则从 HMI 上手动停止辅助泵的工作。

若矿物质滑油汇管压力恢复,则应急泵自动停止,PAL-182(P6QT-1A)失效。当机组停转和冷却时间结束后,若检测到动力涡轮旋转,则辅助矿物质滑油泵自动启动。若根据矿物质润滑油箱的油温,滑油加热器在启/停,则在机组停机时,辅助矿物质润滑油泵也将自动启/停。

在交流泵运转期间,矿物质滑油箱的油气分离器应一直运行。

3.1.18 阶跃到慢车状态说明

当燃气涡轮在正常运行状态时,阶跃到慢车状态会导致设定在 GG 慢车转速(6 800 r/min)相应的燃料气计量活门的开度变化,当阶跃到慢车引起复位(通过操作员)时,GT 转速再次缓慢上升到:①若主选择器在手动位置,则为 PT 最小转速;②若主选择器选在自动或遥控位置,则为 PT 运行转速。

3.1.19　缓慢减速到最小负载(SDML)说明

当燃气涡轮在正常运行状态时，SDML 会引起 NPT 转速设定点降低，导致 PT 转速下降到最小转速；当 SDML 引起复位（通过操作员）时，若主选择器选在自动或者遥控位置，则 PT 转速再次缓慢上升到工作转速。若主选择器选在手动位置，则 PT 转速保持在最少工作转速（3 050 r/min）上。

3.1.20　工艺气冷却器控制程序说明

霍尔果斯首站每台压缩机组配备 6 台后冷却风扇，当压缩机出口汇管温度（TT4002）大于 50 ℃时开始运行。运行数量由压缩机组运行情况和下游温度决定。

若此时压缩机组运行 1 台，则首先同时开启 1/3 的空冷器上、下游电动阀门，再逐个启动空冷器风机后，关闭空冷器旁通管路阀门（电动球阀 4601）。若此时空冷器下游温度仍高于 50 ℃（根据 TT4003 信号）时，再逐对打开后续空冷器出口汇管上的电动阀门，并逐个启动相应空冷器风扇电机，直至空冷器下游温度小于 50 ℃。

若此时压缩机组运行 2 台，则分 2 次共开启 2/3 的空冷器上、下游电动阀门及空冷器风机（每次开启 1/3 空冷器上下游阀门，再逐个开启空冷器风机），关闭空冷器旁通管路阀门（电动球阀 4601）。若此时空冷器下游温度仍高于 50 ℃（根据 TT4003 信号）时，再逐对打开后续空冷器出口汇管上的电动阀门，并逐个启动相应空冷器风扇电机，直至空冷器下游温度小于 50 ℃。

若此时压缩机组运行 3 台，则分 3 次开启全部的空冷器上、下游电动阀门及空冷器风机（每次开启 1/3 空冷器上下游阀门，再逐个开启空冷器风机），关闭空冷器旁通管路阀门（电动球阀 4601）。

若空冷器下游温度持续超过 65 ℃（持续时间 10 min）（TT1301/TT1302/TT1303），则停运压缩机组。

若空冷器下游温度持续低于 40 ℃（持续时间 10 min）（TT1301/TT1302/TT1303），则逐台关闭空冷器风机及其上下游阀门，直至空冷器下游温度高于 40 ℃（且低于 50 ℃）。

空冷器的振动信号应可传至站控，当振动超标时，可自动发出报警。空冷器振动超标停机，其振动开关自动关闭后，应就地复位，不得远控复位。

3.1.21　密封气增压器控制逻辑

密封气增压器是由 2 只气动作动器驱动的活塞式压气机组成，其目的是机组启动/停止期间，当压缩机自动阻尼时，保持密封气供给量充足。机组处于增压停机时，密封气增压器的控制由每一个站的公用专用控制柜进行。密封气增压器的启动/停止运行，是由单独的机组控制装置 UCS 中（XS－606A/B/C/D/E）的启动要求而确定的。密封气增压器的启动是由压差变送器 PDIT－769A/B/C/D 的值确定的，并经过电磁阀 XY－780A/B、XY－751A/B，作用于 2 只气动驱动器而启动增压器。若电磁阀 XY－751A/B 指令和回馈的限位开关 ZSL－751A/B 之间有错位，则可以检测出一个误差信号。正常运行时，跨越增压器的压差变送器的压差低（L＝90 kPa），则发出报警信号。若压差太低，则 PDSLL－779A/B 会启动低低（LL＝50 kPa）报警，若过滤器 F102A/B 两端的压差 PDSH－777A/B 太高（H＝100 kPa），则发出高报警。降压请求可从 MCS 出发，送给机组装置控制柜，每一个装置控制柜将发出进行泄压的指令，并将复位密封气增压器启动指令。

3.2 GE 电驱机组顺控逻辑

3.2.1 启机前准备

启机前需同时满足以下条件。

1）L3QE_PERM：应急油泵准备就绪，泵测试后 72 h 内。

2）L63QH1L：矿物油汇管压力无低报警，压力大于 180 kPa。

3）L71QTL：矿物油油箱液位无低报警，液位大于 428 mm。

4）L3perm_dcs：上位机允许启动命令，SCADA 系统下发。

5）L26QH1L：矿物油汇管温度无低报警，温度大于 35 ℃。

6）L33as_o：防喘阀全开限位。

7）L26QA2L：油冷器出口温度无低报警，温度大于 15 ℃。

8）L3rs_inh：MCS 系统正常，无禁止启机命令。

9）L4X/l4t_sis：HIMA PLC 联锁回路正常，无跳机报警。

以上条件满足时可通过压缩机组 HMI 的启动按钮，下发启动命令；同时满足变频器未达到最小转速（3 380 r/min）时，可通过远程命令（SCADA），下发启动命令。

启机命令（L1START）下发后，进入启机进程（L1X），工艺阀门进入自动控制模式。启机进程分为以下 6 步。

（1）第一步：干气密封吹扫

启机命令下达后 0.5 s 内，若 L2PCPRESS＝1 表示保压状态，无需压缩机吹扫，进入保压启机进程，执行以下步骤：

1）打开油冷器挡板。

2）若压缩机入口压力小于 2 MPa，全关干气密封调节阀 PDCV3153。

3）干气密封调节阀 PDCV3153 关度大于 95％后，开启干气密封供气阀 XV3770。

满足以下条件时进入干气密封吹扫计时。

1）L3SG：干气密封供气压力无低报警（大于 200 kPa）。

2）L33sge_c：干气密封供气阀 XV3770 无全关反馈。

3）L33qc：油冷器挡板全开。

4）L3SG_SP：干气密封供气阀 XV3770 开启 60 s 后干气密封加热器下游温度正常（大于 30 ℃）。

5）干气密封吹扫 120 s 后，结束第一步，进入第二步。

启机命令下达后 0.5 s 内，若 L2PCPR＝1 表示泄压状态（需干气密封加热器内温度

TT3207 大于 80 ℃方可判断机组泄压状态)，需要压缩机吹扫，进入泄压启机进程，执行以下步骤。

1)全关防喘阀。

2)开启干气密封增压撬入口阀。

3)开启放空阀。

4)打开油冷器挡板。

5)若压缩机入口压力小于 2 MPa，全关干气密封调节阀 PDCV3 153。

6)干气密封调节阀 PDCV3 153 关度大于 95%后，开启干气密封供气阀 XV3 770。

满足以下条件时进入干气密封吹扫计时。

1)L33as_c：防喘阀全关反馈。

2)L33vm_o：放空阀全开反馈。

3)L3SG：干气密封供气压力无低报警(大于 200 kPa)。

4)L33sge_c：干气密封供气阀 XV3770 无全关反馈。

5)L33qc：油冷器挡板全开。

6)L3SG_SP：干气密封供气阀 XV3770 开启 60 s 后干气密封加热器下游温度正常(大于 30 ℃)。

7)干气密封吹扫 120 s 后，结束第一步，进入第二步。

(2)第二步：压缩机吹扫

保压启机进程中执行以下步骤。

1)开启加载阀 XV3775。

2)关闭放空阀 XV3784。

3)检测到加载阀 XV3775 全开反馈和放空阀 XV3784 全关反馈后，结束第二步，进入第三步。

泄压启机进程中执行以下步骤。

1)开启加载阀 XV3775。

2)检测到加载阀 XV3775 全开反馈后，开始压缩机吹扫计时。

3)压缩机吹扫 180 s 后，结束第二步，进入第三步。

(3)第三步：机组充压

1)关闭放空阀 XV3784。

2)全开防喘阀(仅针对泄压启机进程)。

3)检测到放空阀 XV3784 全关反馈及压缩机入口压差低低(小于 100 kPa)后，延时 10 s，结束第三步，进入第四步。

(4)第四步：开启工艺阀

1)开启入口阀 XV34101。

2)开启出口阀 XV34103。

3)开启防喘隔离阀 XV34104。

4)检测到入口阀 XV34101、出口阀 XV34103、防喘隔离阀 XV34104 全开反馈后，延时

10 s,结束第四步,进入第五步。

(5)第五步:关闭加载阀

1)关闭加载阀 XV3775。

2)检测到加载阀 XV3775 全关反馈后延时 10 s,结束第五步,进入第六步。

(6)第六步:启动变频器

1)检测到防喘阀全开反馈后,向变频器发出变频器启动命令 L4_mini。

2)检测到变频器反馈的到达最小转速信号 100 ms 后,结束第六步,启机顺控完成。

启机过程中,以下条件会结束启机顺控。

1)启机完成。

2)正常停机(停机命令发出)。

3)保压紧急停机(HIMA 发出)。

4)泄压紧急停机(HIMA 发出)。

5)干气密封供气温度低(低于 30 ℃)。

6)吹扫过程中中止启机(停机命令发出)。

7)超过启机时限(30 min)。

3.3 RB211 机组启停顺序控制

3.3.1 机组启动和加载

应先确认,即仔细看一下主控制柜控制板上的控制模式“CONTROL MODE”是在就地“LOCAL”和速度模式“SPEED MODE”在“AUTO”位。

按压控制板上“UNIT START”按钮,微机控制系统开始执行启动指令。

装置控制器进入运行模式。点主菜单屏幕显示“UNIT START SEQUENCE”。

具体分为以下几点。

首先对箱体进行增压和清吹。

1)首先检查箱体压差 Δp 是否大于报警设定点,箱体内温度(26EVGTA/B)是否小于报警设定点,环境温度(26AM)是否小于 0 ℃,若均是,则启动箱体冷却值班风扇位于低速档;否则,启动高速档。

2)检查箱体压差 Δp 是否已建立,10 s 内没有建立,则认定“箱体值班风扇 1 有故障”,屏幕显示“ENCLOSURE DUTY FAN FAILURE”,此时关闭值班风扇,打开备用风扇 2,屏幕显示“ENCLOSURE STANDBY FAN RUNNING”,若箱体压差在 30 s 内建立,则进入下一步程序,否则,认为启动程序失败。

3)箱体 30 s 内压差建立,屏幕显示“ENCL PRESSURIZED SEQ PROG”,即箱体已增压。

4)继续检查箱体内压差是否太低,若 10 s 内仍低于报警值,则屏幕显示“ENCLOSURE ΔPLOW ALARM”,同时检查箱体内温度是否高于报警值(>60 ℃),若高于,则屏幕显示

“ENCLOSURE TEMPERATURE HIGH ALARM”，同时有报警声，这两个报警任何一个出现，则启动箱体备用风扇 3，同时屏幕显示“STANDBY ENCLOSURE FAN(2) RUNNING ALARM”，此时一方面手动向箱体主风扇发出指令，同时将箱体温度高和箱体压差 Δp 低报警复位，接着关掉备用风扇 2。

5)在执行“第 3)”的同时，该箱体内清吹定时器 90 s 的起始点，90 s 过后，屏幕显示“ENCL PURGED SEQ PROG”，即箱体已清吹。

对箱体增压和清吹完成后，程序接着进行空气系统的预净化和主滑油系统的准备。

1)打开压缩机的空气隔离阀，检查密封冷却空气的压力是否正常，若 20 s 内空气压力未建立起，则发出“密封冷却空气压力低报警”，同时发出声音。若 20 s 内已建立，则屏幕显示“SEPARATION GAS SYSTEM SEQ PROG”。

2)启动主滑油箱值班滑油泵，若 10 s 内泵不转，则屏幕显示“MAIN LUBE OIL DUTYPUMP FAILURE”，即主滑油值班泵故障，同时打开备用泵，关掉值班泵，屏幕显示“MAIN LUBE OIL STANDBY PUMP RUNNING”，同时检查滑油泵出口压力是否建立，滑油值班泵是否正常，滑油油位是否正常，均正常后(10 s 内完成)，屏幕显示“MAIN L. O SYSTEM SEQ PROG”，即主滑油系统准备好。从启动主滑油值班泵到显示主滑油系统准备好，必须在 600 s 内完成，超过则认为启动程序失败。

3)在密封冷却空气和主滑油系统准备好之后，检测压缩机是否增压。

①若没有增压，则打开压缩机吸入增压阀，接着打开清吹阀(放气阀)，清吹阀打开后 30 s 内完成清吹(超过 30 s 认为启动失败)。屏幕显示“UNIT PIPINGPURGE SEQ PROG”，即装置管路清吹完。接着强制关闭防喘阀，防喘阀确认关闭后，对压缩机清吹 30 s，结束后，屏幕显示“COMPR PURGE SEQ PROG”。接着强制打开防喘阀，关闭放气阀，且在 10 s 内确认放气阀关闭，否则认为启动失败。

②如果压缩机已经增压，则检查吸入阀压差 Δp 是否正常，正常后在 80 s 内打开吸入阀(进口阀)，若在 80 s 内不能完成，则认为启动失败；此时，关闭吸入增压阀，屏幕显示“COMPR PRESSURIZED SEQ PROG”，即压缩机已增压；同时显示“POSITION VALVES FOR RUNNING SEQ PROG”，所以阀门都在运行位置。

4)接着进行 GG 滑油系统的准备。

①启动 GG 值班滑油泵，10 s 内不转，则屏幕显示“GG LUBE OIL DUTY PUMPFAILURE”，即值泵故障，随之开备用泵，关值班泵，屏幕显示“GG LUBE OILSTANBY PUMP RUNNING”，即滑油备用泵运转。

②检查 GG 滑油温度是否大于 15.6 ℃，同时检查 GG 液压油压力是否建立，若在 80 s 内建立且大于 15.6 ℃，则屏幕显示“GG LUBE OIL SYSTEM SEQ PROG”。

③GG 滑油预润滑 15 s，接着指令燃料气控制系统置 GG 滑油作动器于预润滑位置，且在 15 s 内确认 GG 滑油作动器处预润滑位置，屏幕显示“GG ACTUAOR IN PRE - WETSEQ PROG”。

5)GG 滑油系统准备好之后，进行启动液压启动器电机的准备。

①对液压启动电机预热 120 s，完成后屏幕显示“HYDRU STARTER SEQ PROG”，即

液压启动电机已预热。

②使液压电机启动器线圈通电，并指令启动器到清吹速度。

③通电后 10 s 内，启动器使清吹速度达 500 r/min。

④通电后，NL 转速在 80 s 内达到 2 900 r/min(若达不到上述转速，则认为启动失败)，此时屏幕显示“GG TO PURGE SPEED SEQ PROG”，即 GG 转速到清吹转速。

⑤GG 清吹 60 s，之后屏幕显示“GG PURGE SEQ PROG”。

⑥给 GG 点火器通电，从此时开始到 GG 一级加速(NH 到 3 500 r/min)完成，必须在 90 s 内实现。

⑦总启动次数计数器加 1。

⑧延迟 1 s 后，打开燃气隔离阀，关闭燃料气放气阀。

⑨延迟 2 s 后，打开燃料计量阀门，并把燃料递增的斜坡信号给燃料控制器。

⑩从打开燃料计量阀门之时起，点火器持续通电最大 25 s，25 s 时检测点火器，屏幕显示“GG IGNITION DETECTED SEQ PROG”，即 GG 点火检测到。

⑪关闭 GG 放气阀，NH 转速上升到 3 500 r/min，此时，断开点火器电源。

⑫从关闭 GG 放气阀之前开始，25 s 内，GG NH 达到脱开转速，屏幕显示“GG N2PULL AWAY SEQ PROG”。GG NH 继续上升，到达 4 500 r/min，从 GG NH 到达 3 500 r/min 之时起，30 s 内，应关闭 GG 启动机。此时屏幕显示“GG STARTER CUT SEQ PROG”，同时取消给液压电机的高速指令，给液压启动电机断电。

⑬ 从②给液压电机通电到此时，即 NL 达到 3 250 r/min 为止，必须在 230 s 内完成，否则认为启动失败。

⑭NL 达到 3 250 r/min 之后，延时 10 s，打开燃料气压力调节阀。

⑮NL 达到 3 250 r/min 之后，屏幕显示“GG TO IDLE SPEED SEQ PROG”。

⑯NH 继续上升，带动 N3 上升到 1 000 r/min，此时屏幕显示“PT BREAKAWAY SEQPROG”，即开始用冷却空气冷却动力涡轮。同时，控制板上的成功启动次数计数器加 1，发动机工作小时计数器开始计时。

⑰动力涡轮准备暖机。若 P. T 停机时间小于 3 h，则 P. T 暖机 2 min；若 P. T 停机时间大于 3 h，且环境温度小于 0 ℃，则 P. T 暖机 30 h；若 P. T 停机时间大于 3 h，但环境温度大于 0 ℃，则 P. T 暖机 15 h。暖机完成后，屏幕显示“PT WARM - UP SEQ PROG”，机组准备加载。

⑱搬动控制板上“LOAD CONTROL”向“LOAD”位置，即向控制系统发出加载指令，在 180 s 内 PT 加速，N3 上升大于 3 840 r/min，屏幕显示“PT ACCELERATIONSEQ PROG”，在 N3 上升过程中，NL 也上升。当 NLT0＋273(为环境温度，单位 ℃)，大于 345 时，IGV 应由全关逐步打开，减载时相反，即使防喘调节器工作。之后，屏幕显示“UNIT LODING”，MC2 程序结束。

在本程序进行中，提到“如果……，……”的条件语句，不一定出现，不出现则沿原程序继续进行。

3.3.2　机组卸载和停车

3.3.2.1　机组卸载

接到上级命令或计划停车时，要先进行卸载。先扳动主控制柜控制板上的“LOAD CONTROL 开关，向 UNLOAD 方向扳动，即向微机控制系统下达了卸载指令，机组开始卸载程序，屏幕显示“NORMAL STOP INITIATED”，即准备正常停车。

Np 减少到最小转速，程序指令打开防喘活门，接着取消给燃料调节器的带载指令，此时屏幕应显示“UNIT UNLOADING”，即机组正在卸载。

GG 和 P. T 减速，NL 达低限值，在不小于 60 s 内 NL 下降到 3 250 r/min，装置在此慢车转速下运行，此时 Np 约为 1 000 r/min。程序自动向冷停定时器(正常情况可冷却 5～15 min)发出开始指令后，结束卸载程序。

3.3.2.2　机组正常停车

接到正常停车命令后，应先卸载，卸载完成后，有下列情况之一时：

1)手动“CONROL MODE”控制模式选“OFF”位，断开位，不再是“LOCAL”位。

2)按“UNIT STOP”按钮，向机组发出正常停车指令。

3) 冷停开关合上。

上述任一指令，机组受令后降到慢车转速，启动冷停定时器 5 min，执行停车程序。

取消给燃调的燃料气指令，关闭 HSSOC 快速截断阀，即燃料气隔离阀关闭。

1)给 P. T 和压缩机后润滑定时器发出开始指令，使其持续润滑 2 h，只有 2 h 后，才能关闭主油箱值班的滑油泵。

2)燃料气隔离阀关闭，压缩机的吸入阀和排气阀关闭，确认排气停车后，打开通风阀，之后屏幕显示“COMPRESSOR CASE VENTED”，即压缩机机匣已排气。而如果确认非排气停机后，屏幕显示“COMPRESSOR CASE PRESSURIZED”，即压缩机机匣已增压。

3)程序执行到 GG 后润滑程序，NL 下降到 2 800 r/min 之后，指令 GG 滑油回油定时器 6 h 开始，6 h 后实现回油，即可关 GG 值班滑油泵。

4)NL＜500 r/min 之后，指令 GG 降速定时器定时 8 h 开始，8 h 后，GG 停机。主控制柜控制板上停车指示灯(红)亮。在正常停机程序中，P. T 和压缩机的后润滑为 2 h，2 h 后才能关闭滑油泵，而 GG 后润滑只进行了 6 s，原因是 GG 与 PT 使用不同结构的轴承。

机组紧急停车：当遇到火灾、爆炸、大量漏气等不可预知的情况发生时，需要紧急停车，可使用紧急停车按钮(EMERGENCY STOP)，箱体两旁及主控制柜控制板最下边均有此按钮，一般情况下不要使用。确认紧急停车已经发生，即关闭 HSSCO 阀。同时，当 NL＞4 500 r/min 时，启动 05 清吹冷气程序，NL 继续下降到 2 800 r/min 之后，一方面 GG 滑油回油定时器定时 6 h 开始，6 s 后关 GG 滑油泵。另一方面，启动 GG 冷却吹气延迟 5 min。5 min 后，确认 GG 滑油作动筒在旁通位置，见打开 DAVIS 阀，GG 轴承冷却空气控制阀，开始了 90 min 的冷气清吹。在此期间，若要重新启动机组，则首先关闭 DAVIS 阀，如不成功，则再次打开 DAVIS 阀，即冷却空气控制阀，直到原来设定的 90 min 程序结束。GG 早已停转，主控制柜控制板上停车指示灯（红）亮。

3.4 三线沈鼓机组顺控程序

3.4.1 三线沈鼓机组顺控程序

沈鼓机组顺控程序：在 HMI 点击启机后，触发 DO4_1 机组启动至 SCS 命令。

油泵测试开始：

1）由 DO7_4 发出停止电机空间加热器信号。

2）先测试矿物油备泵，再测试矿物油主泵，各测试 60 s 矿物油泵测试结束。

3）矿物油泵测试完毕后。

开始启动矿物油主泵，同时启动油冷风扇。系统检测确认矿物油泵和油冷风扇启动成功。当机组泄压停机以后（机组保压状态下直接进入以下步骤）。

1）输出管线吹扫请求。

2）DO5_4 发出打开干气密封入口电磁阀命令，打开以后计时 200 s，干气密封吹扫 200 s。

3）由 DO5_1 发出打开压缩机入口加载阀命令。

4）由 DO5_2 发出打开自动放空阀命令。

5）对压缩机管线吹扫 300 s 后清吹结束，管线置换完毕。

由 DO5_2 发出关闭自动放空阀命令，系统不再发出管线清吹请求，当入口阀加载阀 PDIA110＜100 kPa 并且放空阀关到位且上一流程已经结束，开启下一流程。

开压缩机入口阀、压缩机出口阀、防喘隔离阀。系统对升速前条件进行二次确认，矿物油总管压力 PISA351＞0.25 MPa，矿物油冷却器冷却后温度 TISA331≥35 ℃，HZSL11 自动放空阀全关到位，FZSH110 防喘阀全开到位，HZSH13 防喘隔离阀全开到位，HZSH111 压缩机入口阀全开到位，HZSH14 压缩机出口阀全开到位，PA360、PA362 顶升油压力正常，DI5_7、DI5_8 电机吹扫压力正常，SCS_5 机组运行启动命令已触发，ESD_6 来自 ESD 运行启动命令已触发，MCC12、MCC14 或 MCC13、MCC15 风冷电机已运行。

当二次升速条件满足后，开始变频合闸倒计时 60 s，如果在 300 s 合闸成功，变频器开始启动。

变频器在 120 s 内启动成功，机组开始进入暖机状态，并暖机 30 min。

当暖机结束后，机组转速达到 3 120 r/min，机组启机成功。

3.4.2 三线顺控程序指令介绍

顺控程序指令：入口加载阀 HSV110 开关信号输出接入 DO5_1 通道，若加载阀开，DO5_1.DOP＝TRUE，若加载阀关闭，DO5_1.DOP＝FALSE。

自动放空阀 HSV11 开关信号接入 DO5_2 通道，若加载阀开，DO5_2. DOP＝FALSE，若加载阀关，DO5_2. DOP＝TRUE。

防喘阀电磁阀 FSV110 输入输出信号接入 DO5_3 通道，若防喘阀电磁阀带电时，防喘阀关，DO5_3. DOP＝TRUE，若防喘阀电磁阀失电时，防喘阀开，DO5_3. DOP＝FALSE。

入口电动阀 HV111 开关信号输出接入 DO5_5，DO5_6 通道，若入口电动阀打开，DO5_5. DOP＝TRUE，DO5_6. DOP＝FALSE。若入口电动阀关闭，DO5_5. DOP＝FALSE，DO5_6. DOP＝TRUE。

出口电动阀 HV14 开关信号输出接入 DO6_1，DO6_2 通道，若出口电动阀打开，DO6_1. DOP＝TRUE，DO6_2. DOP＝FALSE。若出口电动阀关闭，DO6_1. DOP＝FALSE，DO6_2. DOP＝TRUE。

防喘隔离阀 HV13 开关信号输出接入 DO6_3，DO6_4 通道，若防喘隔离阀打开，DO6_3. DOP＝TRUE，DO6_4. DOP＝FALSE。若防喘隔离阀关闭，DO6_3. DOP＝FALSE，DO6_4. DOP＝TRUE。

主电机空间加热器 MOTOR_HEATER 启/停信号输出接入 DO7_4 通道，若主电机空间加热器启动，DO7_4. DOP＝TRUE，若主电机空间加热器停止，DO7_4. DOP＝FALSE。

二次确认具备启动条件复位 m31_SECONFRY_ALLOW 所有条件均已满足则输出 FALSE。当本特利转速 31_BENTLY_INT 小于 5 r/min，并且加载阀 PDIA110 小于 1 270 kPa，并且压缩机入口压力 PI110A 小于 2 600 kPa，并且压缩机泄压停机 ESD_2 信号未触发。则输出管道吹扫开始执行，PURGE_REQUEST＝FALSE。否则，输出不执行管道吹扫逻辑，PURGE_REQUEST＝TRUE。

干气密封入口阀电磁阀 SV502 开阀，DO5_4＝TRUE。

计时 200 s 后，干气密封入口电磁阀开计时结束，GQMF_TIME_OVER＝FALSE。

干气密封入口电磁阀开计时器复位，RESET_TIME7＝FALSE。

第 4 章　燃机部分相关逻辑解读及对比优化

4.1　燃机保护系统

4.1.1　GE 燃驱机组燃机保护系统

燃气发生器(GG＋HSPT)控制程序有多个控制装置,实现正确的控制功能和保护燃气发动机的正常安全运行。

燃气发生器的振动是由安装在发生器罩后面的一个加速计检测到,当通过此加速计检测到的值超出极限值 38 mm/s 时,会发送一个报警信号。当值超过 63.5 mm/s 时,设备恢复到空转速度。

速度检测是两个速度探测器(77HT－1/2),安装在燃气发生器上,检测转子速度,如果后面的速度超过 10 200 r/min,要求设备停车。一个速度探测器(77HS)安装在与发生器齿轮箱连接的液压启动马达上,它用于检测马达速度且如果检测到转速大于 105 r/min 时,要求设备停车。

一个热电偶控制离合器温度并且高温时释放一个报警信号,在温度过高的情况下发出一个跳闸信号。通过检测探测器(28FD－1/2)检测燃烧室中火焰的存在,其中任何一个响应都是因为没有火焰约束设备的启动。在正常操作中,若两个探测器都探测到缺少火焰,则要求设备停车。

燃气发生器的排气装置是由 8 个热电偶(TT－XG－1－8)控制的。当温度超过 855 ℃时,一个报警信号将被释放,而当温度超过 860 ℃时,要求设备停车。

动力涡轮机的排气装置是由 6 个热电偶(TT－XD－16)控制的。当温度超过 600 ℃时,一个报警信号将被释放,而当温度超过 615 ℃,设备将被要求停车。安装在动力涡轮(HSPT)转子上三个速度探测器(77LT－1=3)用于检测转子速度,如果后者超过 6 710 r/min,要求设备停车。

动力涡轮的轮间温度由 8 个热电偶(TT－WS1F1－1/2、TT－WS2F1－1/2、TT－WS1A－1/2;TT－WS2A－1/2)控制。在热电偶安装在叶轮 1(TT－WS1F1－1/2)上游位

置，检测到温度超过 350 ℃的情况下，一个报警信号触发，而当温度超过 365 ℃时，设备将被要求停车。在热电偶安装在叶轮 1（TT－WS1F1－1/2）下游位置，检测到温度超过 400 ℃的情况下，一个报警信号触发，而当温度超过 415 ℃时，设备将被要求停车。在热电偶安装在叶轮 2（TT－WS2F1－1/2、TT－WS2A－1/2 的上游和下游，检测到温度超过 450 ℃ 的情况下，一个报警信号将被释放，而当温度超过 465 ℃时，设备将被要求停车。

燃料气系统提供带有一个类似驱动气体控制阀（VGC－1）的气体填充线。电机转子打开和关闭阀塞。电机转子的位置是由伺服阀和电机控制器控制的。气体截止阀（FG－1，FG－2）通过三位电磁阀（20FG－1，20FG－2），依靠相同的燃气开启和关闭。三位电磁阀通过来自控制面板的信号被激活，当它们被激活时，燃气流从燃气母管到截止阀，操作活塞打开截止阀；当未被激活燃气流从燃气母管到排气管，气体截止阀关闭。从上述控制过程，可将上述这部分控制程序归纳为如下子程序。

4.1.1.1　T48 温度表决计算程序

1）T48 温度探头输出逻辑：T48A－H 判断是否健康，若健康，则输出温度值，若温度值低于-40℉或高于 1 037.8 ℃，则输出该温度探头故障；T48SEL 选择 T48A－H 8 个探头数值取平均值作为输出值，若 T48A－H 中某一探头数值与 T48SEL 偏差绝对值大于等于 315.6 ℃，则输出该探头温度偏差；T48A－H 中三个以上探头故障则输出 3 个或以上探头故障报警，机组禁止启机，运行机组切换为涡轮转速控制（TC）。T48SEL≥855 ℃，并持续 10 s，则输出 T48 高报警；T48SEL≥860.6 ℃，并持续 0.1 s，则输出 T48 高高报警。

2）停机逻辑：T48A－H 8 个探头均故障则机组 ESP。当 NGG 小于 5 000 r/min 时，若 T48SEL≥815.6 ℃，则机组 ESP。T48SEL＜204.4 ℃，则机组 ESP。

4.1.1.2　火焰检测程序

1）探头输出逻辑：FLAMDT A/B 判断是否健康，若健康，则输出火焰信号。若 FLAMDT A/B 同时信号故障，则机组禁止启动；在 T48SEL 大于 204.4 ℃且 NGGSEL 大于 4 600 r/min 工况下，若 FLAMDT A/B 某一个未检测到火焰，则输出对应火焰探头信号丢失故障（FLAMLOSSA 或 FLAMLOSSB），若 FLAMDT A/B 及对比优化两个都出现信号丢失故障时，则输出两个火焰探头信号检测失败（FLAMEFAIL），机组保压停机 ESP。

2）停机逻辑：若 FLAMDT A/B 两个探头均信号丢失，则机组保压停机 ESP。

4.1.1.3　燃料气控制程序

1）燃料气供应温度输出逻辑：FTG－2 小于 31.89 ℃，机组禁止盘车 L26FGL，并输出温度低报警 L26FGL_ALM。FTG－2 大于 85 ℃，输出温度高报警 L26FGH_ALM。

停机逻辑：FTG－2 大于 95 ℃，输出温度高高报警 L26FGHT_ALM，机组正常停机。

2）燃料气供应压力输出逻辑：NGGSEL 大于 7 000 r/min，PGAS_A 小于 2 757.9 kPa，输出燃料气供应压力低报警；NGGSEL 小于 7 000 r/min，PGAS_A 小于 1 378.95 kPa，输出燃料气供应压力低报警 PGASLO_ALM；当燃料气供应压力 PGAS_A 小于 1 349.99 kPa，机组降

至最小负载 PGASLODM。

当燃料气供应压力 PGAS_A 大于 4 729.8 kPa，输出高报警 PGASHI_ALM；PGAS_A 故障时，输出燃料气供应压力故障报警 PGASFAIL_ALM。

停机逻辑：无停机逻辑。

3)燃料气计量阀前压力输出逻辑：燃料气计量阀前压力（GP－1A/B）由 VAR_HEALTH 模块判断为输入信号健康并输入自定义模块 A2M 对 gp1a 和 gp1b 选择判断输出值，即判断输出 gp1a/b 平均值或者最大值，或非故障探头值，或两探头均故障时的默认输出值。

停机逻辑：当 gp1a/b 大于 5 102.3 kPa 或者小于 6.95 kPa（1 psi＝6.895 kPa＝0.006 895 MPa）时，判断为 gp1a/b 均超限或者故障，逻辑输出 GP1FLT_ES，机组紧急停机。

4)燃料气计量阀后压力输出逻辑：燃料气计量阀后压力（GP－2A/B）由 VAR_HEALTH 模块判断为输入信号健康并输入自定义模块 A2M 对 gp2a 和 gp2b 选择判断输出值，即判断输出 gp2a/b 平均值或者最大值，或非故障探头值，或两探头均故障时的默认输出值。

停机逻辑：当 gp2a/b 大于 5 102.3 kPa 或者小于 68.95 kPa 时，判断其为 gp2a/b 均超限或者故障，逻辑输出 GP2FLT_ES，机组紧急停机。

4.1.1.5 PT 转速和温度检测控制程序

1)NPT 转速输出逻辑：NPTA 的数值超限或错误，NPTSEL 输出转速探头 NPTB 的数值；NPTB 的数值超限或错误，NPTSEL 输出转速探头 NPTA 的数值；NPTA 的数值和 NPTB 的数值均超限或故障时 NPTSEL 输出 0 转；转速探头 NPTA 与转速探头 NPTB 的数值偏差小于 40，则 NPTSEL 输出 NPTA 与 NPTB 数值的平均值；偏差大于 40 时，NPTSEL 输出 NPTA 与 NPTB 数值的大值。

停机逻辑：NPTA 和 NPTA 均故障时 NPTFAIL 激活，NPTLOSSSD 激活，机组正常停机。

2)探头输出逻辑：SSHH－407/3 信号由 BN3500 超速机架 13 槽常开点输出硬线接入 MTL－8000（RIO＃1）DI 输入通道，经 PPRF 通信到 Mark VIe，通过逻辑运算转化成 NPTOVSPD_1，并依次转化为 HW_NPTOVSPD、PPRONPT_ESN、S_NPTHOVSPD、SEQ_ESN。

停机逻辑：NPT－A 转速超过 6 710 r/min，BN3500 超速机架 13 槽输出 SSHH－407/3 信号至 Mark VIe，机组带压紧急停机。

3)PT 止推轴承驱动端温度（TPTATB_A/B）：两个探头故障输出 TPTATBF_NS，触发机组正常停机 NS；探头输出温度≥130 ℃，输出 TPTATB_ES，触发机组紧急停机 ES；探头输出温度≥115 ℃，输出 TPTATBALM，HMI 显示高报警。

停机逻辑：两个探头故障输出 TPTATBF_NS，触发机组正常停机 NS；探头输出温度≥130 ℃，输出 TPTATB_ES，触发机组紧急停机 ES。

4)PT 箱体温升探头输出逻辑：PT 箱体温升探头(45FT 5－6) TSHH－701/A－B 现场信号输入至消防 FF_CPU，经逻辑判断高报警 2OO2 输出 PT 箱体火焰报警 TRIP，FF_CPU 输出变量 L45FTT_1/2 至 MK VI，变量 L45ftt 变成 true，触发 L4BT 箱体通风电机切断，HMI 显示箱体火焰 TRIP，触发 L4AESN_FGM 紧急停车(其中任意一个报警输出 TAH701，HMI 显示报警)。

FF_CPU 经逻辑判断 2002 输出箱体火焰报警 TRIP，延迟 30 s，打开 CO_2 释放电磁阀 FV700/701(45CR)，HMI 出现 CO_2 释放电磁阀打开报警，输出现场 CO_2 状态灯变成红色，输出机组两侧报警灯亮，报警喇叭响。

FF_CPU 经逻辑判断箱体温升探头故障 2OO2 输出 L86FF_SD_S1/2d，MK VI 变量 L86FF_SD，输出 L94ASHD_FGM 辅助系统 SHUTDOWN，HMI 出现 XA－349 火焰探测器故障 TRIP。

停机逻辑：PT 箱体温升探头(45FT 5－6)高报警 2OO2 触发机组紧急停车。温升探头故障 2OO2 输出机组辅助系统 SHUTDOWN。

5)PT1＃径向轴承温度(TPTJB1_A/B)：两个探头故障输出 TPTJB1F_NS，触发机组正常停机 NS；探头输出温度≥120 ℃，输出 TPTJB1_ES，触发机组紧急停机 ES；探头输出温度≥110 ℃，输出 TPTJB1ALM，HMI 显示高报警。

停机逻辑：两个探头故障输出 TPTJB1F_NS，触发机组正常停机 NS；探头输出温度≥120 ℃，输出 TPTJB1_ES，触发机组紧急停机 ES。

6)PT2＃径向轴承温度(TPTJB2_A/B)：两个探头故障输出 TPTJB2F_NS，触发机组正常停机 NS；探头输出温度≥120 ℃，输出 TPTJB2_ES，触发机组紧急停机 ES；探头输出温度≥110 ℃，输出 TPTJB2ALM，HMI 显示高报警。

停机逻辑：两个探头故障输出 TPTJB2F_NS，触发机组正常停机 NS；探头输出温度≥120 ℃，输出 TPTJB2_ES，触发机组紧急停机 ES。

4.1.1.6　PS3 值与燃料气调节

探头输出逻辑：PS3A/B 属于 GG 核心探头，PS3－A、PS3－B 做差后取绝对值，若差值大于 15 psi，则延迟 0.1 s 触发 PS3 偏差失效报警(PS3DFFAIL2)，PS3 探头限值为 68.95～3 309.5 kPa，用来判断探头输入信号健康度，两个探头进入程序后由 I－XXXSEL 模块表决 PS3SEL 及判断 PS3DIF 逻辑，具体如下。

PS3A/B 变差大于 68.95 kPa，则 PS3DIF 偏差报警触发并在 HMI 上显示报警(C－PS3DFALM1)。

两个探头输入信号都健康且在偏差范围内，PS3SEL 取平均值进行输出。

一个探头故障，一个健康探头取值作为 PS3SEL。

两个探头输入信号都健康但在偏差范围外，PS3SEL 取较大值进行输出。

两个探头信号输入后使用 I－XXXFLT 模块判断两个探头偏差、单个探头故障及双探头故障三种异常状态，并且均在 HMI 界面上出现两个探头偏差（偏差值大于 68.95 kPa 触发，无联锁）报警（C－PS3DFALM）、单个探头故障报警（C－PS3XALM）、双探头故障报警（C－PS3ALM）。

当 NGG 转速小于 6 800 r/min 时，若 PS3 双探头故障，则机组启动中止。

单探头故障后，在恢复过程中，延时 1.5 s 参与逻辑运算。

停机逻辑：当 PS3A/B 双探头故障时，依次触发 C－PS3LOSSAS 报警→PS3LOSSSD 报警→C－SHUTDOWN 机组停机。

4.1.1.7 NGG 转速检测调节

NGG 转速输出逻辑：NGGA 的数值超限或错误，输出转速探头 NGGB 的数值；NGGB 的数值超限或错误，输出转速探头 NGGA 的数值；NGGA 的数值和 NGGB 的数值均超限或故障时输出 2 000 r/min；转速探头 NGGA 与转速探头 NGGB 的数值偏差小于 37.5，则输出 NGGA 与 NGGB 数值的平均值；偏差大于 37.5 时，输出 NGGA 与 NGGB 数值的大值。

停机逻辑：NGGA 和 NGGA 均故障时 NGGFAIL 激活，机组正常停机。当 NGGSEL 大于 10 200 r/min 时，机组因超速保护正常停机。

4.1.1.8 T3 温度计算检测程序

T3－A/B 输出逻辑：T3A1（A2/B1/B2）超过范围（－40～648.9 ℃），输出 T3A1（A2/B1/B2）FAIL；经 COMPARE 判断 4 个探头中大于 3 个 FAIL 故障，输出 T3LOSS3_NST 为 TRUE，并且当 NGGSEL≤500 r/min 时，输出 C_NST 为 TRUE，机组禁止启动；T3SEL 超过 T3REF 设定值 497 ℃时，T3PRX 介入燃料气控制。

停机逻辑：无停机逻辑，但是在历史停机报告中出现一个探头出现温度故障升高，触发机组 T3PRX 介入燃料气控制，机组在降转速过程中导致机组振动高报保护停机。

4.1.1.9 燃气发生器紧急停机

1）ESD 按钮（4ESD－2） XS－724 输出逻辑：机柜带压 ESD 按钮（4ESD－2） XS－724 位于机柜间 UCP 机柜上，现场信号输入至安全 SIS_CPU，SIS_CPU 输出变量 L4FB2_S1/2 至 MK VI，变量 L4_FB2 变成 False，HMI 显示 2＃紧急停机按钮 TRIP，触发 L4AESN_MSC 为 True 辅助系统紧急停机不拖转。

停机逻辑：机柜带压 ESD 按钮（4ESD－2） XS－724 按钮按下后直接触发机组带压紧急停车。

2）ESD 按钮（4ESD－1） XS－723 输出逻辑：机柜泄压 ESD 按钮（4ESD－1） XS－723 位于机柜间 UCP 机柜上，现场信号输入至安全 SIS_CPU，SIS_CPU 输出变量 L4FB_S1/2 至 MK VI，变量 L4_FB1 变成 False，HMI 显示 1＃紧急停机按钮 TRIP，L4PV 输出 False 触发机组泄压，触发 L4AESN_MSC 为 True 辅助系统紧急停机不拖转。

停机逻辑：机柜泄压 ESD 按钮（4ESD－1）XS－723 按钮按下后直接触发机组泄压紧急停车。

4.1.1.10　燃气发生器超速保护程序

SSHH－463/3 探头输出逻辑：SSHH－463/3 信号由 BN3500 超速机架 13 槽常开点输出硬线接入 MTL－8000（RIO＃1）DI 输入通道，经 PPRF 通信到 Mark VIe，通过逻辑运算转化成 NGGOVSPD_1，并依次转化为 HW_NGGOVSPD、PPRONGG_ESN、S_NGGHOVSPD、SEQ_ESN。

停机逻辑：NGG－A 转速超过 10 200 r/min，BN3500 超速机架 13 槽输出 SSHH－463/3 信号至 Mark VIe，机组带压紧急停机。

4.1.2　西门子燃驱机组燃机保护系统

燃气发生器系统的各监测装置把信息传输到设备控制台（UCP）。如果运行参数过低或过高，UCP 就会发出报警或触发停机。

为了设置现行的报警和停机设定，可查看机组控制台上的视频显示器终端、数字式仪表模块，或者阶梯逻辑程序。在相应的系统图的措施列表中，按器件的代号列出了设置值。

燃气发生器 05 模块是由 3 个热电偶（26GG05_ABC）控制的。当任意两个热电偶探头其中一个达到 550 ℃、另一个探头达到 540 ℃时，要求设备停车。

燃气发生器排气温度是由 17 个热电偶（26GG455_01－17A）和 17 个探头直接并联计算接入单个模块的采集值（26GG455_B）控制的。当二者温度高者超过 800 ℃时，要求设备停车。

速度检测是 3 个（NL1－3）中压压气机转速信号安装在燃气发生器上检测中压涡轮转速，其中任意两个信号大于或等于 7 000 r/min，要求设备停车。其中，液压启动电机还存在 1 个转速信号（NS），当转速信号大于或等于 4 970 r/min 时，要求设备停车。

动力涡轮的速度检测是 4 个转速信号，当其中 3 个（PT1－3）或者 3 个（PT2－4）信号任意 2 个探头同时高于 5 292 r/min 时，要求设备停车。

动力涡轮的轮间温度由 4 个热电偶（26PTRC1AB、26PTRC2AB）。当检测到任意一组探头其中 1 个探头大于或等于 650 ℃，另外 1 个探头大于 640 ℃时，要求设备停车。

从上述控制过程，可将上述这部分控制程序归纳为如下子程序。

4.1.2.1　05 模块温度表决计算程序

05 模块温度探头输出逻辑：26GG05_ABC 探头是否健康，健康则输出温度值，当温度值超过模块设定值，将会判断探头失效。

停机逻辑：①26GG05_ABC 3 个探头任意 2 个探头失效或故障，机组 DSDL；②当 3 个探头中任意 2 个探头其中一个达到 550 ℃，另一个探头达到 540 ℃时，机组延时 2 s 后触发 DSDL；③当机组运行时，3 个探头中任意 2 个探头均低于 70 ℃时，机组延时 2 s 后触发 DSDL。

4.1.2.2 T455 排气温度表决计算程序

T455 温度探头输出逻辑:26GG455_01－17A 被分别单独采集后进行数据平均数计算,得到的值(逻辑平均值),若是其中任意 1 个探头故障(失效)将其排除平均数计算,即其不参与平均数计算(例:17 个探头均为 500 ℃,正常计算为 17 * 500/17＝500 ℃,若是 1 个探头故障,则计算方式改为 16 * 500/16＝500 ℃)。

停机逻辑:17 个探头的平均值(逻辑平均值)与 26GG455_B(17 个探头接线直接并联后采集进入模块,此值为实际平均值)两者取高者作为温度逻辑表决值,当表决后的温度值大于等于 800 ℃时,机组触发 SDN。

4.1.2.3 火焰保护程序

探头输出逻辑:28FPEV 1/2/3 判断是否健康,健康则输出正常信号。若 28FPEV 1/2/3 任意一个探头信号故障,则机组禁止启动。

停机逻辑:若 28FPEV 1/2/3 任意 1 个探头正常且触发火焰检测,则机组泄压停机 ESV。

4.1.2.4 燃料气控制程序

燃料气供应温度输出逻辑:当 26FGRC 小于 38 ℃时,启动燃料气电加热器,大于 44 ℃时,停止加热器。

停机逻辑:在 26FGRA 低于 26.7 ℃后,机组触发 CS。

4.1.2.5 燃气发生器紧急停机

ESD 按钮输出逻辑:机柜带压 ESD 按钮位于机柜间 UCP 机柜上以及现场 TSCP 机柜及站控室桌面上,按钮信号串入安全链路,由安全继电器触发机组执行停机逻辑。

停机逻辑:UCP 机柜按钮、TSCP 柜、站控室 ESD 按钮按下后直接触发机组带压紧急停车。

4.1.2.6 燃气发生器超速保护程序

NL1－3 探头输出逻辑:NL1－3 信号一部分是由现场探头硬线分别接入 3 个 XM220 模块经数据转换后引入 XM442 模块中做判断是否超速。另外一部分是探头硬线,也接入 1794－IJ2 模块后进入 PLC 中进行逻辑判断。

停机逻辑:3 个(NL1－3)中压压气机转速信号安装在燃气发生器上检测中压涡轮转速,其中任意两个信号大于或等于 7 000 r/min,机组带压紧急停机。

PT1－4 探头输出逻辑:PT1－3 信号一部分是由现场探头硬线分别接入 3 个 XM220 模块经数据转换后引入 XM442 模块中作判断是否超速。另外一部分是 PT2－4 探头硬线接入 1794－IJ2 模块后进入 PLC 中进行逻辑判断。

停机逻辑:当其中 3 个(PT1－3)或者 3 个(PT2－4)信号任意 2 个探头同时高于 5 292 r/min 时,机组带压紧急停机。

4.2 超速保护系统

4.2.1 LM2500+机组超速保护系统

GE 燃驱机组超速保护系统由两部分组成。

一是由燃机 Mark VIe T10 控制系统 TREA 板卡负责检测燃气发生器转速 NGG、动力涡轮转速 NPT 以及离合器转速 A77SD，负责检测转速并执行超速设定转速执行紧急停车命令，TREA 板卡接入燃气发生器转速 NGG、动力涡轮转速 NPT、以及离合器转速 A77SD，对应超速设定变量分别为 PPRO_NGG_OS_SETPT、PPRO_NPT_OS_SETPT、K77SDT，对应超速转速为 10 200 r/min、6 710 r/min、5 400 r/min，当 TREA 板卡检测转速信号超过设定值时，分别输出 HWIN_NGG_OS_TRIP、HWIN_NPT_OS_TRIP、HWIN_L77SDT 为 true，任意一个探头输出 true，由 Mark VIe T10 控制系统输出机组紧急停车命令给 HIMA 安全控制器，输出 KA3/7 继电器动作，执行紧急关断燃料气切断阀 XV－224/226。燃气发生器转速 NGG、动力涡轮转速 NPT、以及离合器转速 A77SD 双探头故障，执行正常停机。

二是本特利 3500 超速机架通过 TREA 板卡 J3 接口接收 WREA 板卡复制的燃气发生器转速 NGG、动力涡轮转速 NPT 信号（频率），执行超速设定转速（动力涡轮超速设定为 6 710 r/min；燃气发生器超速设定为 10 200 r/min）执行紧急停车命令。TREA 板卡将转速频率信号（动力涡轮 ST－407 1R/2R、燃气发生器 ST－463 1R/2R）通过 J3 接口复制到 3500 机架 53 卡 IO MODULE，执行以下逻辑。

任意一个 53 卡检测到 ST－407 1R 大于 6 710 r/min 时，53 卡第一个输出继电器通道输出超速报警（并锁存），通过硬线从 UCP2 传输给 UCP1 的 KA26 继电器，关闭 XV－224 燃料气切断阀。

任意一个 53 卡检测到 ST－407 2R 大于 6 710 r/min 时，53 卡第三个输出继电器通道输出超速报警（并锁存），通过硬线从 UCP2 传输给 UCP1 的 KA27 继电器，关闭 XV－226 燃料气切断阀。

任意一个 53 卡检测到 ST－463 1R 大于 10 200 r/min 时，53 卡第一个输出继电器通道输出超速报警（并锁存），通过硬线从 UCP2 传输给 UCP1 的 KA24 继电器，关闭 XV－224 燃料气切断阀。

任意一个 53 卡检测到 ST－463 2R 大于 10 200 r/min 时，53 卡第三个输出继电器通道输出超速报警（并锁存），通过硬线从 UCP2 传输给 UCP1 的 KA25 继电器，关闭 XV－226 燃料气切断阀。

任意一个 53 卡检测到转速信号故障时，53 卡第二和第四个输出继电器通道输出 XS－509/508 给 HIMA 控制器，再传输给 Mark VIe 控制系统，提示动力涡轮/燃气发生器超速检测状态故障。

53 卡件检测到探头信号故障后，该探头不参与超速保护逻辑。

4.2.2 RB211 机组超速控制

燃气轮机是一种高速转动的机械，其转动部件的应力和转速有着密切的关系，由于离心力正比于转速的二次方，所以当转速升高时，因离心力所造成的应力将会迅速增加。当转速超出额定转速的 20%时，应力就接近于额定转速时的 1.5 倍。叶轮等紧力配合的转动部件的松动转速通常也是按高于额定转速 20%来设计的，如果转速升高到不允许的数值，会导致燃气轮机设备的严重损坏。因此，超速保护系统成为燃气轮机重要的保护装置之一。西门子燃驱机组采用硬件超速保护和逻辑超速保护两种方式对机组进行保护。其中：硬件超速保护系统采用罗克韦尔公司的 XM 系列模块，该系列模块完全独立于机组控制系统，其通过硬线与机组控制系统建立联系；逻辑超速保护由机组控制系统对转速进行比较和判断。

4.2.2.1 超速保护控制逻辑

1. NL 转速

(1)PCS 程序

使用超速保护系统三选二表决输出的干结点接入 PCS 相应通道后，执行跳机逻辑。PCS 超速保护逻辑如图 4－1 所示。

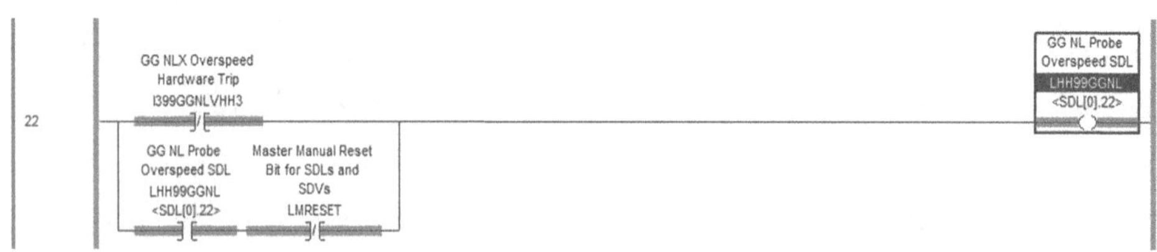

图 4－1 PCS 超速保护逻辑

(2)SIS 程序

使用 NL1、NL2、NL3 三个转速探头作超速保护判断，当三个探头中有两个探头大于 7 000 r/min 时，执行超速保护跳机逻辑。SIS 超速保护逻辑如图 4－2 所示。

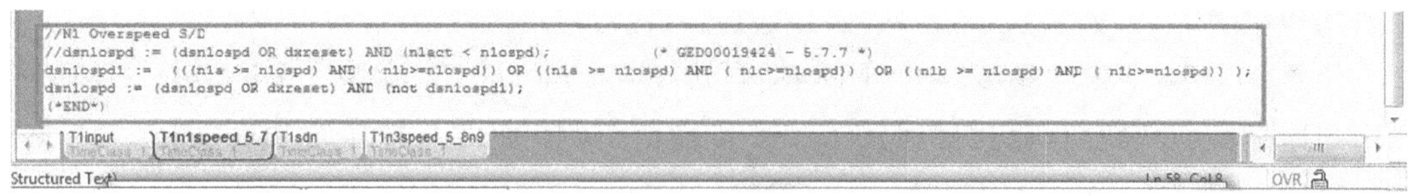

图 4－2 SIS 超速保护逻辑

(3)ECS 程序

使用 NL1、NL2、NL3 三个转速探头作超速保护判断，当三个探头中有两个探头大于 7 000 r/min 时，执行超速保护跳机逻辑。ECS 超速保护逻辑如图 4－3 所示。

```
(*Software Overspeed Protection*)
(*-------------------------------*)
dsnsospd := (dsnsospd OR dxreset) AND (nsact < nsospd);   (*N5 Overspeed S/D*)
//dsn1ospd := (dsn1ospd OR dxreset) AND (n1act < n1ospd);   (*N1 Overspeed S/D*)
dsn1ospd1 :=   (((n1a >= n1ospd) AND ( n1b>=n1ospd)) OR ((n1a >= n1ospd) AND ( n1c>=n1ospd))  OR ((n1b >= n1ospd) AND ( n1c>=n1ospd)) );
dsn1ospd := (dsn1ospd OR dxreset) AND (not dsn1ospd1);

//dsn3ospd := (dsn3ospd OR dxreset) AND (n3act < n3ospd);   (*N3 Overspeed S/D*)
dsn3ospd1 :=   (((n3a >= n3ospd) AND ( n3b>=n3ospd)) OR ((n3a >= n3ospd) AND ( n3c>=n3ospd))  OR ((n3b >= n3ospd) AND ( n3c>=n3ospd)) );
dsn3ospd := (dsn3ospd OR dxreset) AND (not dsn3ospd1);

(*Software Underspeed Protection*)
(*-------------------------------*)
//N1 Underspeed Protection
//This function has been moved to T1safety as part of implementation
//of the SIS under ECR 21052

//N3 Underspeed Protection
dxn3blk := NOT diload OR (dxn3blk AND n3act <= n3blk)          ;
dcn3uspd := (dcn3uspd OR dxreset) AND (n3act > n3uspd OR dxn3blk);

T1input  T1speed
Ln 125 Col 120   OVR
```

图 4-3　ECS 超速保护逻辑

(4)安全链逻辑

使用超速保护系统三选二输出的干接点接入安全链中，执行超速保护跳机逻辑。NL 转速安全链接线图如图 4-4 所示。

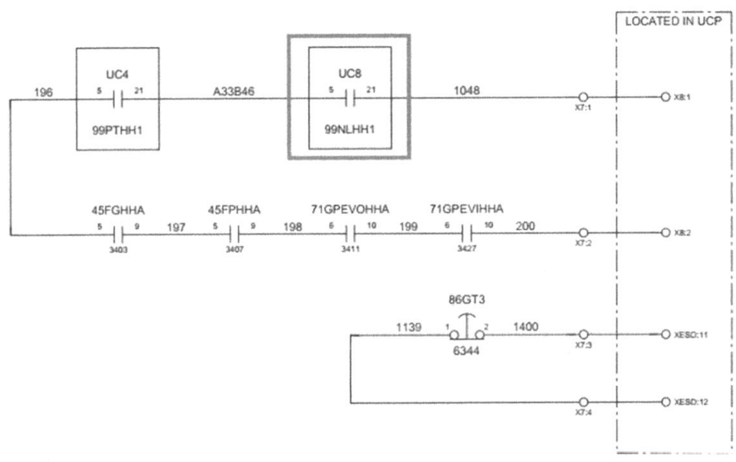

图 4-4　NL 转速安全链接线图

1. PT 转速

(1)PCS 程序

使用超速保护系统三选二表决输出的干结点接入 PCS 相应通道后，执行跳机逻辑。超速保护逻辑如图 4-5 所示。

图 4-5　超速保护逻辑

(2)SIS 程序

使用 PT1、PT2、PT3 三个转速探头作超速保护判断，当三个探头中有两个探头大于 7 000 r/min 时，执行超速保护跳机逻辑。SIS 超速保护逻辑如图 4-6 所示。

```
//N3 Overspeed S/D
//dsn3ospd := (dsn3ospd OR dxreset) AND (n3act < n3ospd);              (* GED00019424 - 5.8.7, 5.9.7 *)
dsn3ospd1 :=  (((n3a >= n3ospd) AND ( n3b>=n3ospd)) OR ((n3a >= n3ospd) AND ( n3c>=n3ospd))  OR ((n3b >= n3ospd) AND ( n3c>=n3ospd)) );
dsn3ospd := (dsn3ospd OR dxreset) AND (not dsn3ospd1);

// Overspeed Start-Up Bypass #3                        (* GED00303977 *)
do3ptosst3 := n3act <= 500.00;

// Overspeed Start-Up Bypass #4                        (* GED00303977 *)
do3ptosst4 := n3act <= 500.00;

// Overspeed Start-Up Bypass #5                        (* GED00303977 *)
do3ptosst5 := n3act <= 500.00;
```

图 4-6　SIS 超速保护逻辑

(3)ECS 程序

使用 PT1、PT2、PT3 三个转速探头作超速保护判断，当三个探头中有两个探头大于 7 000 r/min 时，执行超速保护跳机逻辑。ECS 超速保护逻辑如图 4-7 所示。

```
(*Software Overspeed Protection*)
(*-----------------------------*)
dsnsospd := (dsnsospd OR dxreset) AND (nsact < nsospd);  (*NS Overspeed S/D*)
//dsn1ospd := (dsn1ospd OR dxreset) AND (n1act < n1ospd);  (*N1 Overspeed S/D*)
dsn1ospd1 :=  (((n1a >= n1ospd) AND ( n1b>=n1ospd)) OR ((n1a >= n1ospd) AND ( n1c>=n1ospd))  OR ((n1b >= n1ospd) AND ( n1c>=n1ospd)) );
dsn1ospd := (dsn1ospd OR dxreset) AND (not dsn1ospd1);

//dsn3ospd := (dsn3ospd OR dxreset) AND (n3act < n3ospd);  (*N3 Overspeed S/D*)
dsn3ospd1 :=  (((n3a >= n3ospd) AND ( n3b>=n3ospd)) OR ((n3a >= n3ospd) AND ( n3c>=n3ospd))  OR ((n3b >= n3ospd) AND ( n3c>=n3ospd)) );
dsn3ospd := (dsn3ospd OR dxreset) AND (not dsn3ospd1);

(*Software Underspeed Protection*)
(*-------------------------------*)
//N1 Underspeed Protection
//This function has been moved to T1safety as part of implementation
//of the SIS under ECR 21052

//N3 Underspeed Protection
dxn3blk := NOT diload OR (dxn3blk AND n3act <= n3blk)          ;
dcn3uspd := (dcn3uspd OR dxreset) AND (n3act > n3uspd OR dxn3blk);

T1input  T1speed
TimeClass 1  TimeClass 1
Ln 125 Col 120  OVR
```

图 4-7　ECS 超速保护逻辑

(4)安全链逻辑

PT 转速安全链接线图如图 4-8 所示。

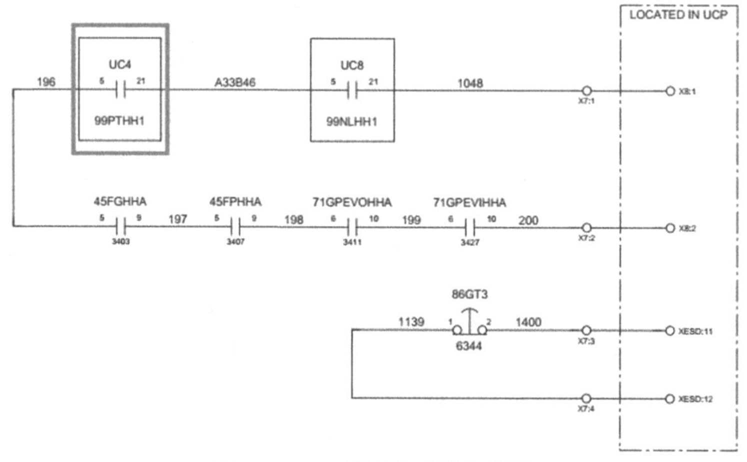

图 4-8　PT 转速安全链接线图

3. NS 转速

当液压启动器 NS 转速大于 4 970 r/min 时，执行超速保护停机。

4. 开路检测

1)XM220 开路检测有两种模式，一种是 Xdcr fault，表征脉冲传感器的直流偏置电压超限，另一种是 Tacho fault，表征转速或脉冲数为零。在测试发现，若转速是一分二配置，则当转速回路开路时，此报警设置不起作用，由于脉冲模块 IJ2 的电压反供给 XM220，造成直流偏置电压永远不会超限，所以，将此类转速信号（NL1、NL2、NL3、PT2、PT3）的报警设置改为 Tacho fault，将 PT4 的报警设置为 Xdcr fault，经测试效果良好。开路检测配置如图 4－9 所示。

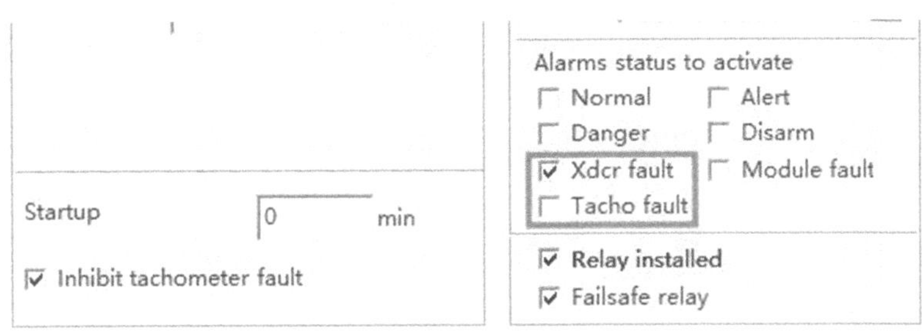

图 4－9　开路检测配置

2）在 XM220 中，将超速和回路故障（包括开路）视作同等效果，开路检测手册说明（见图 4－10）如下。

- Overspeed condition on any two (or all three) of the three XM-220 channels.
- Failure of a sensor, power supply, or logic device in any two (or all three) of the three XM-220 channels (circuit fault).

图 4－10　开路检测手册说明

当转速信号开路时，会触发 XM220 的超速信号输出，同时上位机输出报警信息，如果两个 XM220 超速信号同时输出，会触发 XM442 输出跳机信号。开路检测逻辑如图 4－11 所示。

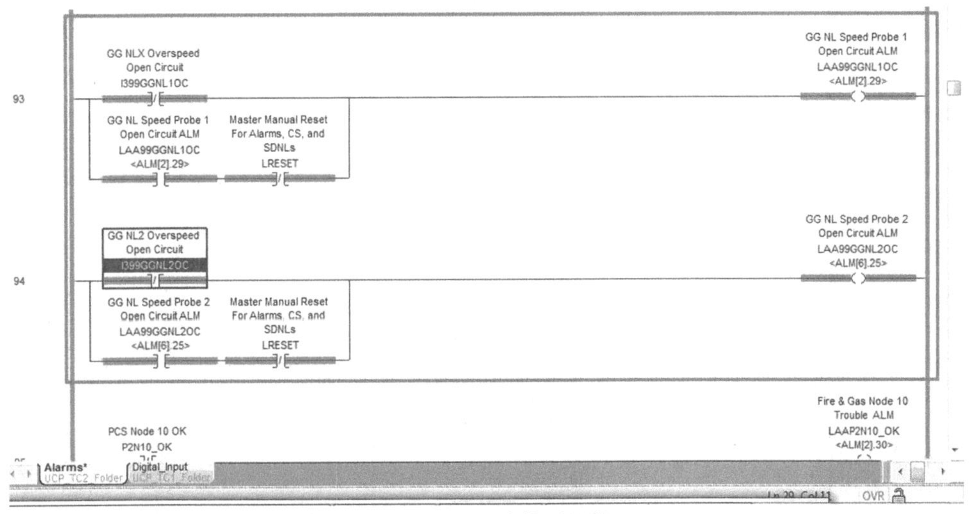

图 4－11　开路检测逻辑

5. NL 超速保护系统投用逻辑

当转速小于 1 500 r/min 时，NL 超速保护系统处于屏蔽状态；GGNL1、2、3 只要有 1 个转速探头大于 1 500 r/min,延时 5 s,NL 超速保护系统投用。NL 超速保护投用逻辑如图 4-12 所示。

当转速小于 500 r/min 时,NL 超速保护系统处于屏蔽状态;PT1、2、3 只要有 1 个转速探头大于 500 r/min,PT 超速保护系统投用。PT 超速保护投用逻辑如图 4-13 所示。

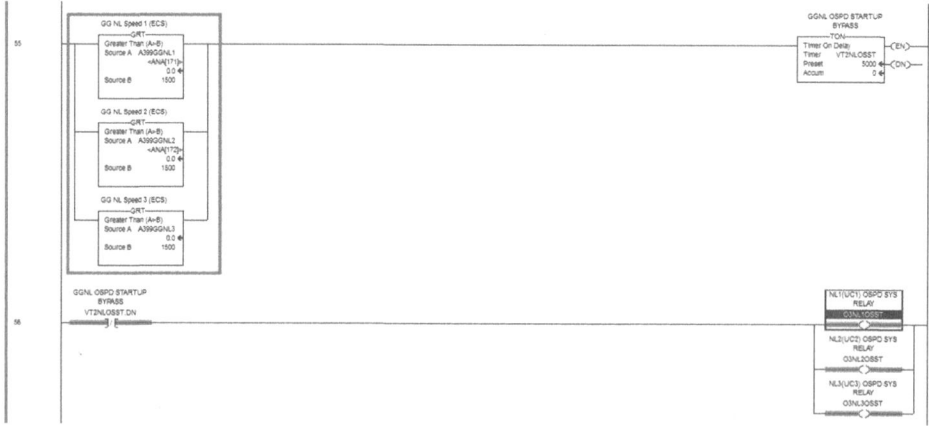

图 4-12　NL 超速保护投用逻辑

```
//N3 Overspeed S/D
//dsn3ospd := (dsn3ospd OR dxreset) AND (n3act < n3ospd);            (* GED00019424 - 5.8.7, 5.9.7 *)
dsn3ospd1 :=  (((n3a >= n3ospd) AND ( n3b>=n3ospd)) OR ((n3a >= n3ospd) AND ( n3c>=n3ospd))  OR ((n3b >= n3ospd) AND ( n3c>=n3ospd)) );
dsn3ospd := (dsn3ospd OR dxreset) AND (not dsn3ospd1);


// Overspeed Start-Up Bypass #3                    (* GED00303977 *)
do3ptosst3 := n3act <= 500.00;

// Overspeed Start-Up Bypass #4                    (* GED00303977 *)
do3ptosst4 := n3act <= 500.00;

// Overspeed Start-Up Bypass #5                    (* GED00303977 *)
do3ptosst5 := n3act <= 500.00;
```

图 4-13　PT 超速保护投用逻辑

4.2.2.2　超速保护硬件

超速保护系统如图 4-14 所示。

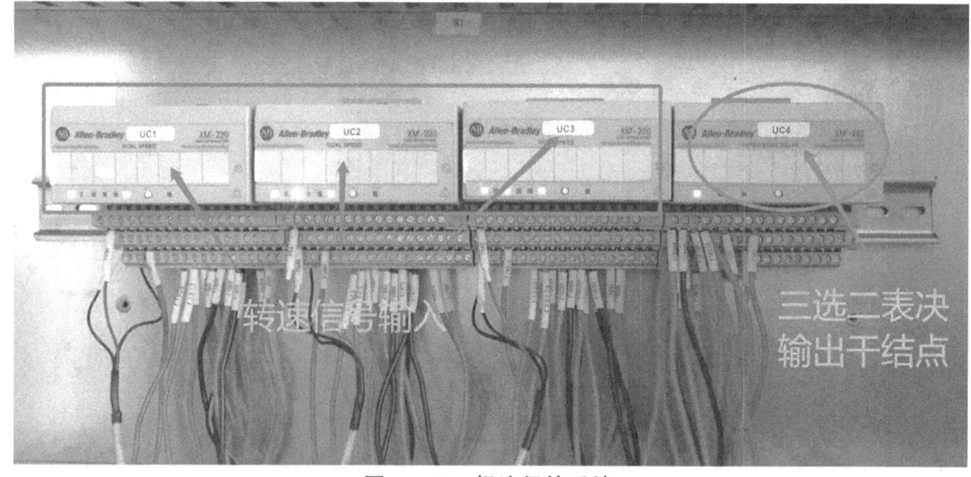

图 4-14　超速保护系统

超速保护系统主要由三个XM220模块和一个XM442模块组成，XM220分别引入3个NL、PT转速信号，做“三选二”逻辑判断后，XM442继电器模块输出干结点信号，供安全继电器及PCS系统使用。

4.3 消防控制系统

4.3.1 消防控制系统GE燃驱机组

消防系统是一个低压双出口二氧碳灭火系统，用于保护箱体内部安装有各种装置的燃气轮机。消防系统是完全的自反馈型，二氧化碳的排放引起火区周围产生惰性气体，继而在短时间内将火扑灭。

4.3.1.1 GG箱体UV火焰检测探头(45UV 1－3)

探头输出逻辑：GG箱体UV火焰检测探头(45UV 1－3) RE－702/A－C现场信号输入至消防FF_CPU，经FF－CPU逻辑判断3个探头任意一个≥5%输出箱体UV火焰报警，机组禁止启动。3个UV火焰探头中任意两个探头≥10%；任意两个探头故障并且另外一个探头≥10%，都会输出箱体UV火焰报警TRIP，FF_CPU输出变量L45FTT_1/2至Mark VIe，变量L45ftt变成True，触发L4BT箱体通风电机切断，HMI显示箱体UV火焰TRIP，触发L4AESN_FGM紧急停车。

FF_CPU延迟30 s，打开CO_2释放电磁阀FV700/701(45CR)，HMI出现CO_2释放电磁阀打开报警，输出现场CO_2状态灯变成红色，输出机组两侧报警灯亮，报警喇叭响。

停机逻辑：3个探头任意一个≥5%输出箱体UV火焰报警。3个UV火焰探头中任意两个探头≥10%；任意两个探头故障并且另外一个探头≥10%，都会输出箱体UV火焰报警TRIP。

4.3.1.2 GG箱体温升探头(45FT 1－4)

探头输出逻辑：GG箱体温升探头(45FT 1－4) TSHH－703/A－D现场信号输入至消防FF_CPU，经逻辑判断高报警2OO4输出箱体火焰报警TRIP，FF_CPU输出变量L45FTT_1/2至Mark VIe，变量L45ftt变成True，触发L4BT箱体通风电机切断，HMI显示箱体火焰TRIP，触发L4AESN_FGM紧急停车(其中任意一个报警输出TAH703，HMI显示报警)。

FF_CPU经逻辑判断2OO4输出箱体火焰报警TRIP，延迟30 s，打开CO_2释放电磁阀FV700/701(45CR)，HMI出现CO_2释放电磁阀打开报警，输出现场CO_2状态灯变成红色，输出机组两侧报警灯亮，报警喇叭响。

F_CPU经逻辑判断箱体温升探头故障2OO4输出L86FF_SD_S1/2d，Mark VIe变量L86FF_SD，输出L94ASHD_FGM辅助系统SHUTDOWN，HMI出现XA－349火焰探测

器故障 TRIP。

停机逻辑:GG 箱体温升探头(45FT 1－4)高报警 2OO4 触发机组紧急停车。箱体温升探头故障 2OO4 输出机组辅助系统 SHUTDOWN。

4.3.1.3 CO_2 气瓶快速释放触发(45CP－1)

探头输出逻辑:PSHH－700 现场信号输入至 UCP2 F35 消防 FF_CPU,输出 CO_2 快速触发激活报警,输出 CO_2 状态灯变成红色,输出机组箱体两侧报警灯亮、报警喇叭响。

消防 FF_CPU 输出 L63CPD_S1/2 至 Mark VIe 变量为 L63CPD,触发 L4BT 箱体通风电机切断,触发 L4AESN_FGM 紧急停车,HMI 出现 L63CPD_ALM 箱体 CO_2 释放停机报警。

停机逻辑:PSHH－700 CO_2 气瓶快速释放触发后,机组紧急停机。

4.3.1.4 CO_2 气瓶手动释放(43CPD－1/2)

探头输出逻辑:CO_2 气瓶手动释放(43CPD－1/2) HS－707 A/B 位于机组箱体两侧,现场信号输入至消防 FF_CPU,经 FF－CPU 输出箱体火焰报警 TRIP,FF_CPU 输出变量 L45FTT_1/2 至 Mark VIe,变量 L45ftt 变成 True,触发 L4BT 箱体通风电机切断,HMI 显示箱体火焰 TRIP,触发 L4AESN_FGM 紧急停车。

FF_CPU 延迟 30 s,打开 CO_2 释放电磁阀 FV700/701(45CR),HMI 出现 CO_2 释放电磁阀打开报警,输出现场 CO_2 状态灯变成红色,输出机组两侧报警灯亮,报警喇叭响。

停机逻辑:CO_2 气瓶手动释放(43CPD－1/2) HS－707 A/B 按钮按下后直接触发机组紧急停车。

4.3.1.5 CO_2 气瓶重量失重报警(33CR1－8)

探头输出逻辑:CO_2 气瓶重量失重报警(33CR1－8) WSL－700/A－H 任意一个 CO_2 气瓶重量失重,现场信号输入 Mark VIe,输出变量 L33CR 为 True,HMI 显示 L33CR_ALM 消防 CO_2 气瓶空瓶报警,触发 L3ARS_FGM,火气辅助系统准备启动为 False,机组无法满足启机条件。

4.3.1.6 消防控制系统故障综合报警(86FF－1)

探头输出逻辑:消防控制系统故障综合报警(86FF－1) XS－718 消防 FF_CPU 输出 86FF－1(XS－728)至 Mark VIe,变量为 L86FG 消防系统故障,HMI 显示 L86FG_ALM 消防控制系统故障报警。L86FG 变成 True,HMI 出现 L86FGPO_ALM 消防系统故障 SD 时间激活报警,延迟 60 min 输出 F&G false SD 消防系统故障停车,触发 L4FG_SD 消防系统故障 shutdown 为 True,输出 L94ASHD_FGM 为 True,输出 L94ASHD 辅助系统停机命令。

机组备用时,消防系统故障,变量 L86FG 为 True,触发 L4FG_SD 为 True,输出 L3ARS_FGM 辅助系统(消防)允许启动为 False,输出 L3ARS(辅助系统允许启动)为 False,触发机组 L3ASP 启机条件不通过。

停机逻辑:消防控制系统故障延迟 60 min 停机。

4.3.2　消防控制系统西门子燃驱机组

消防和可燃气体探测和灭火系统提供保护，以防止着火、过热和可燃性气体泄漏。可燃料气探测器位于通风进气口、通风排气口和燃烧室的进气通道中。它们与机站的消防点与燃料控制台相连，这些传感器自动触发报警和停机。站场的消防和燃料控制台还监控这些传感器及其线路的故障状况。

灭火系统包括 8 个 CO_2 灭火器，3 个红外火焰探测器，2 个热源探测器和 2 个可燃气体探测器。CO_2 灭火器成对排列在主位置和备用位置上。每一套含有 4 个灭火器。每一套都可以人工或者自动释放灭火剂。一旦探测到火警或者释放出灭火剂，三套组合的灯光/报警喇叭就被启动，以警告附近人员。人工释放 CO_2 可以在灭火剂撬体开启，或者通过设置在燃气涡轮箱体门外的台位旁进行。释放任一个主灭火器或者任一个备用灭火器中的灭火剂，都会释放同组的其他灭火器中的灭火剂。探测器通常都是成对的，两个或两个以上的传感器探测到火警时，就会启动报警顺序，这包括停机和释放 CO_2 灭火剂。一旦灭火剂被释放，防火挡板就关闭，将火包围在燃气发生器箱体内。

4.3.2.1　箱体火焰探头(28FPEV1－3)

探头输出逻辑：通常 EQP 系统使用 LON 总线进行数据传输。LON 总线优点：LON 总线为环路，双向传输。中间任意断开一点，现场仍然可以通过另一个方向与控制器进行数据传输。现场设备越多优势越明显，可以节省大量线缆。若环路有两个点断开，则之间设备通信丢失。

火焰探头串入 LON 总线架构进入 EQP 控制器进行逻辑判断，探头判断是否存在火焰报警后输出使能信号，使 EQP 控制器发出 45FPHH 信号到 PLC 进行泄压停机。若三个中两个火焰探头同时报警，也会直接导致 EQP 控制器向 PLC 发起停机命令。

停机逻辑：①单个火焰探头报警延时 5 s 后触发机组泄压停机，并释放 CO_2 气体，关闭进出口挡板；②两个及以上火焰探头报警直接触发机组泄压停机，并释放 CO_2 气体，关闭进出口挡板。

4.3.2.2　箱体可燃气体探头(71GPEVI1－2、71GPEVO1－2、71GPEVCA1－2)

现场信号串入 LON 总线架构进入 EQP 控制器进行逻辑判断，探头判断是否存在可燃气体到到达限值后输出使能信号，使 EQP 控制器发出 45FGHH 信号到 PLC 进行泄压停机。

停机逻辑：①现场 71GPEVI1－2、71GPEVCA1－2 任意一个可燃气体探头测量可燃气体浓度达 20％LEL 以上后触发机组泄压停机，并保持箱体通风系统运行；②现场 71GPEVO1－2 任意一个可燃气体探头测量可燃气体浓度达 6％LEL 以上后触发机组泄压停机，并保持箱体通风系统运行。

4.3.2.3 箱体热源探测器(23FPEV1－2)

现场信号串入 LON 总线架构进入 EQP 控制器进行逻辑判断，探头判断是否存在箱体超温情况后输出使能信号，使 EQP 控制器发出信号到 PLC 进行泄压停机。

停机逻辑：两个热源探测器同时检测到温度大于等于 163 ℃，触发机组泄压停机并释放 CO_2 气体。

4.4 振动监测保护系统

4.4.1 振动监测保护系统 GE 燃驱机组

径向振动就是轴或壳体沿垂直于轴中心线方向的动态运动 。3500/40 径向振动通道利用来自涡流探头的信号测量这种运动。轴位移测量转子相对于推力轴承轴向位置或轴向位置的变化，可用来监测转子推力环的磨损程度。

4.4.1.1 压缩机驱动端径向振动探头(XT196 - X、XT196 - Y)

探头输出逻辑：现场信号进入振动机架 6 槽 1 通道，7 槽 1 通道，105 μm 高报，158 μm 高高报。单探头故障输出报警，单探头高高报输出报警，任意探头高高报同时另一探头高报触发报警停机 TRIP，双探头故障触发报警停机 TRIP，任意探头高高报同时另一探头故障触发报警停机 TRIP，双探头高高报触发报警停机 TRIP。

机组 TRIP 信号由 13 槽 6 通道继电器输出，VSHH - 743A(39VTI - S)硬线接入 HIMATRIX F35 CPUA/CPUB DI 输入端子后通过交换机光纤传入 UCP1 机柜内的安全 PLC，无延迟直接触发 TRIP 命令并通过 PPRF 通信与 Mark VIe 通信，该变量名为 L39VT - S，当 NPT 转速小于 300 r/min 时，该信号触发 L39VGIX_ESN 变量，进而触发 L4PESN_MSC(机组无马达应急停车)，但该命令不会实际执行，通信传输的 L39VT - S 信号会在 HMI 上产生 L39VT - TRIP 报警。

停机逻辑：105 μm 高报，158 μm 高高报。任意探头高高报同时另一探头高报触发报警停机 TRIP，双探头故障触发报警停机 TRIP，任意探头高高报同时另一探头故障触发报警停机 TRIP，双探头高高报触发报警停机 TRIP。

4.4.1.2 压缩机非驱动端径向振动探头(XT197 - X、XT197 - Y)

现场信号进入振动机架 6 槽 2 通道，7 槽 2 通道，105 μm 时高报，158 μm 高高报。单探头故障输出报警，单探头高高报输出报警，任意探头高高报同时另一探头高报触发报警停机 TRIP，双探头故障触发报警停机 TRIP，任意探头高高报同时另一探头故障触发报警停机 TRIP，双探头高高报触发报警停机 TRIP。

机组 TRIP 信号由 13 槽 6 通道继电器输出，VSHH - 743A(39VTI - S)硬线接入 HIMATRIX F35 CPUA/CPUB DI 输入端子后通过交换机光纤传入 UCP1 机柜内的安全 PLC，无延迟直接触发 TRIP 命令并通过 PPRF 通信与 Mark VIe 通信，该变量名为 L39VT - S，当 NPT 转速小于 300 r/min 时，该信号触发 L39VGIX_ESN 变量，进而触发 L4PESN_MSC(机组无马达应急停车)，但该命令不会实际执行，通信传输的 L39VT - S 信号会在 HMI 上产生 L39VT - TRIP 报警。

停机逻辑：105 μm 高报，158 μm 高高报。任意探头高高报同时另一探头高报触发报警停机 TRIP，双探头故障触发报警停机 TRIP，任意探头高高报同时另一探头故障触发报警停机 TRIP，双探头高高报触发报警停机 TRIP。

4.4.1.3　压缩机轴向位移探头(ZT138 - A、ZT138 - B)

现场信号进入振动机架 6 槽 3 通道，7 槽 3 通道，轴位移高报警值为±0.5 mm，高高报警值为±0.7 mm。当两个探头同时高高报或一个探头高报一个探头丢失时，触发停机 TRIP。

该信号有 14 槽 6 通道继电器输出，VSHH - 743B(39VT2 - S)硬线接入 HIMITRIX F35 FFCPUA/CPUB DI，输入端子后通过交换机光纤传入 UCP1 机柜内的安全 CPU。L39VT2 - S 仅触发 L39VT2 - S 机组轴位移过大 TRIP 报警。

停机逻辑：轴位移高报警值为±0.5 mm，高高报警值为±0.7 mm。当两个探头同时高高报或一个探头高报一个探头丢失时触发停机 TRIP。

4.4.2　振动监测保护系统西门子燃驱机组

3500/44 加速度探头用于燃气发生器壳体振动情况，用于测量振动的剧烈成都；径向振动就是轴或壳体沿垂直于轴中心线方向的动态运动 3500/40 径向振动通道利用来自涡流探头的信号测量轴承振动。轴位移测量转子相对于推力轴承轴向位置或轴向位置的变化，可用来监测转子推力环的磨损程度。

4.4.2.1　缩机驱动端径向振动探头(39CPDEY、X)

探头输出逻辑：现场信号进入振动机架 3 槽 4 通道，4 槽 3 通道，60 μm 高报，90 μm 高高报。单探头故障输出报警，单探头高高报输出报警，任意探头高高报同时另一探头高报触发报警停机 TRIP，双探头故障触发报警停机 TRIP，任意探头高高报同时另一探头故障触发报警停机 TRIP，双探头高高报触发报警停机 TRIP。

机组 TRIP 信号由 33 卡件 2 通道继电器输出，硬线接入 2N031 模块后同轴电缆通信至 UCP1 机柜内的 PLC，无延迟直接触发机组 TRIP 命令。

停机逻辑：60 μm 高报，90 μm 高高报。任意探头高高报同时另一探头高报触发报警停机 TRIP，双探头故障触发报警停机 TRIP，任意探头高高报同时另一探头故障触发报警停机 TRIP，双探头高高报触发报警停机 TRIP。

4.4.2.2　压缩机非驱动端径向振动探头(39CPNEY、X)

现场信号进入振动机架 4 槽 2 通道，3 槽 2 通道，60 μm 时高报，90 μm 高高报。单探头故障输出报警，单探头高高报输出报警，任意探头高高报同时另一探头高报触发报警停机 TRIP，双探头故障触发报警停机 TRIP，任意探头高高报同时另一探头故障触发报警停机 TRIP，双探头高高报触发报警停机 TRIP。

机组 TRIP 信号由 13 槽 6 通道继电器输出，VSHH - 743A(39VTI - S)硬线接入 H 机组 TRIP 信号由 33 卡件 2 通道继电器输出，硬线接入 2N031 模块后同轴电缆通信至 UCP1 机柜内的 PLC，无延迟直接触发机组 TRIP 命令。

停机逻辑：60 μm 高报，90 μm 高高报。任意探头高高报同时另一探头高报触发报警停机 TRIP，双探头故障触发报警停机 TRIP，任意探头高高报同时另一探头故障触发报警停机 TRIP，双探头高高报触发报警停机 TRIP。

4.4.2.3　压缩机轴向位移探头(CPA1、CPA2、PTA)

现场信号进入振动机架 5 槽 2 通道，7 槽 3 通道，压缩机轴位移高报警值为±0.33 mm，高高报警值为±0.42 mm。当两个探头同时高高报或一个探头高报一个探头丢失时，触发停机 TRIP。

现场信号进入振动机架 5 槽 1 通道，动力涡轮轴位移高报警值为±0.33 mm，高高报警值为±0.41 mm。

停机逻辑：①压缩机轴位移高报警值为±0.33 mm，高高报警值为±0.42 mm。当两个探头同时高高报或一个探头高报一个探头丢失时，触发停机 TRIP。②动力涡轮轴位移高报警为±0.33 mm，高高报警值为±0.41 mm，大于或等于高高报警后触发机组停机。

4.4.2.4　压缩机壳体加速度探头(39GGI、C、T)

现场信号进入振动机架 2 槽 1 通道，2 槽 2 通道，2 槽 3 通道，燃气发生器壳体振动高报警值为 18 mm/s，高高报警值为 28 mm/s，其中，39GGT 的高报警值为 21 mm/s，高高报警值与前、中轴承壳体振动保持一致。

停机逻辑：在任意探头同时高高报延时 5 s 后，触发机组 TRIP。

第5章 电驱系统相关逻辑解读及对比优化

5.1 变 频 器

5.1.1 变频器综合跳机报警

5.1.1.1 数据类型

本逻辑涉及布尔型变量、模拟量涉及浮点型寄存器。

5.1.1.2 功能块解读(详解自定义功能块)

变频器故障报警流程图如图 5-1 所示。

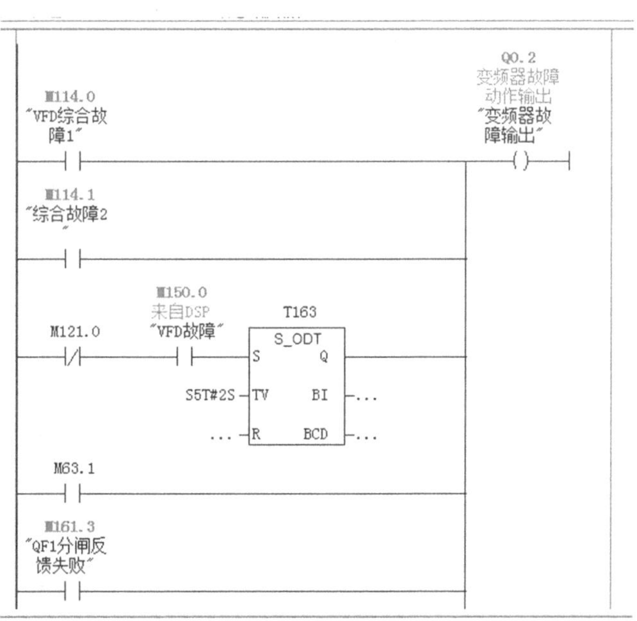

图 5-1 变频器故障报警流程图

变频器故障主要包括 VFD 变频器综合故障、变压器故障、水冷故障、励磁故障和跳高压故障等。

信号取自模块自诊断功能寄存器,通过该寄存器判断该模块状态是否正常。

变频器综合跳机报警数据表见表 5-1。

表 5-1 变频器综合跳机报警数据表

输入端		
端口名	数据类型	说 明
I2.0	逻辑量	QS1(隔离刀闸)
I2.3	逻辑量	QS2(隔离刀闸)
I5.4	逻辑量	QF1 合闸反馈
I5.5	逻辑量	QF1 手车位置
I2.4+I2.5	逻辑量	低压 380V1#+低压 380V2#
I2.6	逻辑量	1#门禁开关(功率单元)
I2.7	逻辑量	2#门禁开关(功率单元)
I0.0	逻辑量	3#门禁开关(功率单元)
I0.1	逻辑量	4#门禁开关(功率单元)
I5.6	逻辑量	远程操作柱
I0.2	逻辑量	1#变压器综合报警跳闸
I0.3	逻辑量	1#变压器门限开关
M112.2	逻辑量	1#变压器风机故障
I0.6	逻辑量	1#变压器温度达到 150 ℃触发停机
I1.4	逻辑量	2#变压器综合报警跳闸
I1.5	逻辑量	2#变压器门限开关
M112.3	逻辑量	2#变压器风机故障
I3.0	逻辑量	2#变压器温度达到 150 ℃触发停机
I4.0	逻辑量	励磁柜故障
I4.5+I4.7+M11.0	逻辑量	水冷柜故障或水冷柜泄漏
I5.4+I4.6	逻辑量	当 QF1 合闸+水冷系统停止运行+3 s 延时
I1.1	逻辑量	1#变压器温变(6 选 1)+3 s 延时
I3.3	逻辑量	2#变压器温变(6 选 1)+3 s 延时
输出端		
端口名	数据类型	说 明
M62.0	逻辑量	QS1(隔离刀闸)
M62.1	逻辑量	QS2(隔离刀闸)
M62.2	逻辑量	QF1 合闸反馈
M62.3	逻辑量	QF1 手车位置
M62.4	逻辑量	低压 380V1#+低压 380V2#

续表

端口名	数据类型	说　明
M62.5	逻辑量	1＃门禁开关(功率单元)
M62.6	逻辑量	2＃门禁开关(功率单元)
M62.7	逻辑量	3＃门禁开关(功率单元)
M63.0	逻辑量	4＃门禁开关(功率单元)
M63.1	逻辑量	远程操作柱
M63.2	逻辑量	1＃变压器综合报警跳闸
M63.3	逻辑量	1＃变压器门限开关
M63.4	逻辑量	1＃变压器风机故障
M63.5	逻辑量	1＃变压器温度达到 150 ℃触发停机
M63.6	逻辑量	2＃变压器综合报警跳闸
M63.7	逻辑量	2＃变压器门限开关
M64.0	逻辑量	2＃变压器风机故障
M64.1	逻辑量	2＃变压器温度达到 150 ℃触发停机
M64.2	逻辑量	励磁柜故障
M64.5	逻辑量	水冷柜故障或水冷柜泄漏
M11.0	逻辑量	当 QF1 合闸＋水冷系统停止运行＋3 s 延时
M64.6	逻辑量	1＃变压器温变(6 选 1)＋3 s 延时
M64.7	逻辑量	2＃变压器温变(6 选 1)＋3 s 延时
M151.0	逻辑量	来自 DSP 跳高压指令
M151.1	逻辑量	来自 DSP 急停 1
M151.2	逻辑量	来自 DSP 急停 2
M151.3	逻辑量	来自 DSP 急停 3
M131.1	逻辑量	PLC 与 DSP(主控板)通信中断
M111.4	逻辑量	充电失败(直流母排)
M111.5	逻辑量	QF2 合闸反馈失败
M110.5	逻辑量	QF1 合闸反馈失败

5.1.1.3　逻辑解读

1. 变频器故障

M114.0 置位条件 1：系统有高压指示 &(1＃变压器无超温跳闸＋1＃变压器无综保故障＋用户断路器手车位置为断开＋2＃变压器综保未动作 &2＃变压器门限＋2＃变压器柜风机启动＋2＃变压器控制电源故障＋QS1 未合闸＋QF2 未合闸＋QF2 未合闸＋QS2 未合闸)，如图 5－2 所示。

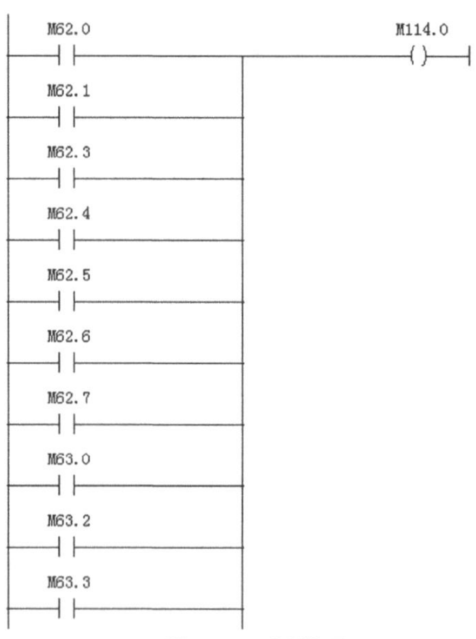

图 5-2 逻辑图

M114.0 置位条件 2:系统有高压指示 &(户用断路器合闸 &1#电源监测正常+1#单元柜门限位置 1+1#变压器柜风机启动+1#变压器控制电源故障+用户断路器合闸 &1#变压器 110 温度开关未动作+2#变压器 110 温度开未关动作+励磁柜励磁故,如图 5-3 所示。

M114.0 置位条件 3:系统有高压指示 &(M151.0(来自 UCS)+M151.1(来自 UCS)+M151.2(来自 UCS)+M121.0&M151.3(来自 UCS),用户断路器合闸 &1#变压器无过温报警+合闸 QF2 断路器 &1#变压器过温报警+合 QF1 断路器 & 用户断路器合闸+M121.1),如图 5-4 所示。

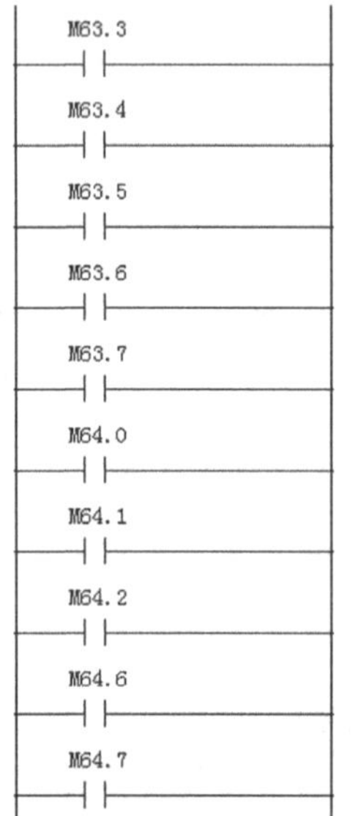

图 5-3 故障+1#单元柜门限位置+2#变压器过温报警

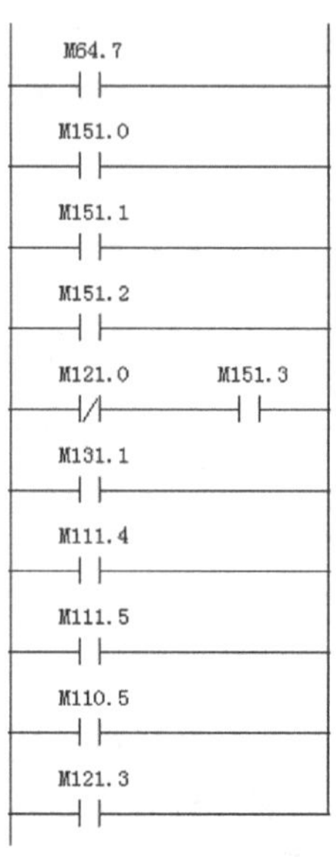

图 5-4 故障+1#单元柜门限位置+2#变压器过温报警续图

2. 变频器报警

变频器触发报警信号如下：QF2 控制电源、1＃38VAC380 电源、2＃VAC380 电源、1＃变压器综合故障、1＃变压器综合故障、控制柜 24DC 电源、单元柜风机、光纤模块故障、水冷系统报警、励磁系统报警等信号。

3. 励磁机故障

励磁机触发故障信号如下：励磁机输出过电流，旋转二极管短路、可控硅温度越限、调节器过热、交流电源故障等。若检测励磁机故障信号触发，则变频器联锁跳机。

4. 水冷故障

冷却水流量超低、冷却水供水压力超低、冷却水供水压力超高、冷却水回水压力超低、冷却水供水温度超高、冷却水电导率高、缓冲罐液位超低、缓冲罐压力超低、缓冲罐压力超高等，任一报警时会产生水冷系统报警，上传至变频器。

5. 急停按钮触发

ESD 按钮（变频器本体 ESD 按钮、现场 ESD 按钮）、外部急停信号（变频器控制器 DSP1、DSP2、DSP3 急停信号、UCS 急停信号）信号触发后无延迟变频器联锁跳机。

5.1.1.4　设计对比（优化可能性分析）

ESD 按钮和外部急停信号联锁跳机回路，为防止信号干扰，应加入 100 ms 信号延时。

5.1.2　PQM 系统故障报警

5.1.2.1　数据类型

本逻辑涉及布尔型变量、模拟量涉及浮点型寄存器。

5.1.2.2　功能块解读（详解自定义功能块）

1. PQM 电压报警

PQM 电压报警流程图如图 5－5 所示。

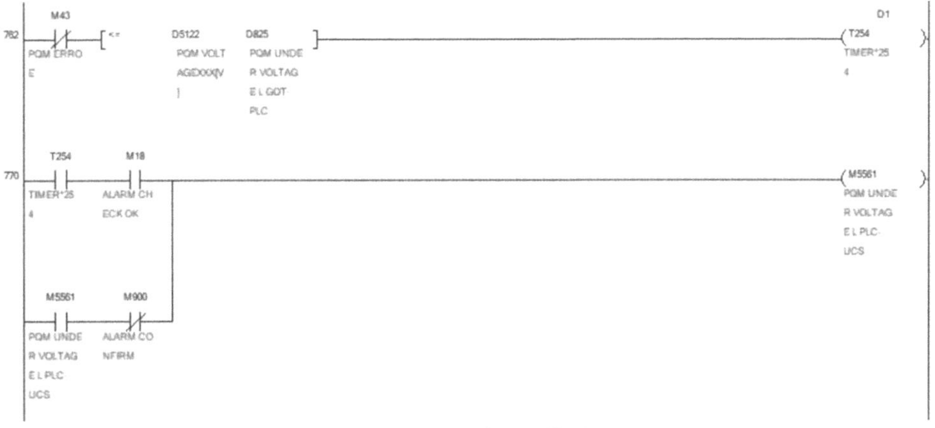

图 5－5　PQM 电压报警流程图

M43 信号为模块通信状态检测信号，通过通过对比与上一扫描周期数据对比，若连续 3 000 ms 数据不变化，则判断为通道中断，触发 PQM 通道故障报警。

PQM 系统故障报警数据表见表 5 - 2。

表 5 - 2　PQM 系统故障报警数据表

输入端		
端口名	数据类型	说　明
D4100	浮点型	10 kV 电压信号输入
D4101	浮点型	110 kV 电压信号输入
M43	逻辑量	10 kV PQM 通道故障诊断触发
M44	逻辑量	110 kV PQM 通道故障诊断触发
输出端		
端口名	数据类型	说　明
M5561	逻辑量	报警信息:10 kV PQM 电压低报
M5562	逻辑量	报警信息:10 kV PQM 电压低低报
M5563	逻辑量	报警信息:10 kV PQM 电压高报
M5564	逻辑量	报警信息:10 kV PQM 电压高高报
M5565	逻辑量	报警信息:110 kV PQM 电压低报
M5566	逻辑量	报警信息:110 kV PQM 电压低低报
M5567	逻辑量	报警信息:110 kV PQM 电压高报
M5568	逻辑量	报警信息:110 kV PQM 电压高高报
M3006	逻辑量	报警信息:10 kV PQM 报警
M3016	逻辑量	报警信息:10 kV PQM 故障

2. 逻辑解读

(1)10 kV PQM 电压低、高报警

10 kV PQM 电压信号接入 QJ71MB91 模块，对应初始通道寄存器为 D4100，HMI 显示数值寄存器为 D5122。

若检测通道数据 3 000 ms 不刷新，则触发 PQM 通道故障报警 M43。

若电压低于 D825(设定电压低报值 7.5 kV)，则延迟 100 ms 触发 10 kV 电压低报警 M5561；若电压高于 D827(设定电压低报值 13 kV)，则延迟 100 ms 触发 10 kV 电压高报警 M5563。

以上信号触发 10 kV PQM 报警 M3016。

(2)10 kV PQM 电压低低、高高报警

若 10 kV 电压低于 D826(设定电压低报值 7 kV)，则延迟 2 000 ms 触发 10 kV 电压低低报警 M5561；若 10 kV 电压高于 D826(设定电压低报值 13.5 kV)，则延迟 100 ms 触发 10 kV 电压低低报警 M5564。

以上信号触发 10 kV PQM 故障报警 M3006，联锁变频器跳机。

(3)110 kV PQM 电压报警

110 kV PQM 电压信号接入 QJ71MB91 模块，对应初始通道寄存器为 D4101，HMI 显示数值寄存器为 D5130。

若检测通道数据 3 000 ms 不刷新，则触发通道故障报警 M44。

若 110 kV 电压低于 D829(设定电压低报值 82.5 kV)，则延迟 100 ms 触发 110 kV 电压低报警 M5565；若 110 kV 电压低于 D830(设定电压低报值 77 kV)，则延迟 2500 ms 触发 110 kV 电压低低报警 M5566；若 110 kV 电压高于 D831(设定电压高报值 143 kV)，则延迟 100 ms 触发 110 kV 电压高报警 M5567；若 110 kV 电压高于 D832(设定电压高报值 148.5 kV)，则延迟 100 ms 触发 110 kV 电压高高报警 M5568。

110 kV PQM 电压各级报警仅产生触摸屏综合报警 M903，不产生外传信号。

5.1.2.3　设计对比(优化可能性分析)

在程序中设定延时时间不一致，可将低低报警和高高报警延时统一修正为 2 000 ms，防止闪断或瞬时过电压导致机组停机。

可将 110 kV PQM 电压报警信号传至 UCS，便于监控。

5.1.3　变频器故障跳机报警

5.1.3.1　数据类型

本逻辑涉及布尔型变量、模拟量涉及浮点型寄存器。

5.1.3.2　功能块解读(详解自定义功能块)

1. 变频器故障报警

变频器故障报警流程图如图 5－6 所示。

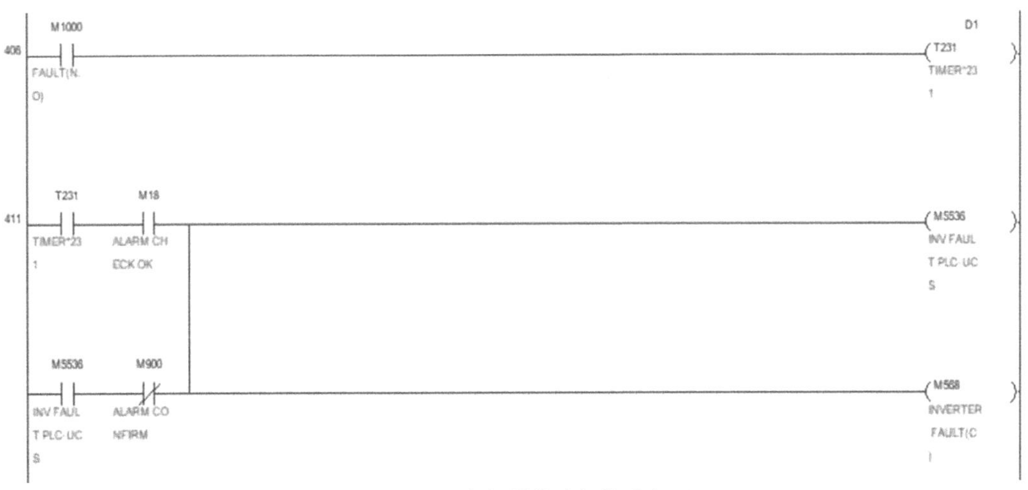

图 5－6　变频器故障报警流程图

2. ESD 按钮触发报警

ESD 按钮触发报警流程图如图 5-7 所示。

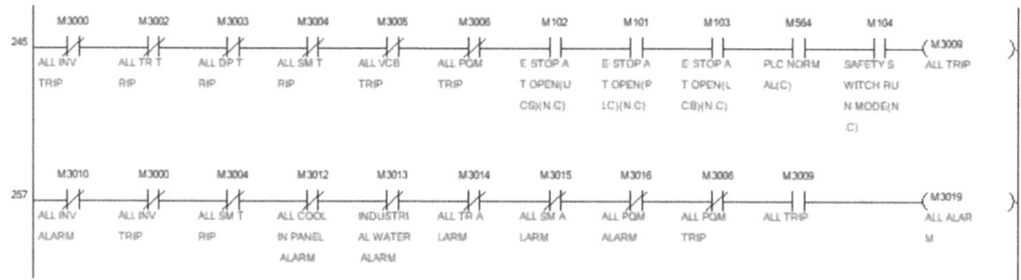

图 5-7　ESD 按钮触发报警流程图

M18 信号取自模块自诊断功能 X0 寄存器，通过该寄存器判断该模块状态是否正常。

变频器故障报警数据表见表 5-3。

表 5-3　变频器故障报警数据表

输入端		
端口名	数据类型	说　明
D2128	浮点型	变频器综合信号输入
D2138	浮点型	励磁机综合信号输入
M1000	逻辑量	变频器故障信号输入
M1001	逻辑量	变频器报警信号输入
M1080	逻辑量	变频器故障信号输入
X70	逻辑量	QX42 模块故障信号输入
X71	逻辑量	变频器本体 ESD 按钮信号输入
X72	逻辑量	压缩机急停信号输入
X73	逻辑量	现场 ESD 按钮信号输入
X74	逻辑量	变频器停机信号输入
X81	逻辑量	10 kV 开关柜跳闸输入
X83	逻辑量	10 kV 电阻柜跳闸输入
X9D	逻辑量	变频器漏电保护开关动作输入
X9E	逻辑量	励磁机漏电保护开关动作输入
M18	逻辑量	模块故障诊断触发
输出端		
端口名	数据类型	说　明
M3000	逻辑量	变频器故障报警
M3010	逻辑量	变频器报警
M3001	逻辑量	励磁机故障
M564	逻辑量	QX42 模块故障
M101	逻辑量	变频器本体 ESD 按钮触发
M102	逻辑量	压缩机急停信号触发
M103	逻辑量	现场 ESD 按钮触发
M104	逻辑量	变频器停机触发
M5507	逻辑量	10 kV 开关柜跳闸

续表

端口名	数据类型	说　明
M5508	逻辑量	10 kV 电阻柜跳闸
M5557	逻辑量	变频器漏电保护开关动作
M5569	逻辑量	励磁机漏电保护开关动作

5.1.3.3　逻辑解读

1. 变频器故障

变频器信号接入 QJ71DN91 模块，对应起始寄存器地址为 D2128。变频器与 PLC 有通信检测功能，若通信检测异常，则延时 1 000 ms 触发变频器通信状态报警 M993。

变频器触发故障信号如图 5－8 所示。

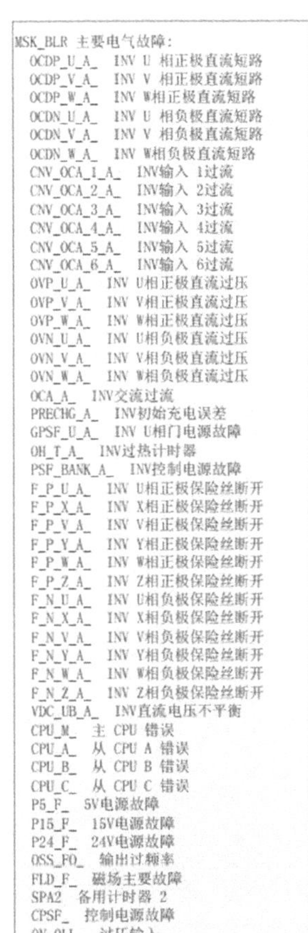

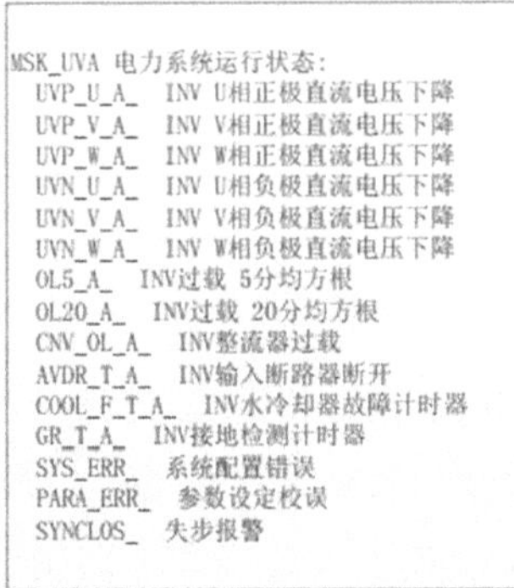

图 5－8　变频器触发故障信号

若检测变频器故障信号触发，则延迟 100 ms 触发变频器故障报警 M3000，变频器联锁跳机。

2. 变频器报警

变频器信号接入 QJ71DN91 模块，对应起始寄存器地址为 D2128。

变频器触发报警信号如图 5－9 所示。

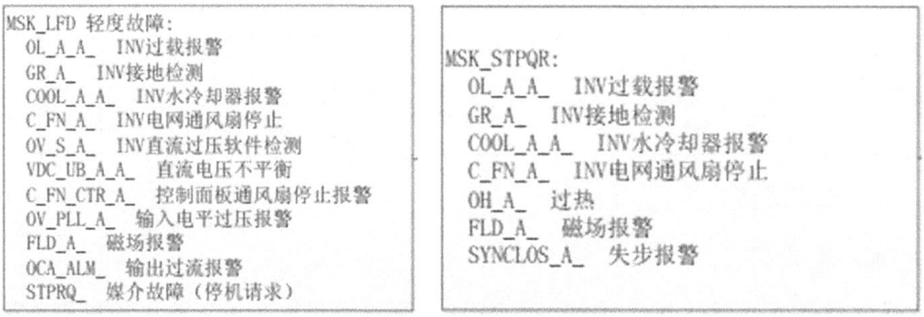

MSK_LFD 轻度故障:
OL_A_A_ INV过载报警
GR_A_ INV接地检测
COOL_A_A_ INV水冷却器报警
C_FN_A_ INV电网通风扇停止
OV_S_A_ INV直流过压软件检测
VDC_UB_A_A_ 直流电压不平衡
C_FN_CTR_A_ 控制面板通风扇停止报警
OV_PLL_A_ 输入电平过压报警
FLD_A_ 磁场报警
OCA_ALM_ 输出过流报警
STPRQ_ 媒介故障（停机请求）

MSK_STPQR:
OL_A_A_ INV过载报警
GR_A_ INV接地检测
COOL_A_A_ INV水冷却器报警
C_FN_A_ INV电网通风扇停止
OH_A_ 过热
FLD_A_ 磁场报警
SYNCLOS_A_ 失步报警

图 5－9 变频器触发报警信号

若检测变频器报警信号触发，则延迟 100 ms 触发变频器故障报警 M3010。

3. 励磁机故障

励磁机故障信号接入 QJ71DN91 模块，对应起始寄存器地址为 D2138。励磁机与 PLC 有通信检测功能，若通信检测异常，则延时 1 000 ms 触发变频器通信状态报警 M993。

励磁机触发故障信号如图 5－10 所示。

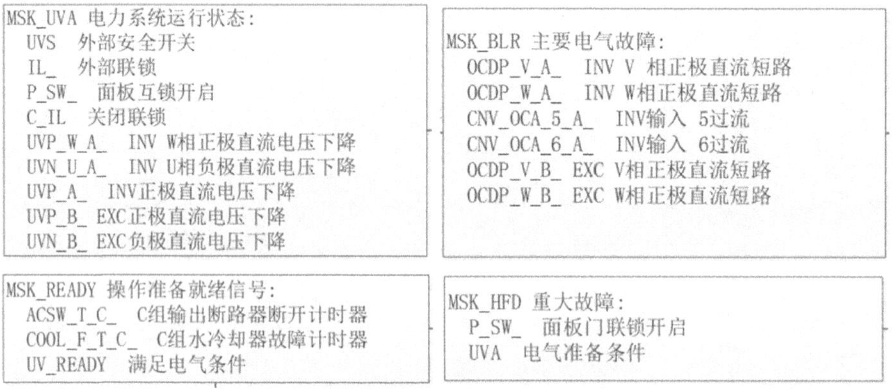

MSK_UVA 电力系统运行状态:
UVS 外部安全开关
IL_ 外部联锁
P_SW_ 面板互锁开启
C_IL 关闭联锁
UVP_W_A_ INV W相正极直流电压下降
UVN_U_A_ INV U相负极直流电压下降
UVP_A_ INV正极直流电压下降
UVP_B_ EXC正极直流电压下降
UVN_B_ EXC负极直流电压下降

MSK_BLR 主要电气故障:
OCDP_V_A_ INV V 相正极直流短路
OCDP_W_A_ INV W相正极直流短路
CNV_OCA_5_A_ INV输入 5过流
CNV_OCA_6_A_ INV输入 6过流
OCDP_V_B_ EXC V相正极直流短路
OCDP_W_B_ EXC W相正极直流短路

MSK_READY 操作准备就绪信号:
ACSW_T_C_ C组输出断路器断开计时器
COOL_F_T_C_ C组水冷却器故障计时器
UV_READY 满足电气条件

MSK_HFD 重大故障:
P_SW_ 面板门联锁开启
UVA 电气准备条件

图 5－10 励磁机触发故障信号

若检测励磁机故障信号触发，则延迟 2 000 ms 触发励磁机故障报警 M3001，变频器联锁跳机。

4. 急停按钮触发

现场急停按钮和压缩机联锁跳机信号接入 QX42 模块，QX42 模块具备自诊断功能，连续检测模块断电 10 000 ms，触发 QX42 模块故障变频器联锁跳机。

ESD 按钮（变频器本体 ESD 按钮、现场 ESD 按钮）、外部急停信号（变频器控制器急停信号、UCS 急停信号）接入 QX42 模块，信号触发后无延迟变频器联锁跳机。

5. 主电源断路器保护

10 kV 开关柜断路器动作信号 X81 接入 QX42 模块，动作后延时 100 ms 联锁变频器跳机。

10 kV 电阻柜断路器动作信号 X83 接入 QX42 模块，动作后延时 100 ms 联锁变频器跳机。

6. 控制回路开关漏电保护

变频器控制回路开关漏电保护动作信号 X9D 接入 QX42 模块，动作后延时 1 000 ms 触发保护，联锁变频器跳机。

变频器控制回路开关漏电保护动作信号 X9E 接入 QX42 模块，动作后延时 1 000 ms 触发保护，联锁变频器跳机。

5.1.3.4　设计对比(优化可能性分析)

ESD 按钮和外部急停信号联锁跳机回路，为防止信号干扰，应加入 100 ms 信号延时。

5.1.4　隔离变压器故障报警

5.1.4.1　数据类型

本逻辑仅涉及布尔型变量。

5.1.4.2　功能块解读(详解自定义功能块)

1. 隔离变报警信号输入

隔离变报警信号输入流程图如图 5－11 所示。

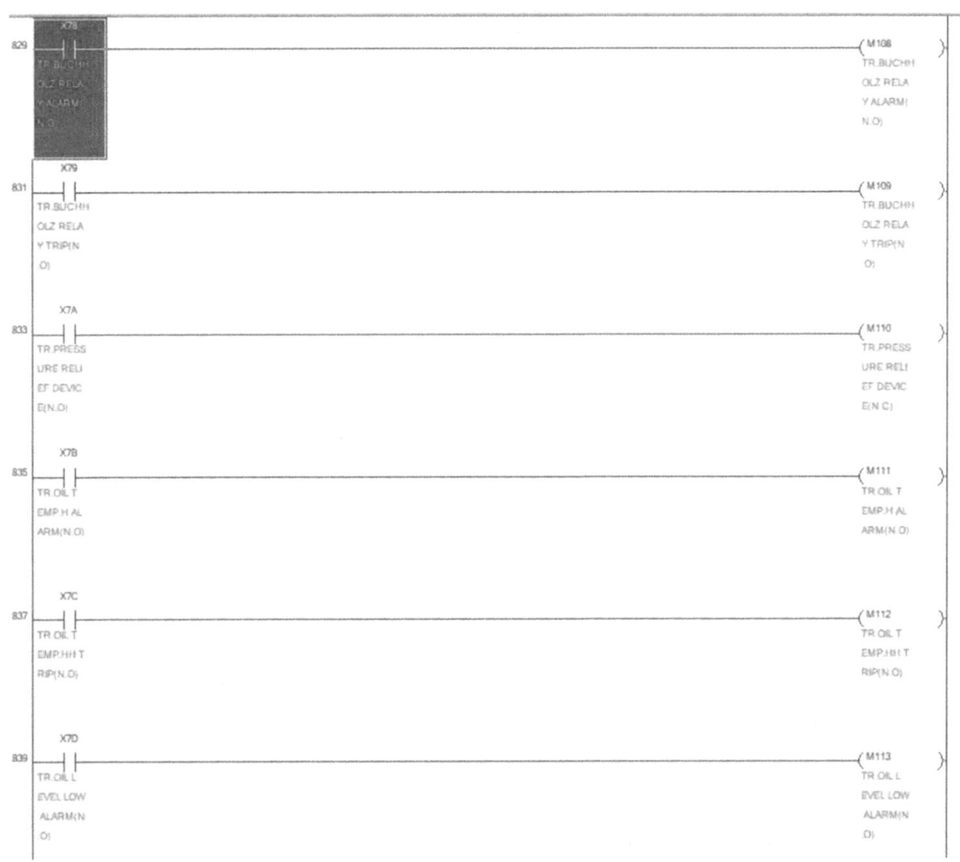

图 5－11　隔离变报警信号输入流程图

2. 信号延时

信号延时流程图如图 5-12 所示。

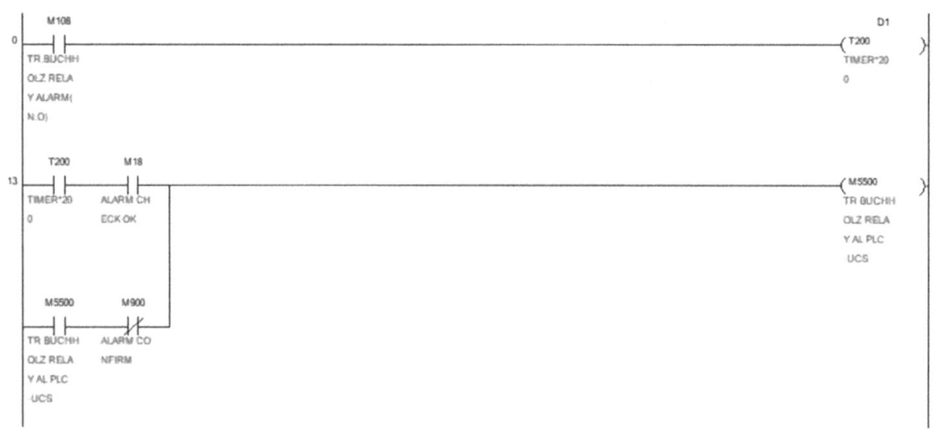

图 5-12 信号延时流程图

M18 信号取自模块自诊断功能 X0 寄存器，通过该寄存器判断该模块状态是否正常。

隔离变报警信号输入数据表见表 5-4。

表 5-4 隔离变报警信号输入数据表

输入端		
端口名	数据类型	说　明
X78	逻辑量	轻瓦斯信号接入
X79	逻辑量	重瓦斯信号接入
X7A	逻辑量	压力释放信号接入
X7B	逻辑量	隔离变油温高报信号接入
X7C	逻辑量	隔离变油温高高报信号接入
X7D	逻辑量	隔离油位低报信号接入
输出端		
端口名	数据类型	说　明
M5500	逻辑量	轻瓦斯信号接入
M5501	逻辑量	重瓦斯信号接入
M5502	逻辑量	压力释放信号接入
M5503	逻辑量	隔离变油温高报信号接入
M5504	逻辑量	隔离变油温高高报信号接入
M5505	逻辑量	隔离油位低报信号接入

5.1.4.3 逻辑解读

1. 隔离变瓦斯报警

瓦斯保护功能由隔离变压器瓦斯继电器实现，信号接入 QX42 模块，若轻瓦斯动作，则延时 100 ms 后触发轻瓦斯报警信号 M5500；若重瓦斯动作，则延时 100 ms 后触发重瓦斯故障信号 M5501，变频器联锁跳机。

2. 压力释放报警

压力释放保护功能由隔离变压器压力释放阀实现，若隔离变内部出现严重故障，将导致变压器油通过压力释放阀瞬间释放，释放过程中触发顶部开关信号，信号接入 QX42 模块，延时 100 ms 后触发压力释放故障信号 M5502，变频器联锁跳机。

3. 油温保护报警

油温保护功能由隔离变压器本体油温表实现，若隔离变长时间过负荷或内部绕组异常导致油温上升，温度高于 85 ℃触发油温高报警信号，信号接入 QX42 模块，延时 100 ms 后触发隔离变油温高报警信号 M5503；温度高于 95 ℃触发油温高高报警信号，信号接入 QX42 模块，延时 100 ms 后触发隔离变油温高高报警信号 M5504，变频器联锁跳机。

4. 油位低报警

油位地报警通过隔离变油枕油位计进行判断，信号接入 QX42 模块，若隔离变油位低于 10%，则延时 100 ms 后触发隔离变油位低报警信号。

5.1.4.4　设计对比(优化可能性分析)

现有逻辑满足运行需要。

5.1.5　冷却水系统故障报警

5.1.5.1　数据类型

本逻辑涉及布尔型变量、模拟量涉及浮点型寄存器。

5.1.5.2　功能块解读(详解自定义功能块)

1. 去离子水温度报警

去离子水温度报警流程图如图 5 - 13 所示。

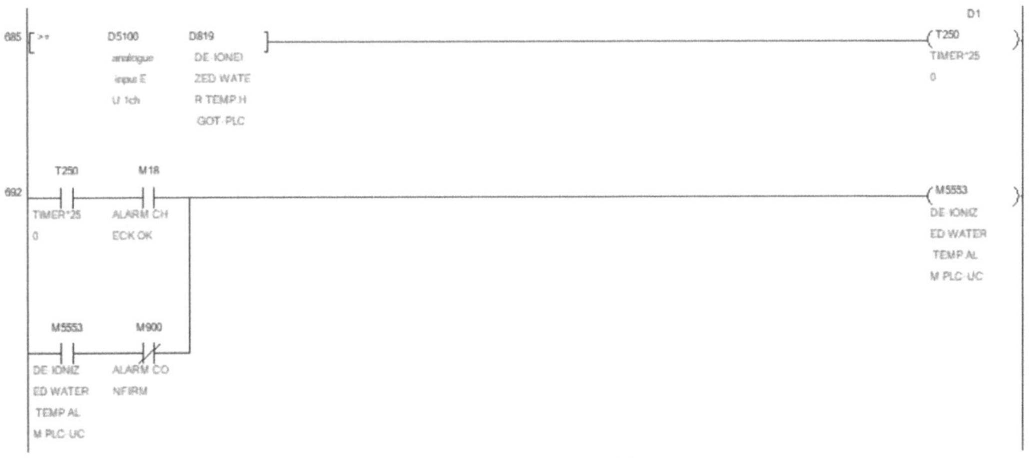

图 5 - 13　去离子水温度报警流程图

2. 去离子水压力报警

去离子水压力报警流程图如图 5－14 所示。

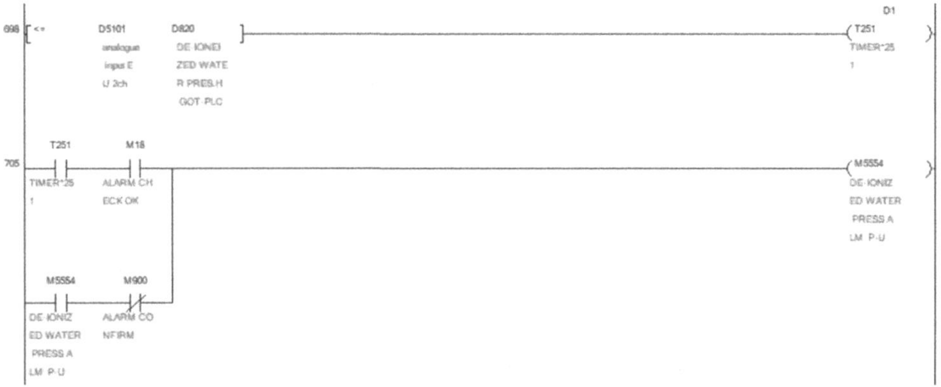

图 5－14　去离子水压力报警流程图

3. 去离子水电导率报警

去离子水电导率报警流程图如图 5－15 所示。

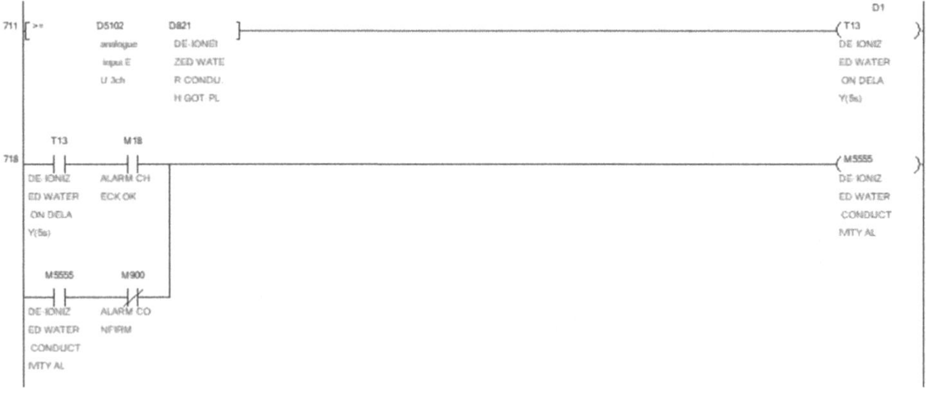

图 5－15　去离子水电导率报警流程图

4. 工业水温度报警

工业水温度报警流程图如图 5－16 所示。

图 5－16　工业水温度报警流程图

M18 信号取自模块自诊断功能 X0 寄存器，通过该寄存器判断该模块状态是否正常。

冷却水系统故障报警数据表见表 5－5。

表 5－5　冷却水系统故障报警数据表

输入端		
端口名	数据类型	说　明
D100	浮点型	去离子水温度信号输入
D101	浮点型	去离子水压力信号输入
D102	浮点型	去离子水电导率信号输入
D103	浮点型	工业水温度信号输入
M18	逻辑量	模块故障诊断触发
输出端		
端口名	数据类型	说　明
M5553	逻辑量	报警信息：去离子水温度高报
M5554	逻辑量	报警信息：去离子水压力低报
M5555	逻辑量	报警信息：去离子水电导率高报
M5556	逻辑量	报警信息：工业水温度高报

5.1.5.3　逻辑解读

1. 去离子水温度报警

去离子水温度信号接入 Q68AD－G 模块，对应初始通道寄存器为 D100，HMI 显示数值寄存器为 D5100。

若检测模块故障，则数据采集中断。若温度高于 D819（设定温度高报值 41 ℃），则延迟 100 ms 触发去离子水温度高报警 M5553，关联触发去离子水报警信号 M3012。

2. 去离子水压力报警

去离子水压力信号接入 Q68AD－G 模块，对应初始通道寄存器为 D101，HMI 显示数值寄存器为 D5101。

若检测模块故障，则数据采集中断。若温度高于 D820（设定压力低报值 0.2 MPa），则延迟 100 ms 触发去离子水压力低报警 M5554，关联触发去离子水报警信号 M3012。

3. 去离子水电导率报警

去离子水电导率信号接入 Q68AD－G 模块，对应初始通道寄存器为 D102，HMI 显示数值寄存器为 D5102。

若检测模块故障，则数据采集中断。若温度高于 D821（设定电导率高报值 0.1 us/cm），则延迟 100 ms 触发去离子电导率高报警 M5555，关联触发去离子水报警信号 M3012。

4. 工业水温度报警

工业水温度信号接入 Q68AD－G 模块，对应初始通道寄存器为 D103，HMI 显示数值寄存器为 D5103。

若检测模块故障，则数据采集中断。若温度高于 D822(设定温度高报值 33 ℃)，则延迟 100 ms 触发工业水温度高报警 M5556，关联触发工业水系统报警信号 M3013。

5.1.5.4 设计对比(优化可能性分析)

在回路通道异常时，在 HMI 上不显示任何报警，可将模块通道异常报警信号 G49 加入报警逻辑。

5.2 电　　机

5.2.1 同步电机辅助系统故障报警

5.2.1.1 数据类型

本逻辑仅涉及布尔型变量、模拟量涉及浮点型寄存器。

5.2.1.2 功能块解读(详解自定义功能块)

1. 温度诊断

温度诊断流程图如图 5－17 和图 5－18 所示。

图 5－17　温度诊断流程图 1

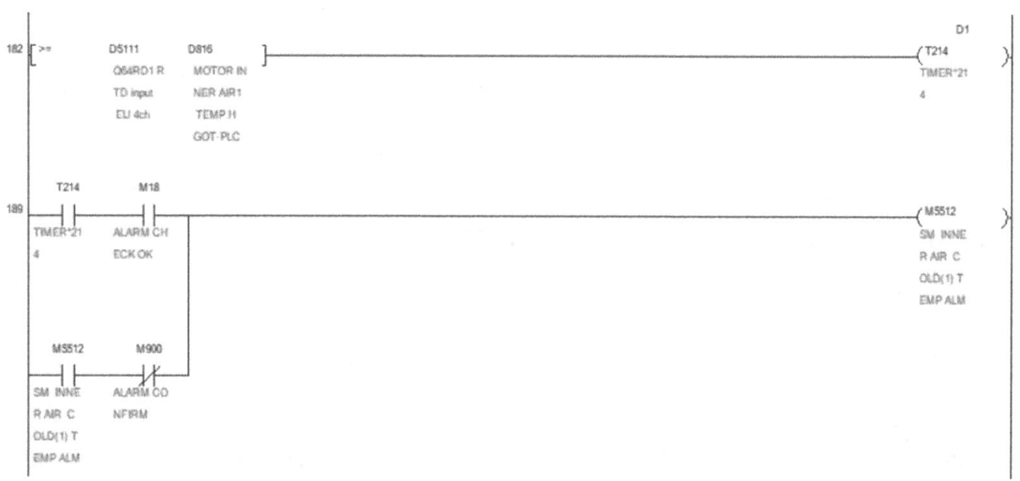

图 5－18　温度诊断流程图 2

2. 漏水检测

漏水检测流程图如图5-19所示。

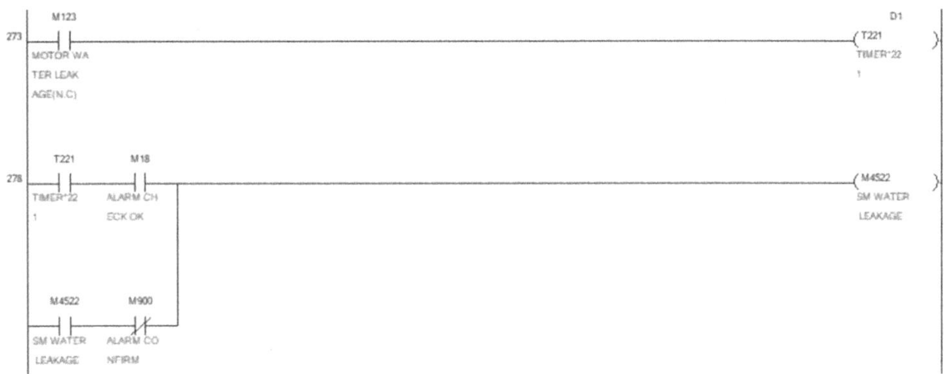

图5-19　漏水检测流程图

M803信号取自模块自诊断功能G49寄存器，通过该寄存器判断RTD通道回路断开或断线。M18信号取自模块自诊断功能X0寄存器，通过该寄存器判断该模块状态是否正常。

同步电机辅助系统故障报警数据表见表5-6。

表5-6　同步电机辅助系统故障报警数据表

输入端		
端口名	数据类型	说　明
D111	浮点型	电机冷却气温度1 RTD信号输入
D112	浮点型	电机冷却气温度2 RTD信号输入
D113	浮点型	电机内部温度RTD信号输入
D114	浮点型	电机吹扫设备进气温度RTD信号输入
D115	浮点型	电机吹扫设备本体温度RTD信号输入
M803	逻辑量	电机冷却气温度1断线诊断触发
M816	逻辑量	电机冷却气温度2断线诊断触发
M817	逻辑量	电机内部温度断线诊断触发
M18	逻辑量	模块故障诊断触发
X85	逻辑量	电机吹扫完毕信号输入
X87	逻辑量	漏水检测器信号输入
X8C	逻辑量	冷却装置故障信号输入（站控PLC信号）
X90	逻辑量	电机吹扫压力高信号输入
X86	逻辑量	电机吹扫中断信号输入
X84	逻辑量	电机吹扫压力低低信号输入
X8E	逻辑量	电机冷却系统运行信号输入
输出端		
端口名	数据类型	说　明
M5512	逻辑量	电机冷却气温度1温度高
M5513	逻辑量	电机冷却气温度2温度高
M5514	逻辑量	电机内部温度温度高

续表

输出端		
端口名	数据类型	说　明
M5577	逻辑量	电机吹扫设备进气温度低报警
M5578	逻辑量	电机吹扫设备本体温度低报警入
M5520	逻辑量	电机吹扫完毕报警
M4522	逻辑量	电机漏水报警
M4527	逻辑量	冷却装置故障报警
M4518	逻辑量	电机吹扫压力高报警
M4521	逻辑量	电机吹扫中断报警
M4519	逻辑量	电机吹扫压力低低报警
M5529	逻辑量	电机冷却系统运行

5.2.1.3　逻辑解读

1.电机内部温度报警

电机内部温度(冷却气温度1、冷却气温度2、电机内部)温度信号接入Q64RD-G模块,以冷却气温度1信号为例,对应初始通道寄存器为D111,HMI显示数值寄存器为D5111。

当模块检测到RTD断开或断线时,断线诊断寄存器M803-1,将D5111赋值为D816(触摸屏设定温度高报值44 ℃),触发冷却气温度1温度高报警;

若通道正常,温度高于D816(触摸屏设定温度高报值44 ℃),则延迟100 ms触发冷却气温度1温度高报警M5512,关联触发同步电机报警信号M3015,变频器发出报警。

2.电机漏水报警

电机漏水报警通过电机上安装的漏水检测器实现,通过收集电机顶部冷却水盘管漏水触发漏水检测器液位开关动作,信号接入QX42模块,若开关动作,则延时100 ms后触发同步电机漏水报警信号。

3.冷却装置报警

电机冷却装置故障报警通过站控PLC进行逻辑判断,检测电机工业水流量小于80 m^3/h或温度高于33 ℃触发逻辑报警,信号接入QX42模块,若信号触发,则延时100 ms后触发同步电机冷却装置报警信号。

4.电机吹扫装置报警

电机吹扫装置故障报警通过电机minipurge系统进行逻辑判断,通过检测电机内部气压进行逻辑判断,信号接入QX42模块,若信号触发,则延时100 ms后触发同步电机吹扫装置报警信号。

电机吹扫完毕报警通过电机minipurge系统进行逻辑判断,信号接入QX42模块,若信号触发,则延时100 ms后触发电机吹扫完毕报警信号。

电机吹扫设备进气温度信号接入Q64RD-G模块,信号接入通道寄存器为D114,HMI显示数值寄存器为D5114。若模块检测到RTD断开或断线时,断线诊断寄存器M818-1,将D5114赋值为D823(设定温度低报值为-20 ℃),触发吹扫设备进气温度低报警;若通道正常，温度低于 D823，则延迟 100 ms 触发吹扫设备进气温度低 M5577。

电机吹扫设备进气温度信号接入 Q64RD－G 模块，信号接入通道寄存器为 D115，HMI 显示数值寄存器为 D5115。当模块检测到 RTD 断开或断线时，断线诊断寄存器 M819＝1，将 D5115 赋值为 D824（设定温度低报值为－20 ℃），触发吹扫设备进气温度低报警；若通道正常，温度低于 D823，则延迟 100 ms 触发吹扫设备进气温度低 M5577。

5.2.1.4　设计对比（优化可能性分析）

在 RTD 出现断线后，在 HMI 上不显示任何报警，仅通过产生温度低报提醒回路出现异常，有无必要将报警上传需要进一步论证。

其余信号现有逻辑满足运行需要。

5.2.2　同步电机绕组温度故障报警

5.2.2.1　数据类型

本逻辑仅涉及布尔型变量、模拟量涉及浮点型寄存器。

5.2.2.2　功能块解读（详解自定义功能块）

1. 断线诊断

断线诊断流程图如图 5－20 所示。

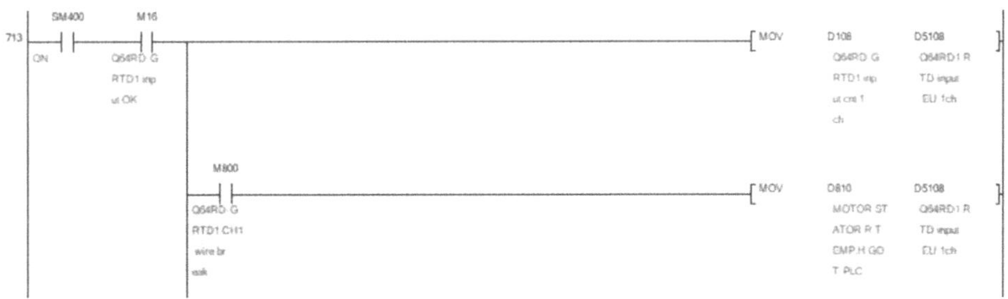

图 5－20　断线诊断流程图

2. 温度高报

温度高报流程图如图 5－21 所示。

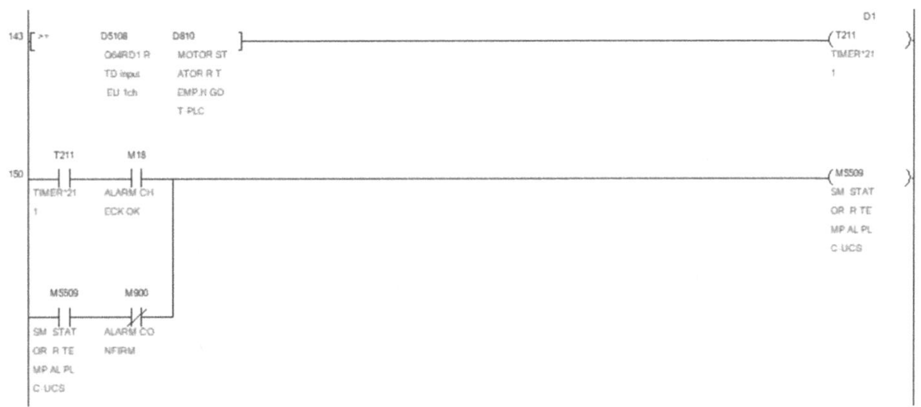

图 5－21　温度高报流程图

3. 温度高高报

温度高高报流程图如图 5-22 所示。

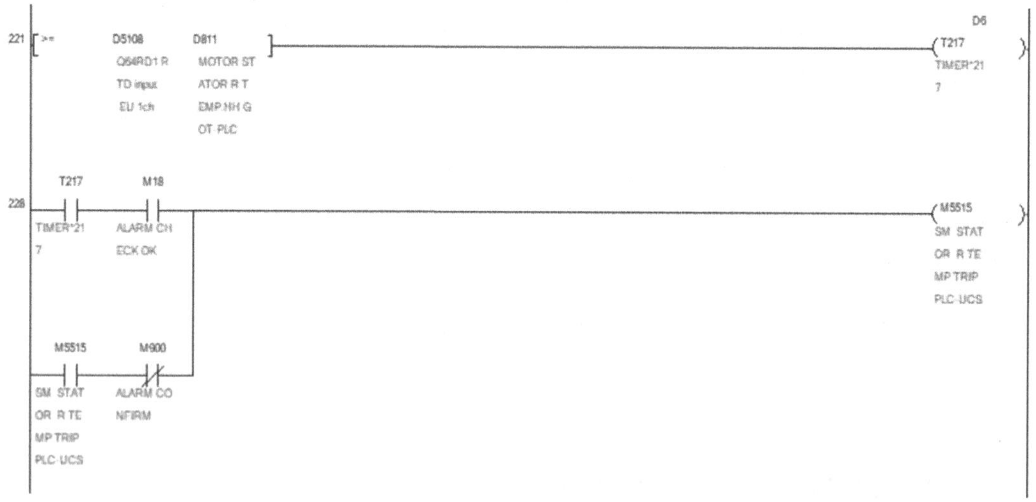

221 >= D5108 Q64RD1 R TD input EU 1ch D811 MOTOR ST ATOR R T EMP HH G OT PLC —— D6 T217 TIMER*21 7

228 T217 TIMER*21 7 M18 ALARM CH ECK OK —— M5515 SM STAT OR R TE MP TRIP PLC UCS

M5515 SM STAT OR R TE MP TRIP PLC UCS M900 ALARM CO NFIRM

图 5-22 温度高高报流程图

M800 信号取自模块自诊断功能 G49 寄存器，通过该寄存器判断 RTD 通道回路断开或断线。同步电机绕组温度故障报警数据表见表 5-7。

表 5-7 同步电机绕组温度故障报警数据表

输入端		
端口名	数据类型	说　明
D108	浮点型	R 相 RTD 信号输入
D109	浮点型	S 相 RTD 信号输入
D110	浮点型	T 相 RTD 信号输入
M800	逻辑量	R 相断线诊断触发
M801	逻辑量	S 相断线诊断触发
M802	逻辑量	T 相断线诊断触发
输出端		
端口名	数据类型	说　明
M5509	逻辑量	报警信息:R 相绕组温度高报
M5510	逻辑量	报警信息:S 相绕组温度高报
M5511	逻辑量	报警信息:T 相绕组温度高报
M5515	逻辑量	报警信息:R 相绕组温度高高报
M5516	逻辑量	报警信息:S 相绕组温度高高报
M5517	逻辑量	报警信息:T 相绕组温度高高报

5.2.2.3　逻辑解读

1. 电机绕组温度报警

电机绕组(R、S、T 三相)温度信号接入 Q64RD－G 模块，以 R 相绕组温度为例，对应初始通道寄存器为 D108，HMI 显示数值寄存器为 D5108。

当模块检测到 RTD 断开或断线时，断线诊断寄存器 M800＝1，将 D5108 赋值为 D810(触摸屏设定温度高报值 125 ℃)，触发绕组温度高报警。

若通道正常，温度高于 D810(触摸屏设定温度高报值 125 ℃)，则延迟 100 ms 触发绕组温度高报警 M5509，关联触发同步电机报警信号 M3015，变频器发出报警；若温度高于 D811(触摸屏设定温度高高报值 155 ℃)，则延迟 100 ms 触发绕组温度高高报警 M5515，关联触发同步电机故障信号 M3004，变频器联锁跳机。

5.2.2.4　设计对比(优化可能性分析)

在 RTD 出现断线后，在 HMI 上不显示任何报警，仅通过产生温度高报侧面提醒回路出现异常，有无必要将报警上传需要进一步论证。

5.2.3　同步电机润滑油系统及轴承故障报警

5.2.3.1　数据类型

本逻辑仅涉及布尔型变量。

5.2.3.2　功能块解读(详解自定义功能块)

1. 故障检测

故障检测流程图如图 5－23 所示。

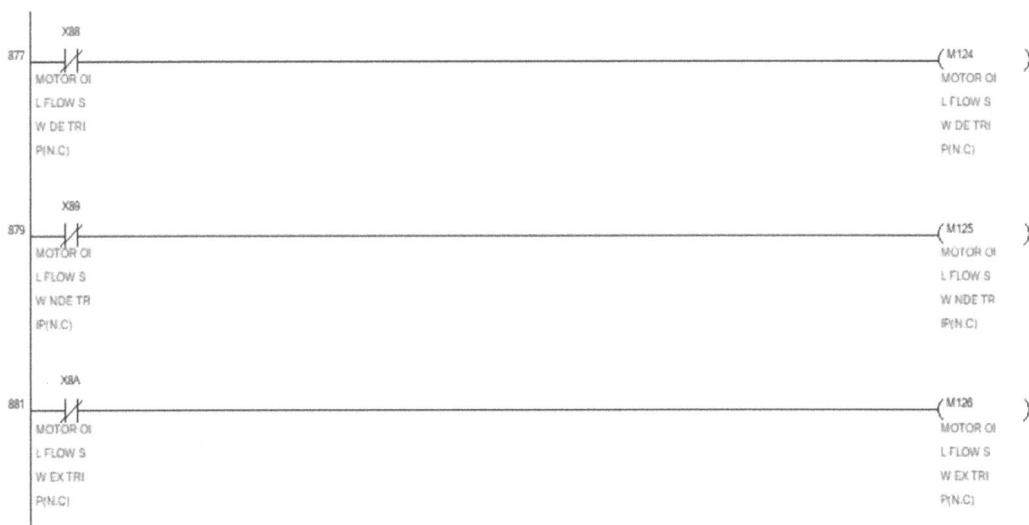

图 5－23　故障检测流程图

2. 延时报警逻辑

延时报警逻辑流程图如图 5－24 所示。

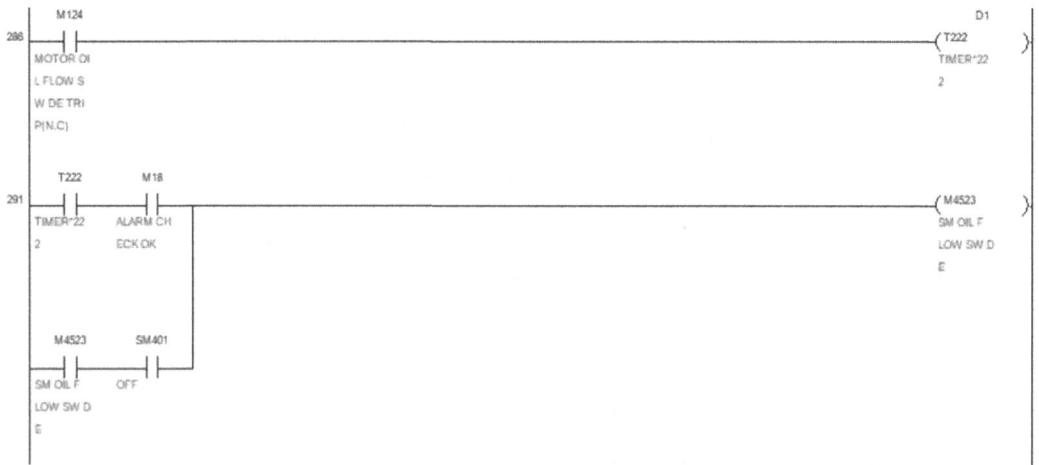

图 5－24　延时报警逻辑流程图

M18 信号取自模块自诊断功能 X0 寄存器，通过该寄存器判断该模块状态是否正常。

同步电机润滑油系统及轴承故障报警数据表见表 5－8。

表 5－8　同步电机润滑油系统及轴承故障报警数据表

输入端		
端口名	数据类型	说　明
X88	逻辑量	电机滑油驱动端油流开关信号输入
X89	逻辑量	电机滑油非驱动端油流开关信号输入
X8A	逻辑量	励磁机滑油驱动端油流开关信号输入
X8B	逻辑量	电机轴承振动高(UCS 信号)输入
X8D	逻辑量	电机润滑油系统故障(UCS 信号)输入
X8F	逻辑量	电机润滑油系统运行(UCS 信号)输入
X91	逻辑量	电机轴承温度高(UCS 信号)输入
输出端		
端口名	数据类型	说　明
M4523	逻辑量	电机滑油驱动端缺油
M4524	逻辑量	电机滑油非驱动端缺油
M4525	逻辑量	励磁机滑油驱动端缺油
M4526	逻辑量	电机轴承振动高
M4528	逻辑量	电机滑油系统故障
M5529	逻辑量	电机润滑油系统运行
M4576	逻辑量	电机轴承温度高

5.2.3.3　逻辑解读

1. 润滑油系统报警

电机和励磁机滑油系统缺油通过电机、励磁机驱动端、非驱动端位置油流开关进行检测，信号接入 QX42 模块，若开关动作，则延时 100 ms 后触发同步电机故障信号，变频器联锁跳机。

2. 轴承振动及温度报警

电机轴承振动及温度信号首先进入本特利卡件，经过逻辑判断后，若出现振动高或温度高高报警，则信号转发至 QX42 模块，延时 100 ms 后触发同步电机故障信号，变频器联锁跳机。

5.2.3.4　设计对比(优化可能性分析)

现有逻辑满足运行需要。

5.2.4　同步电机温度故障报警

5.2.4.1　电机轴承 φ100 温度(TSA181、TSA182)

简介：电机轴承 φ100 温度报警值：高报值为 85 ℃，高高报值为 95 ℃。TSA181 信号进入振动机架 7 槽 8 通道，TSA182 信号进入振动机架 8 槽 9 通道。

逻辑梳理：

当 TSA181 达到高高报值，同时 TSA182 达到高报值后，延时 5 s 触发停机。

当 TSA182 达到高高报值，同时 TSA181 达到高报值后，延时 5 s 触发停机。

当 TSA181 处于故障状态，同时 TSA182 达到高高报值后，延时 5 s 触发停机。

当 TSA182 处于故障状态，同时 TSA181 达到高高报值后，延时 5 s 触发停机。

5.2.4.2　电机轴承 φ200 温度(TSA183、TSA184)

简介：电机轴承 φ200 温度报警值：高报值为 99 ℃，高高报值为 109 ℃。TSA183 信号进入振动机架 7 槽 9 通道，TSA184 信号进入振动机架 8 槽 10 通道。

逻辑梳理：

当 TSA183 达到高高报值，同时 TSA184 达到高报值后，延时 5 s 触发停机。

当 TSA184 达到高高报值，同时 TSA183 达到高报值后，延时 5 s 触发停机。

当 TSA183 处于故障状态，同时 TSA184 达到高高报值后，延时 5 s 触发停机。

当 TSA184 处于故障状态，同时 TSA183 达到高高报值后，延时 5 s 触发停机。

5.2.4.3　电机轴承 φ200 温度(TSA185、TSA186)

简介：电机轴承 φ200 温度报警值：高报值为 99 ℃，高高报值为 109 ℃。TSA185 信号进入振动机架 7 槽 10 通道，TSA186 信号进入振动机架 8 槽 11 通道。

逻辑梳理：

当 TSA185 达到高高报值，同时 TSA186 达到高报值后，延时 5 s 触发停机。

当 TSA186 达到高高报值，同时 TSA185 达到高报值后，延时 5 s 触发停机。

当 TSA185 处于故障状态，同时 TSA186 达到高高报值后，延时 5 s 触发停机。

当 TSA186 处于故障状态，同时 TSA185 达到高高报值后，延时 5 s 触发停机。

5.2.4.4 电机定子绕组温度(TSA171、TSA172)

简介：电机定子绕组温度报警值：高报值为 120 ℃，高高报值为 125 ℃。TSA171 信号进入振动机架 7 槽 11 通道，TSA172 信号进入振动机架 8 槽 12 通道。

逻辑梳理：

当 TSA171 达到高高报值，同时 TSA172 达到高报值后，延时 5 s 触发停机。

当 TSA172 达到高高报值，同时 TSA171 达到高报值后，延时 5 s 触发停机。

当 TSA171 处于故障状态，同时 TSA172 达到高高报值后，延时 5 s 触发停机。

当 TSA172 处于故障状态，同时 TSA171 达到高高报值后，延时 5 s 触发停机。

5.2.4.5 电机定子绕组温度(TSA173、TSA174)

简介：电机定子绕组温度报警值：高报值为 120 ℃，高高报值为 125 ℃。TSA173 信号进入振动机架 8 槽 1 通道，TSA174 信号进入振动机架 7 槽 2 通道。

逻辑梳理：

当 TSA173 达到高高报值，同时 TSA174 达到高报值后，延时 5 s 触发停机。

当 TSA174 达到高高报值，同时 TSA173 达到高报值后，延时 5 s 触发停机。

当 TSA173 处于故障状态，同时 TSA174 达到高高报值后，延时 5 s 触发停机。

当 TSA173 处于故障状态，同时 TSA174 达到高高报值后，延时 5 s 触发停机。

5.2.4.6 电机定子绕组温度(TSA175、TSA176)

简介：电机定子绕组温度报警值：高报值为 120 ℃，高高报值为 125 ℃。TSA173 信号进入振动机架 8 槽 3 通道，TSA174 信号进入振动机架 7 槽 4 通道。

逻辑梳理：

当 TSA173 达到高高报值，同时 TSA174 达到高报值后，延时 5 s 触发停机。

当 TSA174 达到高高报值，同时 TSA173 达到高报值后，延时 5 s 触发停机。

当 TSA173 处于故障状态，同时 TSA174 达到高高报值后，延时 5 s 触发停机。

当 TSA173 处于故障状态，同时 TSA174 达到高高报值后，延时 5 s 触发停机。

第6章 压缩机部分相关逻辑解读及对比优化

6.1 振动保护系统

6.1.1 GE电驱机组

6.1.1.1 BN综合报警

BN3500机架中槽位3、4、5、6、11、12的模块任一通道(具体信号包括压缩机、电机与励磁机径向振动、压缩机轴向位移、电机与励磁机轴承温度)报警,14槽的继电器模块(33卡)1通道吸合常开继电器,触发BN综合报警信号XS-3185(1→0)。

XS-3185信号通过硬线一分二接入VERSAMAX IO模块V3.4/V4.4,作为常闭触点信号XS-3185A/XS-3185B,取或逻辑(即两个信号均触发1→0)触发BN综合报警信号L30ALM_VM。

BN综合报警信号L86VM通过ALARM RESET功能块,触发并锁存报警信号L30ALM_VM_ALM,并传入HMI显示报警,故障信号复位后通过HMI复位按钮对报警信号复位。

在UCS系统中,BN综合报警信号仅进行报警,并未设置延时,也不参与联锁控制逻辑。

6.1.1.2 BN监测系统故障报警

BN监测系统TDI模块(22M卡)检测到任一异常状态(包括但不限于任一通道报警、任一通道不健康、任一模块不健康等),吸合常开继电器,触发BN监测系统故障信号XS-3181(1→0)。

XS-3181信号通过硬线一分二接入VERSAMAX IO模块V3.4/V4.4,作为常闭触点信号XS-3181A/XS-3181B,取或逻辑(即两个信号均触发1→0)触发BN监测系统故障信号L86VM。

BN监测系统故障信号L86VM通过ALARM RESET功能块,触发并锁存报警信号

L86VM_ALM,并传入 HMI 显示报警,故障信号复位后通过 HMI 复位按钮对报警信号复位。

在 UCS 系统中,BN 监测系统故障信号及其报警信号仅进行报警,并未设置延时,也不参与联锁控制逻辑。

6.1.1.3 机组综合径向振动跳机

机组综合径向振动跳机信号实施过优化,原信号 XS-3182/XS-3183 通过一分二接线端子后分别接入 HIMA F3 DIO-1 模块 A/B,实现信号冗余。

以下任一逻辑:

电机径向轴承振动跳机逻辑(轴伸端振动探头 XT-3804X/XT-3804Y 中:任一探头高高报[130 μm]【注 1】且另一探头高报[65 μm],或任一探头不健康且另一探头高报[65 μm],或双探头均不健康;或非轴伸端振动探头 XT-3803X/XT-3803Y 中:任一探头高高报[130 μm]且另一探头高报[65 μm],或任一探头不健康且另一探头高报[65 μm],或双探头均不健康)。

励磁机径向轴承振动跳机逻辑(励磁机振动探头 XT-3802X/XT-3802Y 中:任一探头高高报[130 μm]且另一探头高报[65 μm],或任一探头不健康且另一探头高报[65 μm],或双探头均不健康)。

压缩机径向轴承振动跳机逻辑(驱动端振动探头 XT-3355X/XT-3355Y 中:任一探头高高报[70 μm]且另一探头高报[50 μm],或任一探头不健康且另一探头高报[50 μm],或双探头均不健康;或非驱动端振动探头 XT-3356X/XT-3356Y 中:任一探头高高报[70 μm]且另一探头高报[50 μm],或任一探头不健康且另一探头高报[50 μm],或双探头均不健康);

以上任一逻辑触发时,13 槽的继电器模块(33 卡)2 通道吸合常开继电器,触发 BN 综合停机信号 XS-3182(1→0),同时 14 槽的继电器模块(33 卡)2 通道吸合常开继电器,触发 BN 综合停机信号 XS-3183(1→0)。

XS-3182 信号通过硬线一分二接入 HIMA F3 DIO-1 模块 A/B,作为常闭触点信号 XS-3182/XS-3182,在 HIMA F35 PLC 中触发 COMMON_TRIP 信号(1→0),执行保压紧急停机(ESP)逻辑【注 2】。

XS-3183 信号通过硬线一分二接入 HIMA F3 DIO-1 模块 A/B,作为常闭触点信号 XS-3183/XS-3183,在 HIMA F35 PLC 中触发 COMMON_TRIP 信号(1→0),执行保压紧急停机(ESP)逻辑【注 2】。

HIMA F35 PLC 中 XS-3182 同时触发报警信号 XA-3182,XS-3183 同时触发报警信号 XA-3183,XA-3182 与 XA-3183 均通过 F1M_TRIP 功能块进行复位,在 UCS 系统中,并未设置延时,也不参与联锁控制逻辑。

HIMA F35 PLC 中的 XS-3182/XS-3183 和 XA-3182/XA-3183 信号均通过 MODBUS TCP 协议传至 FANUC PLC【注 3】,XS-3182 绑定常闭信号 L39VMT1,XS-3183 绑定常闭信号 L39VMT2,用于 HMI 中显示跳机触发逻辑,XA-3182 绑定常闭

信号 L39VMT3_ALM，XA－3183 绑定常闭信号 L39VMT2_ALM，可触发压缩机综合报警，并传入 HMI 显示报警。

注 1：所有振动信号：不健康无延时，高报警延时 1 s，高高报警延时 2 s，报警不锁存，通过 MODBUS TCP 协议传至 FANUC PLC，绑定信号用于 HMI 显示报警。

注 2：两个 HIMA PLC 独立进行逻辑判断，当两个 PLC 均输出保压紧急停机信号时，方执行保压紧急停机逻辑。

注 3：FANUC PLC 通过 MODBUS TCP 协议分别读取 HIMA F35 PLC A 和 HIMA F35 PLC B 的数据，存入寄存器，HIMA F35 PLC A 通信正常时复制 HIMA F35 PLC A 的数据并取用，HIMA F35 PLC A 通信故障而 HIMA F35 PLC B 通信正常时复制 HIMA F35 PLC B 的数据并取用，HIMA F35 PLC A 和 HIMA F35 PLC B 均通信故障时所有数据置 0。

6.1.1.4　BN 综合跳机

BN 综合跳机逻辑实施过优化，增加了轴承温度探头冗余信号及判断逻辑，受限于 BN3500 系统继电器模块（33 卡）继电器存储器容量，将原本的跳机信号 XS－3186 拆分为 XS－3186 与 XS－3186B。

1. BN 综合跳机信号：XS－3186

以下任一逻辑：

压缩机轴位移跳机逻辑（压缩机轴位移探头 ZT－3352A/ZT－3352B 中：双探头高高报[±0.8 mm]【注 1】，或任一探头高高报[±0.8 mm]且另一探头不健康，或双探头不健康）。

压缩机止推轴承温度跳机逻辑（非工作侧双探头 TE3364/TE3365 高高报[125 ℃]【注 2】，或工作侧双探头 TE3366/TE3367 高高报[125 ℃]，或两侧共四个探头全部不健康）。

电机径向轴承振动跳机逻辑（轴伸端振动探头 XT－3804X/XT－3804Y 中：任一探头高高报[130 μm]且另一探头高报[65 μm]，或任一探头不健康且另一探头高报[65 μm]，或双探头均不健康；或非轴伸端振动探头 XT－3803X/XT－3803Y 中：任一探头高高报[130 μm]且另一探头高报[65 μm]，或任一探头不健康且另一探头高报[65 μm]，或双探头均不健康）。

励磁机径向轴承振动跳机逻辑（励磁机振动探头 XT－3802X/XT－3802Y 中：任一探头高高报[130 μm]且另一探头高报[65 μm]，或任一探头不健康且另一探头高报[65 μm]，或双探头均不健康）。

压缩机径向轴承振动跳机逻辑（驱动端振动探头 XT－3355X/XT－3355Y 中：任一探头高高报[70 μm]且另一探头高报[50 μm]，或任一探头不健康且另一探头高报[50 μm]，或双探头均不健康；或非驱动端振动探头 XT－3356X/XT－3356Y 中：任一探头高高报[70 μm]且另一探头高报[50 μm]，或任一探头不健康且另一探头高报[50 μm]，或双探头均不健康）。

以上任一逻辑触发时，13 槽的继电器模块（33 卡）1 通道吸合常开继电器，触发 BN 综合停机信号 XS－3186（1→0）。

XS-3186 信号通过硬线一分二接入 HIMA F3 DIO-1 模块 A/B，作为常闭触点信号 XS-3186/XS-3186，在 HIMA F35 PLC 中触发 COMMON_TRIP 信号(1→0)，执行保压紧急停机(ESP)逻辑【注 3】。

HIMA F35 PLC 中 XS-3186 同时触发报警信号 XA-3186，XA-3186 通过 F1M_TRIP 功能块进行复位，在 UCS 系统中，并未设置延时，也不参与联锁控制逻辑。

HIMA F35 PLC 中的 XS-3186 和 XA-3186 信号均通过 MODBUS TCP 协议传至 FANUC PLC，XS-3186 绑定常闭信号 L4T_BN，用于 HMI 中显示跳机触发逻辑，XA-3186 绑定常闭信号 L4T_BN_ALM，可触发压缩机综合报警，并传入 HMI 显示报警。

2. BN 综合跳机信号 2：XS-3186B

励磁机及电机轴承温度跳机逻辑(励磁机轴承温度探头 TE3804/TE3804B：双探头高高报[120 ℃]【注 2】，或任一探头不健康且另一探头高高报[120 ℃]，或双探头均不健康；电机非轴伸端轴承温度探头 TE3805/TE3805B：双探头高高报[120 ℃]，或任一探头不健康且另一探头高高报[120 ℃]，或双探头均不健康；电机非轴伸端轴承温度探头 TE3807/TE3807B：双探头高高报[120 ℃]，或任一探头不健康且另一探头高高报[120 ℃]，或双探头均不健康；)触发时，13 槽的继电器模块(33 卡)3 通道吸合常开继电器，触发 BN 综合停机信号 XS-3186B(1→0)。

XS-3186B 信号通过硬线一分二接入 HIMA F3 DIO-1 模块 A/B，作为常闭触点信号 XS-3186B/XS-3186B，在 HIMA F35 PLC 中触发 COMMON_TRIP 信号(1→0)，执行保压紧急停机(ESP)逻辑【注 3】。

HIMA F35 PLC 中 XS-3186B 同时触发报警信号 XA-3186B，XA-3186B 通过 F1M_TRIP 功能块进行复位，在 UCS 系统中，并未设置延时，也不参与联锁控制逻辑。

HIMA F35 PLC 中的 XS-3186B 和 XA-3186B 信号均通过 MODBUS TCP 协议传至 FANUC PLC，XS-3186B 绑定常闭信号 L4T_BN2，用于 HMI 中显示跳机触发逻辑，XA-3186B 绑定常闭信号 L4T_BN2_ALM，可触发压缩机综合报警，并传入 HMI 显示报警。

注 1：所有振动信号：不健康无延时，高报警延时 1 s，高高报警延时 2 s，报警不锁存，通过 MODBUS TCP 协议传至 FANUC PLC，绑定信号用于 HMI 显示报警。

注 2：所有温度信号：不健康无延时，高报警延时 1 s，高高报警延时 5 s，报警锁存，需通过 22M 卡上复位按钮进行复位，报警通过 MODBUS TCP 协议传至 FANUC PLC，绑定信号用于 HMI 显示报警。

注 3：两个 HIMA PLC 独立进行逻辑判断，当两个 PLC 均输出保压紧急停机信号时，方执行保压紧急停机逻辑。

6.1.2 GE 燃驱机组

本机组有 2 台 BN3500 系统，分别是 BN3500 振动监控器和 BN3500 超速保护器：BN 3500 振动监控器由 12 只模块组成，分别是 3500/15 电源模块 2 只，3500/05 暂态数据接口 1 只，3500/25 主相位检测模块 1 只，3500/40M 接近度检测模块 4 只，3500/33 16 通道继电器模块 2 只，3500/92 通信网关模块组成。接受 13 只振动信号，对超限发出报警或停机信号，BN3500 超速保护器由 10 只模块组成，分别是 3500/15 电源模块 2 只，3500/05 暂态数据接口 1 只。3500/53 转速限制模块 4 只，3500/32 16 通道继电器输出模块 2 只，3500/92 通信模块 1 只。3500 系统的多个模块上都有“OK”和“TX/RX”指示灯，该模块和其 I/O 模块工作正常则“OK”绿灯亮，当该模块收发信息正常，则“TX/RX”绿灯闪光。有第三个指示灯 BY PASS 的模块，红灯表示模块某功能被临时抑制。

6.1.2.1　BN3500 振动监控器

本监控器构成如下：3500/15 电源模块；3500/22 瞬态数据接口模块；3500/42M 加速度振动检测器模块；3500/44 航空衍生型振动检测器模块；3500/40M 接近度检测模块（位移检测器模块）；3500/25 增强型主相位器（键相位器）；3500/33 16 通道继电器模块；3500/92 通信网关模块。

1. 压缩机驱动端径向振动探头（XT196－X、XT196－Y）

（1）探头输出逻辑

现场信号进入振动机架 6 槽 1，2 通道，当两个探头中任意一个数值 Direct（通频）＞105 μm 时高报，Direct＞158 μm 时，机组 TRIP，TRIP 信号由 13 槽 6 通道继电器输出，VSHH－743A（39VTI－S）硬线接入 HIMATRIX F35 CPUA/CPUB DI 输入端子后通过交换机光纤传入 UCP1 机柜内的安全 PLC，无延迟直接触发 TRIP 命令并通过 PPRF 通信与 Mark VIe 通信，该变量名为 L39VT－S，当 NPT 转速＜300 r/min 时，该信号触发 L39VGIX_ESN 变量，进而触发 L4PESN_MSC（机组无电机应急停车），但该命令不会实际执行，通信传输的 L39VT－S 信号会在 HMI 上产生 L39VT－TRIP 报警。

（2）停机逻辑

当两个探头中任意一个数值 Direct（通频）＞105 μm 时高报，Direct＞158 μm 时，机组 TRIP。

2. 压缩机驱动端径向振动探头（XT197－X、XT197－Y）

（1）探头输出逻辑

现场信号进入振动机架 6 槽 3，4 通道，当两个探头中任意一个数值 Direct（通频）＞105 μm 时高报，Direct＞158 μm 时，机组 TRIP，TRIP 信号由 13 槽 6 通道继电器输出，VSHH－743A（39VTI－S）硬线接入 HIMATRIX F35 CPUA/CPUB DI 输入端子后通过交换机光纤传入 UCP1 机柜内的安全 PLC，无延迟直接触发 TRIP 命令并通过 PPRF 通信与 Mark VIe 通信，该变量名为 L39VT－S，当 NPT 转速＜300 r/min 时，该信号触发 L39VGIX_ESN 变量，进而触发 L4PESN_MSC（机组无电机应急停车），但该命令不会实际执行，通信传输的 L39VT－S 信号会在 HMI 上产生 L39VT－TRIP 报警。

（2）停机逻辑

当两个探头中任意一个数值 Direct（通频）＞105 μm 时高报，Direct＞158 μm 时，机组 TRIP。

3. 压缩机轴向位移探头(ZT138－A、ZT138－B)

(1)探头输出逻辑

现场信号进入振动机架 7 槽 1、2 通道,轴位移高报警值为±0.5 mm,高高报警值为±0.7 mm。当两个探头同时高高报或一个探头高报一个探头丢失时触发 TRIP 信号,该信号有 14 槽 6 通道继电器输出,VSHH－743B(39VT2－S)硬线接入 HIMITRIX F35 FFCPUA/CPUB DI,输入端子后通过交换机光纤传入 UCP1 机柜内的安全 CPU。L39VT2－S 仅触发 L39VT2－S 机组轴位移过大 TRIP 报警。

(2)停机逻辑

当两个探头同时高高报或一个探头高报一个探头丢失时,触发 TRIP 信号。

6.1.3 振动监测保护系统沈鼓电驱机组

6.1.3.1 压缩机驱动端轴振动探头(VIA193、VIA194)

简介:压缩机驱动端轴振动报警值:高报值为 64 μm,高高报值为 89 μm。VIA193 信号进入振动机架 3 槽 3 通道,VIA194 信号进入振动机架 4 槽 4 通道。

逻辑梳理:

当 VIA193 达到高高报值同时 VIA194 达到高报值后,延时 2 s 触发停机。

当 VIA194 达到高高报值同时 VIA193 达到高报值后,延时 2 s 触发停机。

当 VIA193 处于故障状态,同时 VIA194 达到高高报值后,延时 2 s 触发停机。

当 VIA194 处于故障状态,同时 VIA193 达到高高报值后,延时 2 s 触发停机。

6.1.3.2 压缩机非驱动端轴振动探头(VIA191、VIA192)

简介:压缩机非驱动端轴振动报警值:高报值为 64 μm,高高报值为 89 μm。VIA191 信号进入振动机架 3 槽 1 通道,VIA192 信号进入振动机架 4 槽 2 通道。

逻辑梳理:

当 VIA191 达到高高报值,同时 VIA192 达到高报值后,延时 2 s 触发停机。

当 VIA192 达到高高报值,同时 VIA191 达到高报值后,延时 2 s 触发停机。

当 VIA191 处于故障状态,同时 VIA192 达到高高报值后,延时 2 s 触发停机。

当 VIA192 处于故障状态,同时 VIA191 达到高高报值后,延时 2 s 触发停机。

6.1.3.3 压缩机轴位移探头(XIA191、XIA192)

简介:压缩机轴位移报警值:高报值为±0.5 mm,高高报值为±0.7 mm。XIA191 信号进入振动机架 6 槽 1 通道,XIA192 信后进入震动机架 5 槽 3 通道。

逻辑梳理:

当 XIA191、XIA192 同时达到高高报值后,延时 2 s 触发停机。

6.1.3.4 压缩机主止推轴承温度(TIA191、TIA192)

简介:压缩机主止推轴承温度报警值:高报值为 105 ℃,高高报值为 115 ℃。TIA191 信号进入振动机架 7 槽 1 通道,TIA192 信号进入振动机架 8 槽 2 通道。

逻辑梳理：

当 TIA191 达到高高报值，同时 TIA192 达到高报值后，延时 5 s 触发停机。

当 TIA192 达到高高报值，同时 TIA191 达到高报值后，延时 5 s 触发停机。

当 TIA191 处于故障状态，同时 TIA192 达到高高报值后，延时 5 s 触发停机。

当 TIA192 处于故障状态，同时 TIA191 达到高高报值后，延时 5 s 触发停机。

6.1.3.5　压缩机副止推轴承温度（TIA193、TIA194）

简介：压缩机主止推轴承温度报警值：高报值为 105 ℃，高高报值为 115 ℃。TIA193 信号进入振动机架 7 槽 3 通道，TIA194 信号进入振动机架 8 槽 4 通道。

逻辑梳理：

当 TIA193 达到高高报值，同时 TIA194 达到高报值后，延时 5 s 触发停机。

当 TIA194 达到高高报值，同时 TIA193 达到高报值后，延时 5 s 触发停机。

当 TIA193 处于故障状态，同时 TIA194 达到高高报值后，延时 5 s 触发停机。

当 TIA194 处于故障状态，同时 TIA193 达到高高报值后，延时 5 s 触发停机。

6.1.3.6　压缩机驱动端和非驱动端支撑轴温度（TIA195、TIA196、TIA197、TIA198）

简介：压缩机支撑轴温度报警值：高报值为 105 ℃，高高报值为 115 ℃。TIA195（非驱动端）信号进入振动机架 7 槽 5 通道，TIA196（非驱动端）信号进入振动机架 8 槽 6 通道，TIA197（驱动端）信号进入振动机架 7 槽 7 通道，TIA198（驱动端）信号进入振动机架 8 槽 8 通道。

逻辑梳理：

当 TIA196 达到高高报值，同时 TIA197 达到高报值后，延时 5 s 触发停机。

当 TIA197 达到高高报值，同时 TIA196 达到高报值后，延时 5 s 触发停机。

当 TIA196 处于故障状态，同时 TIA195 达到高高报值后，延时 5 s 触发停机。

当 TIA195 处于故障状态，同时 TIA196 达到高高报值后，延时 5 s 触发停机。

当 TIA198 达到高高报值，同时 TIA197 达到高报值后，延时 5 s 触发停机。

当 TIA197 达到高高报值，同时 TIA198 达到高报值后，延时 5 s 触发停机。

当 TIA197 处于故障状态，同时 TIA198 达到高高报值后，延时 5 s 触发停机。

当 TIA198 处于故障状态，同时 TIA197 达到高高报值后，延时 5 s 触发停机。

6.1.4　振动监测保护系统西门子燃驱机组

3500/40M 涡流/惯性检测器是一个 4 通道监测器，它接收来自电涡流和惯性传感器的输入，对信号进行调理，提供各种振动与位置测量值，并将调理后的信号与用户编程设置的报警进行比较；径向振动就是轴或壳体沿垂直于轴中心线方向的动态运动 3500/40 径向振动通道利用来自涡流探头的信号测量轴承振动。轴位移测量转子相对于推力轴承轴向位置或轴向位置的变化，可用来监测转子推力环的磨损程度。

6.1.4.1　动力涡轮驱动端径向振动探头（39PTDEX、39PTDEY）

简介：动力涡轮非驱动端振动报警值：高报值为 60 μm，高高报值为 90 μm。39PTDEX

信号进入振动机架 3 槽 3 通道，39PTDEY 信号进入振动机架 5 槽 4 通道。

逻辑梳理：

当 39PTDEX、39PTDEY 任意值达到高报值后延时 1 s 触发高报警；当 39PTDEX、39PTDEY 达到高报值，同时 39PTDEX、39PTDEY 中任意一个达到高高报值后延时 2 s 触发停机。

6.1.4.2 动力涡轮非驱动端径向振动探头(39PTNEX、39PTNEY)

简介：动力涡轮非驱动端振动报警值：高报值为 60 μm，高高报值为 90 μm。39PTNEX 信号进入振动机架 3 槽 1 通道，39PTNEY 信号进入振动机架 4 槽 1 通道。

逻辑梳理：

当 39PTNEX、39PTNEY 任意值达到 60 μm 后延时 1 s 触发高报警；当 39PTNEX、39PTNEY 达到高报值，同时 39PTNEX、39PTNEY 中任意一个达到高高报值后延时 2 s 触发停机。

6.1.4.3 动力涡轮轴向位移探头(39PTA)

简介：动力涡轮轴位移报警值：高报值为 0.3 mm，低报值为－0.3 mm，高高报值为 0.38 mm，低低报值为－0.38 mm。39PTA 信号进入振动机架 5 槽 1 通道。

逻辑梳理：

当 39PTA 达到高高报或者低低报值时，延时 2 s 触发机组停机。

6.1.4.4 压缩机驱动端径向振动探头(39CPDEX、39CPDEY)

简介：压缩机驱动端振动报警值：高报值为 60 μm，高高报值为 90 μm。39CPDEX 信号进入振动机架 5 槽 3 通道，39CPDEY 信号进入振动机架 3 槽 4 通道。

逻辑梳理：

当 39CPDEX、39CPDEY 任意值达到 60 μm 后延时 1 s 触发高报警；当 39PTNEX、39CPDEY 达到高报值，同时 39CPDEX、39CPDEY 中任意一个达到高高报值后延时 2 s 触发停机。

6.1.4.5 压缩机非驱动端径向振动探头(39CPNEX、39CPNEY)

简介：压缩机非驱动端振动报警值：高报值为 60 μm，高高报值为 90 μm。39CPNEX 信号进入振动机架 3 槽 2 通道，39CPNEY 信号进入振动机架 4 槽 2 通道。

逻辑梳理：

当 39CPNEX、39CPNEY 任意值达到 60 μm 后延时 1 s 触发高报警；当 39CPNEX、39CPNEY 达到高报值，同时 39CPNEX、39CPNEY 中任意一个达到高高报值后延时 2 s 触发停机。

6.1.4.6 压缩机轴向位移探头(39CPA1、39CPA2)

简介：压缩机轴向位移报警值：高报值为 0.31 mm，低报值为－0.31 mm，高高报值为 0.39 mm，低低报值为－0.39 mm。39CPA1 信号进入振动机架 5 槽 2 通道，39CPA2 信号进入 4 槽 3 通道。

逻辑梳理：

当 39CPA1 和 39CPA2 任意一个达到低报或者高报时，延时 1 s 触发报警；当 39CPA1 和 39CPA2 同时达到高高报或者低低报警值时，延时 2 s 触发机组停机停机。

6.2　工艺气系统

6.2.1　GE 燃驱机组工艺气系统

6.2.1.1　工艺气流程装置的组成

1. 进站吸入阀完全打开位置 ZSH4101

进站吸入阀完全打开位置 ZSH4101 是电动切断阀 XV4101 的运行位置在完全打开时的显示开关。吸入阀完全打开位置信号从就地传输至 Mark VIe，当阀完全打开时，在 HMI 有一个显示。

2. 进站吸入阀完全关闭位置 ZSL4101

进站吸入阀完全打开位置 ZSL4101 是电动切断阀 XV4101 的运行位置在完全关闭时的显示开关，吸入阀完全关闭位置信号从就地传输至 Mark VIe，当阀完全关闭时，在 HMI 有一个显示，并在 HMI 上有一个显示。

3. 加载阀完全打开位置 ZSH775

加载阀完全打开位置 ZSH775 是加载阀 XV775 在运行位置完全打开位置时的显示开关，显示打开信号从就地传输至 Mark VIe，并在 HMI 上有一个显示。

4. 加载阀完全关闭位置 ZSL775

加载阀完全关闭位置 ZSL775 是加载阀 XV775 在运行位置完全关闭位置时的显示开关，显示打开信号从就地传输至 Mark VIe，并在 HMI 上有一个显示。

5. 出站阀完全打开位置 ZSH4103

出站阀完全打开位置 ZSH4103 是电动切断阀 XV4103 的运行位置在完全打开时的显示开关，出站阀完全打开位置信号从就地传输至 Mark VIe，当阀完全打开时，在 HMI 有一个显示。

6. 出站阀完全关闭位置 ZSL4103

出站阀完全关闭位置 ZSL4103 是电动切断阀 XV4103 的运行位置在完全关闭时的显示开关，出站阀完全关闭位置信号从就地传输至 Mark VIe，并在 HMI 有一个显示。

7. 紧急放空阀完全打开位置 ZSH784

紧急放空阀完全打开位置 ZSH784 显示紧急放空阀位置，信号由就地传送到 Mark VIe，并在 HMI 上有一个显示。

8. 防喘阀完全打开位置 ZSH776

防喘阀完全打开位置 ZSH776 是流量控制阀 FCV776 在完全打开时的显示开关，信号由就地传输至 Mark VIe，防喘阀在全开位置时机组允许到启动，并在 HMI 上显示。

9. 防喘阀完全关闭位置 ZSL776

防喘阀完全关闭位置 ZSH776 是流量控制阀 FCV776 在完全关闭时的显示开关，信号由就地传输至 Mark VIe，并在 HMI 上显示。当阀在完全关闭位置时，启动被抑止，点火被抑止应在 HMI 上显示。

10. 吸入流量变送器 FT779

指示及现场显示吸入流量，流量信号由现场传至 Mark VIe，当流量探头失效时，会在 HMI 上出现一个报警。

11. 压缩机吸入温度 TE781

温度探头，有现场温度指示，显示压缩机吸入温度，温度信号由现场传至 Mark VIe。当探头失效时，会在 HMI 上显示，温度信号同时传输至防喘控制器和负荷分配控制器 FIC776，再到装置控制系统。

12. 压缩机出口温度 TT783A/B

温度探头，有现场温度指示，显示压缩机出口温度，具有压缩机出口温度高，高高报警。温度信号由现场传至 Mark VIe，当探头失效时，会在 HMI 上显示。当压缩机出口温度达到高报警温度(85 ℃)时，会发出一个高报警，在 HMI 上显示。当压缩机出口温度达到高高报警温度(90 ℃)时，机组紧急停机 ESD 执行。

13. 压缩机出口压力 PIT782A/B

压力探头，指示压缩机出口压力，有压力现场指示表，具有高报及高高报功能。当压力达到 11.85 MPA 时，发出一个高高报警，信号由就地传输至 Mark VIe。当探头失效时，会发出一个报警在 HMI 上显示。

14. 压缩机吸入压力 PIT785

压力探头，指示吸入压力，有现场指示表，信号由就地传输到 Mark VIe。同时将信号传输至负荷分配控制器，再到装置控制系统。

15. 压缩机吸入口压差 PDIT780

检测吸入口压差，信号由就地传输至 Mark VIe。当压差达到高报警值(50 kPaG)时，在 HMI 上有一高报显示。当压差达到高高报警值(100 kPaG)时，增压紧急停机 ES 执行。

16. 加载阀压差 PDIT775。

检测加载阀压差，信号由就地传输至 Mark VIe。当压差达到 100 kPaG 时，压缩机进口阀 XV4101 打开，在 HMI 上显示。

6.2.1.2 本系统的技术条件

流量测量信号通过燃机机组控制系统 UCS 传送至站控系统 SCS。

6.2.1.3　工艺气流程

机组启动程序开始，到达压缩机充压程序。加载阀 XV775 在在加载阀气动操纵电磁阀 XY775 的操纵下打开。工艺气通过 XV775 到达压缩机进口阀 XV4101 阀的两端。当 XV4101 阀两端压差达到 100 kPaG 时，压缩机进口阀 XV4101 和压缩机出口阀 XV4103 逐渐打开。

当压缩机进口阀 XV4101 和压缩机出口阀 XV4103 都打开后，燃气发生器启动，动力涡轮旋转，带动离心式压缩机 PCL800 旋转，压缩机开始增压。

压缩机进口阀 XV4101 和压缩机出口阀 XV4103 上装有阀位指示器，当阀位指示器 ZSH4101 在完全打开位置时，启动程序才能继续，燃气发生器才能启动，否则，启动程序中止。

压缩机进口还安装有压缩机进口压力变送器 PIT785 和进口温度变送器 TE781，以检测压缩机进口压力和温度，并将信号传输到防喘控制器 FIC776。

压缩机进口还安装有压缩机进口过滤器压差变送器 PDIT780，当压差达到 50 kPaG 时。产生一个高报警 H，当压差达到 100 kPaG 时，产生一个高高报警 HH，机组则中止启动或紧急停机 ES 执行。

压缩机的出口管线上安装有压缩机出口温度变送器 TE783A/B，以检测出口温度并有现场指示功能，当出口温度达到 85 ℃时，产生一个高报警 H，当出口温度达到 90 ℃时，产生一个高高报警 HH，机组紧急停机 ES 执行。

压缩机的出口管线上安装有压缩机出口压力变送器 PIT782A/B，以检测出口温度并有现场指示功能，当出口压力达到 9.9 MPaG 时，产生一个高报警 H，当出口压力达到 10 MPaG 时，产生一个高高报警 HH，机组紧急停机 ES 执行。

压缩机的出口管线上安装有流量控制阀(防喘阀)FCV776，用于压缩机喘振控制。防喘阀 FCV776 受防喘控制器 UCS 控制，以调节防喘阀开度，调节进入压缩机进口的流量，以满足进口流量需要而达到防喘的目的。

防喘阀由电磁控制阀 XY776 操纵，操纵信号来自防喘控制器 UCS，调节后的气动信号经放大器 BOOSTER 放大后操纵防喘阀开度，以控制流量。

防喘阀上安装有阀位置指示 ZSL776 和 ZSH776，并带有现场指示位置功能，当防喘阀处于 ZSH 位置时，机组才容许启动。

防喘阀出口经一单向阀，加载阀 XV777 后到达压缩机进口。加载阀 XV777 上安装有阀位位置开关 ZSH777 和 ZSL777。

压缩机出口工艺气除了部分进入防喘阀，主要通过一个单向阀后经过压缩机出口阀 XV4103，到达出口汇管输往下漩。

压缩机出口阀 XV4103 上安装有阀位位置开关 ZSH4103 和 ZSL4103。

在出口单向阀前安装有机组自动放空阀 XV784，用于机组紧急不增压停机时的放空。自动放空阀 XV784 受放空电磁阀 XY784 操纵，放空电磁阀 XY784 受机组控制系统控制。放空电磁阀 XY784 打开后，仪表气进入放空阀 XV784 被打开，机组开始放空。放空阀

XV784 上安装有阀位位置开关 ZSH784 和 ZSL784，以指示阀位。

防喘控制器 UCS 接受来自于压缩机出口压力 PIT782A/B，压缩机出口温度 TE783A/B，压缩机流量变送器 FT779，压缩机进口压力 PIT785，压缩机进口温度 TE781 的信号。

6.2.1.4 逻辑解读

压缩机出口阀限位涉及 2 个变量，开到位 l33dm_o 变量该信号接入 UCP2 的 PDIO－1D5A，关到位 l33dm_c 变量接入 PDIO－1E1A。

1. 压缩机出口阀开限位逻辑

1)作为开反馈信号参与压缩机出口阀控制逻辑。

2)参与盘车的阀位状态检查逻辑，出口阀处于开到位状态方可盘车（非校验盘车或水洗）。

3)点火后出口阀未处于开到位状态触发阀位异常跳机。

2. 压缩机出口阀关限位逻辑

1)作为关反馈信号参与压缩机出口阀控制逻辑；

2)停机状态出口阀未关到位时禁止启机。

3. 压缩机出口工艺气温度输出逻辑

压缩机出口工艺气温度 a26gd_a、a26gd_b 经过健康判断，取 0～999 ℉（－17.778～537.222 ℃）为温度变送器正常输出区间，变送器 A 的健康判断未通过而变送器 B 健康判断通过且数值正常则输出变送器 B 的数值；变送器 B 的健康判断未通过而变送器 A 健康判断通过且数值正常则输出变送器 A 的数值；变送器 A 与变送器 B 的数值偏差在 10 ℉（5.56 ℃）内，输出变送器 A 与变送器 B 数值的平均值；变送器 A 与变送器 B 的数值偏差大于 10 ℉（5.56 ℃），输出变送器 A 和变送器 B 数值的最大值。

4. 压缩机出口工艺气温度高逻辑

1)压缩机出口工艺气温度大于温度设定点 185 ℉（85 ℃）时，输出压缩机出口温度高报警，同时触发压缩机综合报警；压缩机出口工艺气温度小于温度设定点时压缩机出口温度高报警状态消除。

2)压缩机出口工艺气温度大于 194 ℉（90 ℃）时，输出压缩机出口工艺气温度高高报警，同时执行保压紧急停机逻辑，并触发压缩机综合报警；压缩机出口工艺气温度小于 194 ℉（90 ℃）时，报警消除，逻辑触发条件解除。

5. 压缩机出口工艺气温度故障逻辑

当压缩机出口工艺气温度变送器 A 和变送器 B 的健康判断均未通过时，输出压缩机出口工艺气温度变送器故障报警，同时执行保压紧急停机逻辑，并触发压缩机综合报警；当变送器 A 和变送器 B 的任一健康判断通过时，报警消除，逻辑触发条件解除。

1)括号内数值为霍尔果斯压气站参数设定。

2)压缩机出口工艺气温度信号由 TCP1 中 STAI 模块采集。

3)压缩机出口工艺气温度信号作为跳机趋势进行采集。

4)较精河站程序中压缩机出口工艺气温度高高跳机逻辑并未设置 2 s 延时,考虑温度信号极难突变,发生跳变多为变送器故障,增加了该延时,霍尔果斯压气站验证其合理性再决定是否更改。

6.压缩机出口工艺气压力输出逻辑

取－450～15 450 kPa 为压力变送器正常输出区间,变送器 A 的数值超限而变送器 B 数值正常则输出变送器 B 的数值;变送器 B 的数值超限(无论变送器 A 是否正常)则输出变送器 A 的数值;变送器 A 与变送器 B 的数值偏差在 0 kPa 内(当前设置无法触发),输出变送器 A 与变送器 B 数值的平均值;变送器 A 与变送器 B 的数值偏差大于 0 kPa,输出变送器 A 和变送器 B 数值的最大值。

7.压缩机出口工艺气压力逻辑

1)压缩机出口工艺气压力大于压力设定点 11 850 kPa 时,输出压缩机出口压力高报警,同时触发压缩机综合报警;当压缩机出口工艺气压力小于压力设定点时,压缩机出口压力高报警状态消除。

2)当压缩机出口工艺气压力大于 11 950 kPa 时,输出压缩机出口工艺气压力高高报警,同时执行保压紧急停机逻辑,并触发压缩机综合报警;当压缩机出口工艺气压力小于 11 950 kPa 时,报警消除,逻辑触发条件解除。

3)压缩机出口工艺气变化速率参与防喘控制,压力骤降激活喘振检测。

4)压缩机出口工艺气数据不健康触发压缩机防喘传送故障报警,同时参与防喘工作点选择逻辑。

5)注:

①括号内数值为精河压气站参数设定;

②压缩机出口工艺气压力信号由 UCP2 中 TBAI 模块采集;

③压缩机出口工艺气压力温度信号作为跳机趋势进行采集。

压缩机加载阀限位涉及 2 个变量,开到位 L33sp_o 变量该信号接入 UCP2 的 PDIO－1D5A,关到位 L33sp_c 变量接入 PDIO－1E1A。

8.压缩机加载阀开限位逻辑

1)作为开反馈信号参与压缩机加载阀控制逻辑。

2)参与压缩机启机吹扫逻辑,加载阀未处于开到位状态无法结束吹扫。

3)参与停机状态的阀位状态检查逻辑。

9.压缩机加载阀关限位逻辑

1)作为关反馈信号参与压缩机加载阀控制逻辑。

2)参与停机状态的阀位状态检查逻辑,泄压状态下加载阀处于关到位状态方可启机。

3)参与启机状态的阀位检查逻辑,点火后加载阀未处于关到位状态触发阀位异常报警。

压缩机入口阀限位涉及 2 个变量,开到位 L33sm_o 变量,该信号接入 UCP2 的 PDIO－

1D5A,关到位 L33sm_c 变量接入 PDIO－1E1A。

10. 压缩机入口阀开限位逻辑

1)作为开反馈信号参与压缩机入口阀控制逻辑。

2)参与加载阀控制逻辑,入口阀未处于开到位状态方可开启加载阀。

3)参与盘车的阀位状态检查逻辑,入口阀处于开到位状态方可盘车(非校验盘车或水洗)。

4)点火后入口阀未处于开到位状态触发阀位异常跳机。

11. 压缩机入口阀关限位逻辑

1)作为关反馈信号参与压缩机入口阀控制逻辑。

2)参与放空阀自动控制逻辑,放空阀关闭时入口阀关到位后方可开启放空阀。

3)参与放空阀保护开阀逻辑,安全泄压(如 ESD)时若入口阀关到位则触发放空阀保护开阀。

4)参与防喘隔离阀自动控制逻辑,防喘隔离阀开启时入口阀关到位后方可关闭防喘隔离阀。

6.2.2 GE 电驱机组工艺气系统

6.2.2.1 压缩机入口阀

压缩机入口阀限位涉及 2 个变量,开到位 L33sm_o 变量及关到位 L33sm_c 变量。

1. 压缩机入口阀开到位信号采集

压缩机入口阀现场开到位信号 ZSH－4101 经过浪涌保护器后通过一分二接线端子接入 HIMA F3 DIO－1 A/B,通过 MODBUS TCP 协议传至 FANUC PLC,触发压缩机入口阀开到位信号 L33sm_o。

2. 压缩机入口阀关到位信号采集

压缩机入口阀现场关到位信号 ZSL－4101 经过浪涌保护器后通过一分二接线端子接入 VERSAMAX IO 模块 V1.5/2.5,作为常开触点信号 ZSL－4101A/ZSL－4101B,取或逻辑(即任一信号触发 0→1)触发压缩机入口阀关到位信号 L33sm_c。

3. 压缩机入口阀开限位逻辑

1)HIMA F35 PLC 中:变频器启动命令存在时,压缩机入口阀现场开到位信号 ZSH－4101 丢失(1→0),触发 XV－4101_FAIL_OPEN(XV－4101 阀全开故障)信号。XV－4101_FAIL_OPEN 信号(1→0)触发保压紧急停机 ESP 信号,执行 ESP 逻辑。XV－4101_FAIL_OPEN 信号(1→0)同时通过 F1M_TRIP 功能块(详见机组综合径向振动跳机报警相关说明)触发报警信号 ZAH－4101,报警通过 MODBUS TCP 协议传至 FANUC PLC,触发 L33SM_O_ALM,可触发压缩机综合报警,并传入 HMI 显示报警,该报警通过联锁复位按钮在 F1M_TRIP 功能块中复位。

2)FANUC PLC 中:作为开反馈信号在 Valve_CMD 功能块中参与压缩机入口阀控制

逻辑。当开阀命令发出后，超过最大开阀时间(180 s)未收到阀门开到位反馈，发出开阀失败报警，该报警通过报警复位按钮在 ALARM_RESET 功能块中复位。开反馈状态下，当加载阀前、后压差小于 100 kPa 时，触发加载阀压差低低报警，该报警在加载阀前、后压差大于 100 kPa 时，可通过复位按钮复位，或者压缩机入口阀离开全开位报警消失。参与启机逻辑，启机进程第四步为打开工艺阀门，包括入口球阀、出口球阀、防喘管线隔离球阀，检测到以上球阀开到位反馈后延时 10 s，结束第四步，开始启机进程第五步(关加载阀)。

4. 压缩机入口阀关限位逻辑

作为关反馈信号在 Valve_CMD 功能块中参与压缩机入口阀控制逻辑：当关阀命令发出后，超过最大关阀时间(180 s)未收到阀门开到位反馈，发出关阀失败报警，该报警通过报警复位按钮在 ALARM_RESET 功能块中复位。

5. 压缩机入口阀控制逻辑

1)故障关阀：故障状态下自动关阀。

2)手动关阀：手动控制状态使用 HMI 界面关阀按钮进行手动关阀。

3)手动开阀：加载阀前后压差低低(小于 100 kPa)时，手动控制状态使用 HMI 界面开阀按钮进行手动开阀。

4)控制方式：机组启机进程中、机组到达最小负载后(机组运行状态)、机组停机(包括正常停机、保压紧急停机和泄压紧急停机)逻辑触发，阀门为自动控制状态，非以上条件延时 5 s 后阀门为手动控制状态。

5)自动开阀：自动控制状态启机进程至第四步自动开阀。

6)自动关阀：自动控制状态下机组停机(包括正常停机、保压紧急停机和泄压紧急停机)逻辑触发，延时 90 s 后，并且机组 0 转速时，自动关阀。

设计对比(优化可能性分析)：在“UNIT CONTROL SYSTEM CAUSE/EFFECT DIAGRAM(控制系统因果图)”中，机组运行时压缩机入口阀未处于开限位执行保压紧急停机(ESP)逻辑，与控制逻辑一致。压缩机加载阀前后压差大于 100 kPa 禁止开入口阀，与控制逻辑一致。对比西二线压缩机入口阀控制逻辑，西三线 GE 电驱机组取消入口阀关到位反馈作为放空阀开阀条件的逻辑，可能导致天然气放空量增加。对比西二线压缩机入口阀控制逻辑，西三线 GE 电驱机组取消入口阀关到位反馈作为防喘管线隔离阀关阀条件的逻辑，可能导致压缩机出口管线压力升高，但由于电机和压缩机转子较重，压缩机反转可能性较低，具体影响可进一步观察。阀门控制方式导致压缩机组惰走过程中点击联锁复位按钮可能导致压缩机入口阀无法自动关闭，可考虑优化。

机组键相信号丢失后，停机过程中会触发延时 90 s 后，自动关闭入口阀，由于机组未能完全停机，所以可能发生喘振，此时可考虑优化。开反馈状态下，发加载阀前、后压差小于 100 kPa 时，触发加载阀压差低低报警，目前暂时无法解析该报警的具体意义，可考虑进一步论证。

6.2.2.2　压缩机出口阀

压缩机出口阀限位涉及 2 个变量，开到位 L33dm_o 变量及关到位 L33dm_c 变量。

1. 压缩机出口阀开到位信号采集

压缩机出口阀现场开到位信号 ZSH－4103 经过浪涌保护器后通过一分二接线端子接入 VERSAMAX IO 模块 V1.5/2.5，作为常开触点信号 ZSH－4103A/ZSH－4103B，取或逻辑（即任一信号触发 0→1）触发压缩机出口阀关到位信号 L33dm_o。

2. 压缩机出口阀关到位信号采集

压缩机出口阀现场关到位信号 ZSL－4103 经过浪涌保护器后通过一分二接线端子接入 VERSAMAX IO 模块 V1.5/2.5，作为常开触点信号 ZSL－4103A/ZSL－4103B，取或逻辑（即任一信号触发 0→1）触发压缩机出口阀关到位信号 L33dm_c。

3. 压缩机出口阀开限位逻辑

作为开反馈信号在 Valve_CMD 功能块中参与压缩机出口阀控制逻辑：当开阀命令发出后，超过最大开阀时间（180 s）未收到阀门开到位反馈，发出开阀失败报警，该报警通过报警复位按钮在 ALARM_RESET 功能块中复位。参与启机逻辑，启机进程第四步为打开工艺阀门，包括入口球阀、出口球阀、防喘管线隔离球阀，检测到以上球阀开到位反馈后，延时 10 s，结束第四步，开始启机进程第五步（关加载阀）。

4. 压缩机出口阀关限位逻辑

作为关反馈信号在 Valve_CMD 功能块中参与压缩机出口阀控制逻辑：当关阀命令发出后，超过最大关阀时间（180 s）未收到阀门开到位反馈，发出关阀失败报警，该报警通过报警复位按钮在 ALARM_RESET 功能块中复位。

5. 压缩机出口阀控制逻辑

1）故障关阀：故障状态下自动关阀。

2）手动关阀：手动控制状态使用 HMI 界面关阀按钮进行手动关阀。

3）手动开阀：手动控制状态使用 HMI 界面开阀按钮进行手动开阀。

4）控制方式：机组启机进程中、机组到达最小负载后（机组运行状态）、机组停机（包括正常停机、保压紧急停机和泄压紧急停机）逻辑触发，阀门为自动控制状态，非以上条件延时 5 s 后阀门为手动控制状态。

5）自动开阀：自动控制状态启机进程至第四步自动开阀。

6）自动关阀：自动控制状态下正常停机且防喘阀全开，或保压紧急停机，或泄压紧急停机逻辑触发时，自动关阀。

设计对比（优化可能性分析）：在“UNIT CONTROL SYSTEM CAUSE/EFFECT DIAGRAM（控制系统因果图）”中，机组运行时压缩机出口阀限位仅进行工艺显示，与实际一致。

对比西二线压缩机出口阀控制逻辑，西三线 GE 电驱机组取消出口阀未处于开到位状态触发阀位异常跳机的逻辑，及停机状态出口阀未关到位时禁止启机逻辑，避免了阀门未动作而阀位反馈异常跳机的情况，若实际压缩机出口阀异常关闭，则可能导致压缩机出口超压跳机（也可能自动打开防喘阀免于跳机），对系统的安全性影响不大，现有逻辑满足运行需要。

6.2.2.3　压缩机出口阀

压缩机防喘隔离阀限位涉及 2 个变量，开到位 L33as_iso_o 变量及关到位 L33as_iso_c 变量。

1. 压缩机防喘隔离阀开到位信号采集

压缩机防喘隔离阀现场开到位信号 ZSH－4102 经过浪涌保护器后通过一分二接线端子接入 HIMA F3 DIO－1 A/B，通过 MODBUS TCP 协议传至 FANUC PLC，触发压缩机防喘隔离阀开到位信号 L33as_iso_o。

2. 压缩机防喘隔离阀关到位信号采集

压缩机防喘隔离阀现场关到位信号 ZSL－4102 经过浪涌保护器后通过一分二接线端子接入 VERSAMAX IO 模块 V1.5/2.5，作为常开触点信号 ZSL－4102A/ZSL－4102B，取或逻辑（即任一信号触发 0→1）触发压缩机防喘隔离阀关到位信号 L33as_iso_c。

3. 压缩机防喘隔离阀开限位逻辑

1）HIMA F35 PLC 中：变频器启动命令存在时，压缩机防喘隔离阀现场开到位信号 ZSH－4102 丢失（1→0），触发 XV－4102_FAIL_OPEN（XV－4102 阀全开故障）信号。XV－4102_FAIL_OPEN 信号（1→0）触发保压紧急停机 ESP 信号，执行 ESP 逻辑。XV－4102_FAIL_OPEN 信号（1→0）同时通过 F1M_TRIP 功能块触发报警信号 ZAH－4102，报警通过 MODBUS TCP 协议传至 FANUC PLC，触发 L33AS_ISO_O_ALM，可触发压缩机综合报警，并传入 HMI 显示报警，该报警通过联锁复位按钮在 F1M_TRIP 功能块中复位。

2）FANUC PLC 中：作为开反馈信号在 Valve_CMD 功能块中参与压缩机防喘隔离阀控制逻辑。当开阀命令发出后，超过最大开阀时间（120 s）未收到阀门开到位反馈，发出开阀失败报警，该报警通过报警复位按钮在 ALARM_RESET 功能块中复位。参与启机逻辑，启机进程第四步为打开工艺阀门，包括入口球阀、出口球阀、防喘管线隔离球阀，检测到以上球阀开到位反馈后延时 10 s，结束第四步，开始启机进程第五步（关加载阀）。

4. 压缩机防喘隔离阀关限位逻辑

作为关反馈信号在 Valve_CMD 功能块中参与压缩机防喘隔离阀控制逻辑：当关阀命令发出后，超过最大关阀时间（120 s）未收到阀门开到位反馈，发出关阀失败报警，该报警通过报警复位按钮在 ALARM_RESET 功能块中复位。

5. 压缩机防喘隔离阀控制逻辑

1）故障关阀：故障状态下自动关阀。

2）手动关阀：手动控制状态使用 HMI 界面关阀按钮进行手动关阀。

3）手动开阀：手动控制状态使用 HMI 界面开阀按钮进行手动开阀。

4）控制方式：机组启机进程中、机组到达最小负载后（机组运行状态）、机组停机（包括正常停机、保压紧急停机和泄压紧急停机）逻辑触发，阀门为自动控制状态，非以上条件延时 5 s 后，阀门为手动控制状态。

5)自动开阀:自动控制状态启机进程至第四步自动开阀。

6)自动关阀:自动控制状态下机组0转速时且满足以下条件之一:

①机组正常停机逻辑触发,延时360 s后;

②机组保压紧急停机逻辑触发,延时90 s后;

③机组泄压紧急停机逻辑触发,延时360 s后。

自动关阀。

设计对比(优化可能性分析):在“UNIT CONTROL SYSTEM CAUSE/EFFECT DIAGRAM(控制系统因果图)”中,机组运行时压缩机防喘隔离阀未处于开限位执行保压紧急停机(ESP)逻辑,与控制逻辑一致。

6.2.2.4 压缩机加载阀

压缩机加载阀限位涉及两个变量,开到位L33sp_o变量及关到位L33sp_c变量。

1. 压缩机加载阀开到位信号采集

压缩机加载阀现场开到位信号ZSH-3775经过浪涌保护器后通过一分二接线端子接入VERSAMAX IO模块V1.4/2.4,作为常开触点信号ZSH-3775A/ZSH-3775B,取或逻辑(即任一信号触发0→1)触发压缩机加载阀关到位信号L33sp_o。

2. 压缩机加载阀关到位信号采集

压缩机加载阀现场关到位信号ZSL-3775经过浪涌保护器后通过一分二接线端子接入VERSAMAX IO模块V1.4/2.4,作为常开触点信号ZSL-3775A/ZSL-3775B,取或逻辑(即任一信号触发0→1)触发压缩机加载阀关到位信号L33sp_c。

3. 压缩机加载阀开限位逻辑

作为开反馈信号在Valve_CMD功能块中参与压缩机加载阀控制逻辑:当开阀命令发出后,超过最大开阀时间(30 s)未收到阀门开到位反馈,发出开阀失败报警,该报警通过报警复位按钮在ALARM_RESET功能块中复位。参与启机逻辑,启机进程第二步为压缩机吹扫,泄压启动时检测到加载阀开到位反馈后延时180 s,吹扫完成,第二步完成。保压启动时检测到加载阀开到位反馈、放空阀关到位反馈后第二步完成。第二步完成后开始启机进程第三步(充压)。

4. 压缩机加载阀关限位逻辑

作为关反馈信号在Valve_CMD功能块中参与压缩机加载阀控制逻辑:当关阀命令发出后,超过最大关阀时间(30 s)未收到阀门开到位反馈,发出关阀失败报警,该报警通过报警复位按钮在ALARM_RESET功能块中复位。参与启机逻辑,启机进程第五步为关闭加载阀,检测到加载阀关到位反馈后延时10 s,第五步完成,开始第六步(启动变频器)。

5. 压缩机加载阀控制逻辑

1)故障关阀:故障状态下自动关阀。

2)手动关阀:手动控制状态使用HMI界面关阀按钮进行手动关阀。

3)手动开阀:手动控制状态使用HMI界面开阀按钮进行手动开阀。

4)控制方式:机组启机进程中、机组到达最小负载后(机组运行状态)、机组停机(包括正常停机、保压紧急停机和泄压紧急停机)逻辑触发,阀门为自动控制状态,非以上条件延时5 s后阀门为手动控制状态。

5)自动开阀:自动控制状态下:启机进程至第二步,或正常停机/保压紧急停机状态下压缩机入口压力大于100 kPa,自动开阀。

6)自动关阀:自动控制状态下:启机进程至第五步,或泄压紧急停机逻辑触发,或吹扫过程终止启机时,自动关阀。

7)保护关阀:泄压紧急停机逻辑触发时保护关阀。

设计对比(优化可能性分析):在"UNIT CONTROL SYSTEM CAUSE/EFFECT DIAGRAM(控制系统因果图)"中,机组运行时压缩机加载阀限位仅进行工艺显示,与实际一致。

西三线GE电驱机组加载阀未进行手动放空时逻辑设置,使用阀门命令关阀后,手动放空过程中压缩机入口压力100 kPa时,由于压力波动,可能导致压缩机入口压力低低信号波动,从而自动打开加载阀,导致天然气较大放空。可将"正常停机/保压紧急停机状态下压缩机入口压力大于100 kPa,自动开阀"优化为"正常停机/保压紧急停机状态下压缩机入口压力大于100 kPa且干气密封供气阀打开,自动开阀"。

此外,可考虑参考西二线GE燃驱机组逻辑,添加手动放空逻辑。

6.2.2.5 压缩机放空阀

压缩机放空阀限位涉及2个变量,开到位L33vm_o变量及关到位L33vm_c变量。

1. 压缩机放空阀开到位信号采集

压缩机放空阀现场开到位信号ZSH-3784经过浪涌保护器后通过一分二接线端子接入VERSAMAX IO模块V1.4/2.4,作为常开触点信号ZSH-3784A/ZSH-3784B,取或逻辑(即任一信号触发0→1)触发压缩机放空阀关到位信号L33vm_o。

2. 压缩机放空阀关到位信号采集

压缩机放空阀现场关到位信号ZSL-3784经过浪涌保护器后通过一分二接线端子接入VERSAMAX IO模块V1.4/2.4,作为常开触点信号ZSL-3784A/ZSL-3784B,取或逻辑(即任一信号触发0→1)触发压缩机放空阀关到位信号L33vm_c。

3. 压缩机放空阀开限位逻辑

作为开反馈信号在Valve_CMD功能块中参与压缩机放空阀控制逻辑:当开阀命令发出后,超过最大开阀时间(30 s)未收到阀门开到位反馈,发出开阀失败报警,该报警通过报警复位按钮在ALARM_RESET功能块中复位。参与启机逻辑,启机进程第一步为干气密封吹扫,泄压启动时检测到放空阀开到位反馈、油冷器挡板开反馈、防喘阀关到位反馈、干气密封激活(供气压差大于200 kPa)、干气密封供气阀无关到位反馈、干气密封供气温度大于30 ℃,干气密封吹扫进行中。吹扫进行120 s,吹扫完成,第一步完成,开始启机进程第二步

(压缩机吹扫)。

4. 压缩机放空阀关限位逻辑

作为关反馈信号在 Valve_CMD 功能块中参与压缩机放空阀控制逻辑：当关阀命令发出后，超过最大关阀时间(30 s)未收到阀门开到位反馈，发出关阀失败报警，该报警通过报警复位按钮在 ALARM_RESET 功能块中复位。参与启机逻辑，启机进程第二步为压缩机吹扫，保压启动时检测到加载阀开到位反馈、放空阀关到位反馈后第二步完成，开始启机进程第三步(充压)。启机进程第三步为机组充压，检测到放空阀关到位反馈且压缩机入口压力低低(小于 100 kPa)后延时 10 s，第三步完成，开始第四步(开启工艺阀)。

5. 压缩机放空阀控制逻辑

放空阀控制由 HIMA 与 Fanuc PLC 共同完成。

(1)HIMA

泄压紧急停机逻辑触发时开启放空阀。HIMA 会将放空阀控制信号通过 MODBUS TCP 协议传至 Fanuc PLC，但 Fanuc PLC 并未取用。

(2)Fanuc

故障关阀：故障状态下自动开阀。

手动关阀：手动控制状态使用 HMI 界面关阀按钮进行手动关阀。

手动开阀：手动控制状态使用 HMI 界面开阀按钮进行手动开阀。

控制方式：机组启机进程中、机组到达最小负载后(机组运行状态)、机组停机(包括正常停机、保压紧急停机和泄压紧急停机)逻辑触发，阀门为自动控制状态，非以上条件延时 5 s 后阀门为手动控制状态。

1)自动开阀：自动控制状态下以下任一逻辑触发：

①泄压启机进程至第一步，且第一步未完成；

②吹扫过程终止启机；

③泄压紧急停机 90 s 后。

2)自动关阀：自动控制状态下：保压启机进程至第二步，或启机进程第三步，自动关阀。

设计对比(优化可能性分析)：在“UNIT CONTROL SYSTEM CAUSE/EFFECT DIAGRAM(控制系统因果图)”中，机组运行时压缩机放空阀限位仅进行工艺显示，与实际一致。西三线 GE 电驱机组放空阀未进行手动放空时逻辑设置，可考虑参考西二线 GE 燃驱机组逻辑，添加手动放空逻辑。

6.2.2.6 压缩机出口压力

1. 压缩机出口压力信号采集

压缩机出口压力信号 PIT－3782/A 经过浪涌保护器后接入 HIMA F3 AIO－01－2 A，写入变量 PIT－3782，并将 PIT－3782 的值写入 PIT－3782_A_B 通过 safeethernet 传输至 HIMA F35 PLC B，写入 PIT－3782_COM。

压缩机出口压力信号 PIT－3782/B 经过浪涌保护器后接入 HIMA F3 AIO－01－2 B，

写入变量 PIT－3782，并将 PIT－3782 的值写入 PIT－3782_B_A 通过 safeethernet 传输至 HIMA F35 PLC A，写入 PIT－3782_COM。

压缩机出口压力信号 PIT－3782/C 经过浪涌保护器后接入信号分配器，分出两路信号分别接入 VERSAMAX IO 模块 V3.2/4.2，分别写入 Fanuc PLC 中变量 PDIT_3782C_A、PDIT_3782C_B。

压缩机出口压力高高跳机设定值通过 HMI 进行设定 11.95 MPa，写入 Fanuc PLC 的 K63GD1HH 变量中，通过 MODBUS TCP 协议传至 HIMA SPLC 中 PSHH－3782－SET。

压缩机出口压力高高旁路信号 L63GD1HH_OVR_CMD 通过 HMI 进行设定，写入 Fanuc PLC 的 L63GD1HH_OVR_CMD 变量中，通过 MODBUS TCP 协议传至 HIMA SPLC 变量 PSHH－3782_COM_OV。

2.压缩机出口压力逻辑

(1)HIMA F35 SPLC 中

SPLC A 中接收到 PIT－3782 信号后通过 AI_SCALE_ALM 对信号进行判断与转换，输出信号 PI－3782，若 PIT－3782 信号超限(低于 150，即 3 mA，或高于 1 050，即 21 mA)，输出仪表故障信号 PAU－3782(1→0)，若 PIT－3782 信号转换后高于高高报警设定值 11.95 MPa，输出 PSHH－3782_A/B 信号(1→0)，PIT－3782 信号低于 11.65 MPa 时复位 PSHH－3782 信号(0→1)。

SPLC A 中接收到 PIT－3782_COM 信号后通过 AI_SCALE_ALM 对信号进行判断与转换，输出信号 PI－3782_COM，若 PIT－3782_COM 信号超限(低于 150，即 3 mA，或高于 1050，即 21 mA，由 SPLC B 进行判断后将结果数字量 PIT－3782_UF_B_A 和 PIT－3782_OF_B_A 通过 safeethernet 传输至 HIMA F35 PLC A)，输出仪表故障信号 PAU－3782_COM(1→0)，若 PIT－3782_COM 信号转换后高于高高报警设定值 11.95 MPa，输出 PSHH－3782_COM 信号(1→0)，PIT－3782_COM 信号低于 11.65 MPa 时复位 PSHH－3782_COM 信号(0→1)。

PSHH－3782_A/B 与 PSHH－3782_COM 信号同时触发时，触发 PSHH－3782 信号(1→0)。

PSHH－3782 信号通过 F1M_TRIP 功能块触发报警信号 PAHH－3782，同样使用联锁复位按钮通过 F1M_TRIP 功能块复位报警信号 PAHH－3782。

压缩机出口压力联锁未旁路时：PSHH－3782 信号触发保压紧急停机逻辑(1→0)。

压缩机出口压力联锁旁路或 PSHH－3782 信号复位后，按下联锁复位按钮，复位保压紧急停机逻辑(0→1)。

PI－3782 与 PI－3782_COM 通过 2OO2_AI 功能块计算平均值 PI－3782_AVG，但该值并未取用。

信号 PAU－3782 与 PAU－3782_COM 通过 ISA_ALM 功能块触发报警信号 PAU－3782_SEQ 与 PAU－3782_COM_SEQ，使用联锁复位按钮通过 ISA_ALM 功能块复位报警信号。

信号 PSHH－3782、PAHH－3782 通过 MODBUS TCP 协议传至 Fanuc PLC 中变量

L63GD1HH/L63GD1HH_ALM,用于在 HMI 显示跳机信息,L63GD1HH_ALM 同时触发综合报警。

信号 PI－3782 与 PI－3782_COM 通过 MODBUS TCP 协议传至 Fanuc PLC 中变量 A63GD1A/A63GD1B,用于 HMI 显示并在 Fanuc PLC 中判断报警。

信号 PAU－3782 与 PAU－3782_COM 通过 MODBUS TCP 协议传至 Fanuc PLC 中变量 L63GD1A_FLT/L63GD1B_FLT,用于判断信号故障状态。

信号 PAU－3782_SEQ 与 PAU－3782_COM_SEQ 通过 MODBUS TCP 协议传至 Fanuc PLC 中变量 L63GD1A_FLT_ALM/L63GD1B_FLT_ALM,触发综合报警。

(2)FANUC PLC 中

通过 A2M_ALARM 对 A63GD1A/A63GD1B 进行选择,输出信号 a63gd1_avg, A63GD1A 和 A63GD1B 均无故障时输出两者算数平均值。A63GD1A 故障,A63GD1B 无故障时输出 A63GD1B。A63GD1A 无故障,A63GD1B 故障时输出 A63GD1A。A63GD1A 和 A63GD1B 均故障输出预设值 0。

输出信号 a63gd1_avg 高于设定值 11.85 MPa 时输出高信号,并触发报警信号,及综合报警信号,a63gd1_avg 低于 11.85 MPa 后使用复位按钮可复位报警信号。

输出信号 a63gd1_avg 低于设定值 0 MPa 时输出低信号,并触发报警信号,及综合报警信号,a63gd1_avg 高于 0 MPa 后使用复位按钮可复位报警信号。

输入信号 A63GD1A/A63GD1B 偏差大于设定值 150 kPa 时,输出偏差信号 L63GD1_DEV,及综合报警信号,A63GD1A/A63GD1B 偏差小于 150 kPa 后使用复位按钮可复位报警信号。

PDIT_3782C_A、T3_PDIT_3782C_B 通过功能块 AI_SCALE_ALM,将原始值转换为工程值,并通过功能块 SELECT 1I,使其双信号均故障时输出 0 MPa,输出 a63gd,用于参与防喘控制。

PDIT_3782C_A、T3_PDIT_3782C_B 均故障时输出 PIT 3782\C 通信故障报警,触发综合报警,信号恢复后通过报警复位按钮复位。

设计对比(优化可能性分析):在“UNIT CONTROL SYSTEM CAUSE/EFFECT DIAGRAM(控制系统因果图)”中,压缩机出口压力高高执行保压紧急停机(ESP)逻辑,与控制逻辑一致。输出信号 a63gd1_avg 低于设定值 0 MPa 时输出低信号,并触发报警信号,及综合报警信号,a63gd1_avg 高于 0 MPa 后使用复位按钮可复位报警信号,放空后仪表存在负向零漂、回路干扰或模数转换误差时,可能触发误报警,可考虑优化低报警设定值,或放空机组不触发综合报警。

6.2.2.7 压缩机出口温度

1. 压缩机出口温度信号采集

压缩机出口温度信号 TIT－3783/A 经过浪涌保护器后接入 HIMA F3 AIO－01－2 A,写入变量 TIT－3783,并将 TIT－3783 的值写入 TIT－3783_A_B 通过 safeethernet 传输至 HIMA F35 PLC B,写入 TIT－3783_COM。

压缩机出口温度信号 TIT－3783/B 经过浪涌保护器后接入 HIMA F3 AIO－01－2 B，写入变量 TIT－3783，并将 TIT－3783 的值写入 TIT－3783_B_A 通过 safeethernet 传输至 HIMA F35 PLC A，写入 TIT－3783_COM。

压缩机出口温度高高跳机设定值通过 HMI 进行设定 90 ℃，写入 Fanuc PLC 的 K26GD1HH 变量中，通过 MODBUS TCP 协议传至 HIMA SPLC 中 TSHH－3783－SET。

压缩机出口温度高高旁路信号 L26GD1HH_OVR_CMD 通过 HMI 进行设定，写入 Fanuc PLC 的 L26GD1HH_OVR_CMD 变量中，通过 MODBUS TCP 协议传至 HIMA SPLC 变量 TSHH－3783_COM_OV。

2.压缩机出口温度逻辑

(1)HIMA F35 SPLC 中

SPLC A 中接收到 TIT－3783 信号后通过 AI_SCALE_ALM 对信号进行判断与转换，输出信号 TI－3782，若 TIT－3783 信号超限(低于 150，即 3 mA，或高于 1 050，即 21 mA)，输出仪表故障信号 TAU－3783(1→0)，若 TIT－3783 信号转换后高于高高报警设定值 90 ℃，输出 TSHH－3783_A/B 信号(1→0)，TIT－3783 信号低于 86.8 ℃时复位 TSHH－3783 信号(0→1)。

SPLC A 中接收到 TIT－3783_COM 信号后通过 AI_SCALE_ALM 对信号进行判断与转换，输出信号 PI－3782_COM，若 TIT－3783_COM 信号超限(低于 150，即 3 mA，或高于 1 050，即 21 mA，由 SPLC B 进行判断后将结果数字量 TIT－3783_UF_B_A 和 TIT－3783_OF_B_A 通过 safeethernet 传输至 HIMA F35 PLC A)，输出仪表故障信号 PAU－3782_COM(1→0)，若 TIT－3783_COM 信号转换后高于高高报警设定值 90 ℃，输出 TSHH－3783_COM 信号(1→0)，TIT－3783_COM 信号低于 86.8 ℃时复位 TSHH－3783_COM 信号(0→1)。

TSHH－3783_A/B 与 TSHH－3783_COM 信号同时触发时，触发 TSHH－3783 信号(1→0)。

TSHH－3783 信号通过 F1M_TRIP 功能块触发报警信号 TAHH－3783，同样使用联锁复位按钮通过 F1M_TRIP 功能块复位报警信号 TAHH－3783。

压缩机出口温度联锁未旁路时：TSHH－3783 信号触发保压紧急停机逻辑(1→0)。

压缩机出口温度联锁旁路或 TSHH－3783 信号复位后，按下联锁复位按钮，复位保压紧急停机逻辑(0→1)。

TI－3783 与 TI－3783_COM 通过 2OO2_AI 功能块计算平均值 TI－3783_AVG，但该值并未取用。

信号 TAU－3783 与 TAU－3783_COM 通过 ISA_ALM 功能块触发报警信号 TAU－3783_SEQ 与 TAU－3783_COM_SEQ，使用联锁复位按钮通过 ISA_ALM 功能块复位报警信号。

信号 TSHH－3783、TAHH－3783 通过 MODBUS TCP 协议传至 Fanuc PLC 中变量 L26GD1HH/L26GD1HH_ALM，用于在 HMI 显示跳机信息，L26GD1HH_ALM 同时触发综合报警。

信号 TI－3783 与 TI－3783_COM 通过 MODBUS TCP 协议传至 Fanuc PLC 中变量 A26GD1A/A26GD1B，用于 HMI 显示并在 Fanuc PLC 中判断报警。

信号 TAU－3783 与 TAU－3783_COM 通过 MODBUS TCP 协议传至 Fanuc PLC 中变量 L26GD1A_FLT/L26GD1B_FLT，用于判断信号故障状态。

信号 TAU－3783_SEQ 与 TAU－3783_COM_SEQ 通过 MODBUS TCP 协议传至 Fanuc PLC 中变量 L26GD1A_FLT_ALM/L26GD1B_FLT_ALM，触发综合报警。

(2)FANUC PLC 中

通过 A2M_ALARM 对 A26GD1A/A26GD1B 进行选择，输出信号 a26gd1_avg，A26GD1A 和 A26GD1B 均无故障时输出两者算数平均值。A26GD1A 故障，A26GD1B 无故障时输出 A26GD1B。A26GD1A 无故障，A26GD1B 故障时输出 A26GD1A。A26GD1A 和 A26GD1B 均故障输出预设值 0。

输出信号 a26gd1_avg 高于设定值 85 ℃时输出高信号，并触发报警信号，及综合报警信号，a26gd1_avg 低于 85 ℃后使用复位按钮可复位报警信号。

输出信号 a26gd1_avg 低于设定值 0 ℃时触发报警信号，及综合报警信号，a26gd1_avg 高于 0 ℃后使用复位按钮可复位报警信号。

输入信号 A26GD1A/A26GD1B 偏差大于设定值 5 ℃时，输出偏差信号 L26GD1_DEV，及综合报警信号，A26GD1A/A26GD1B 偏差小于 5 ℃后使用复位按钮可复位报警信号。

a26gd1_avg 信号会送往压缩机性能曲线计算模块，参与能头计算。

设计对比(优化可能性分析)：在“UNIT CONTROL SYSTEM CAUSE/EFFECT DIAGRAM(控制系统因果图)”中，压缩机出口温度高高执行保压紧急停机(ESP)逻辑，与控制逻辑一致。

输出信号 a26gd1_avg 低于设定值 0 ℃时触发报警信号，及综合报警信号，a26gd1_avg 高于 0 ℃后使用复位按钮可复位报警信号，放空后仪表存在负向零漂、回路干扰或模数转换误差时，可能触发误报警，可考虑优化低报警设定值，或放空机组不触发综合报警。

6.2.3 三线沈鼓机组工艺系统

6.2.3.1 三线顺控程序指令介绍

入口加载阀 HSV110 开关信号输出接入 DO5_1 通道，若加载阀开，则 DO5_1. DOP＝TRUE，若加载阀关闭，DO5_1. DOP＝FALSE。

自动放空阀 HSV11 开关信号接入 DO5_2 通道，若加载阀开，DO5_2. DOP＝FALSE，若加载阀关，则 DO5_2. DOP＝TRUE。

防喘阀电磁阀 FSV110 输入输出信号接入 DO5_3 通道，若防喘阀电磁阀带电，则防喘阀关，则 DO5_3. DOP＝TRUE，若防喘阀电磁阀失电，则防喘阀开，则 DO5_3. DOP＝FALSE。

入口电动阀 HV111 开关信号输出接入 DO5_5，DO5_6 通道，若入口电动阀打开，则 DO5_5. DOP＝TRUE，DO5_6. DOP＝FALSE。若入口电动阀关闭，则 DO5_5. DOP＝

FALSE,DO5_6.DOP=TRUE。

出口电动阀 HV14 开关信号输出接入 DO6_1,DO6_2 通道,若出口电动阀打开,则 DO6_1.DOP=TRUE,DO6_2.DOP=FALSE。若出口电动阀关闭,则 DO6_1.DOP=FALSE,DO6_2.DOP=TRUE。

防喘隔离阀 HV13 开关信号输出接入 DO6_3,DO6_4 通道,若防喘隔离阀打开,则 DO6_3.DOP=TRUE,DO6_4.DOP=FALSE。若防喘隔离阀关闭,则 DO6_3.DOP=FALSE,DO6_4.DOP=TRUE。

主电机空间加热器 MOTOR_HEATER 启/停信号输出接入 DO7_4 通道,若主电机空间加热器启动,则 DO7_4.DOP=TRUE,若主电机空间加热器停止,则 DO7_4.DOP=FALSE。

二次确认具备启动条件复位 m31_SECONFRY_ALLOW 所有条件均已满足则输出 FALSE。当本特利转速 31_BENTLY_INT 小于 5 r/min,并且加载阀 PDIA110 小于 1 270 kPa,并且压缩机入口压力 PI110A 小于 2 600 kPa,并且压缩机泄压停机 ESD_2 信号未触发,则输出管道吹扫开始执行,PURGE_REQUEST=FALSE。否则,输出不执行管道吹扫逻辑,PURGE_REQUEST=TRUE。

干气密封入口阀电磁阀 SV502 开阀,DO5_4=TRUE。

计时 200 s 后,干气密封入口电磁阀开计时结束,GQMF_TIME_OVER=FALSE。

干气密封入口电磁阀开计时器复位,RESET_TIME7=FALSE。

6.2.4　工艺气系统西门子燃驱机组

6.2.4.1　机组启动阀位已就绪逻辑

当压缩机进气阀全关到位,出口阀全关到位,防喘阀全开到位,防喘隔离阀全关到位,加载阀全关到位,压缩机组进气阀前、后压差 63PGJS 大于或等于 50 kPa,同时压缩机出口压力 63PGD 采集值小于或等于 300 kPa,自动放空阀全开到位。或者当进气阀全关到位,出口阀全关到位,防喘阀全开到位,防喘隔离阀全关到位,压缩机组进气阀前、后压差 63PGJS 小于 50 kPa,同时压缩机出口压力 63PGD 采集值大于 300 kPa,自动放空阀全关到位,加载阀全开到位,则输出阀门已就绪命令、输出 LSP08C 信号。

6.2.4.2　燃机启动阀位已就绪逻辑

满足矿物油系统已就绪,压缩机进气加载阀处于关到位,进口阀开到位,出口阀阀开到位,防喘隔离阀开到位,防喘阀开到位,自动放空阀关到位时,输出燃机启动阀位已就绪逻辑。若机组启动阀位已就绪逻辑已经触发且机组运行命令已触发,则可直接输出燃机启动阀位已就绪命令。

6.2.4.3　机组加载阀运行逻辑

当矿物油系统就绪,压缩机进气阀未全开到位,压缩机进气阀全关到位,则发出压缩机加载阀开阀指令。若压缩机未运行,自动放空阀全关到位,自动放空阀关闭命令,入口阀全关到位,压缩机排污计时器未超时,机组已放空,则可直接发出压缩机加载阀开阀指令。

6.2.4.4　机组放空逻辑

若机组已停机，HMI 点击机组卸载按钮，压缩机组进气阀前、后压差 63PGJS 小于 50 kPa 同时压缩机出口压力 63PGD 采集值大于 300 kPa，则机组开始放空。若机组已停机，在放空情况下加载按钮输出 0，压缩机组进气阀前、后压差 63PGJS 小于 50 kPa 同时压缩机出口压力 63PGD 采集值大于 300 kPa，则机组继续放空。

6.2.4.5　机组入口阀和出口阀打开逻辑

若矿物油系统已就绪，压缩机组压力已建立，入口压差 63PGJS 小于 50 kPa，自动放空阀全关到位，机组运行命令发出，则输出机组入口阀和出口阀打开，开始计时 400 s。若入口阀打开命令已发出，机组运行命令已发出，则直接输出机组入口阀和出口阀打开信号。

6.2.4.6　机组管线吹扫逻辑

若矿物油系统已就绪，自动放空阀全开到位，加载阀全开到位，机组运行信号已发出，触发管线吹扫计时器后，触发管线吹扫进程报警，压缩机进入吹扫进程，开始计时 90 s，90 s 后进入下一步程序。

6.2.4.7　压缩机进出口报警逻辑

当压缩机入口压力 63PGS 小于或等于 4 500 kPa 时，输出压缩机入口低报警。

当压缩机出口压力 63PGD 大于或等于 11 850 kPa 时，输出压缩机出口压力高报警。

当压缩机入口温度 26PGS 大于或等于 70 ℃时，输出压缩机入口温度高报警。

当压缩机出口温度 26PGD 大于或等于 70 ℃时，输出压缩机出口温度高报警。

当进站压力 63SS 小于或等于 4 500 kPa 时，输出进站压力低报警。

当出站压力 63SD 大于或等于 11 850 kPa 时，输出出站压力低报警。

当出站温度 26SD 大于或等于 75 ℃时，输出出站温度高报警。

第 7 章　辅助系统相关逻辑解读及对比优化

7.1　燃料气系统

7.1.1　GE 燃驱机组燃料气系统

燃料气系统作为一个独立的撬体安装在燃气发生器箱体右侧。本系统包括旋风分离器 FG-1,燃料气加热器 23FG-1,燃料气切断阀 XV158,旋风分离器安全放空阀 PSV207,旋风分离器排污阀 XV200,另外在燃料气加热器出口管线上安装有安全阀 PSV208,燃料气流量变送器 FT150,自动隔断阀 XV159,截断阀 XV224、XV226。

1. 燃料气加热器就地控制盘故障报警(80FG-1)

本监控器构成如下:3500/15 电源模块;3500/22 瞬态数据接口模块;3500/42M 加速度振动检测器模块;3500/44 航空衍生型振动检测器模块;3500/40M 接近度检测模块(位移检测器模块);3500/25 增强型主相位器(键相位器);3500/33 16 通道继电器模块;3500/92 通信网关模块。

2. 截断阀关限位(33GSOV-1)

探头输出逻辑:现场 ZSL-224/226 信号输入到安全 CPU,安全 CPU 输出 GSOV1ZSC/2 给 MARK VI(CORE),变量为 GSOV1ZSC/GSOV2ZSC 为 True,延迟 2 s,输出 GASFMS_RST 燃料气系统允许启动为 True,机组允许启动。

3. 燃料气供应温度(FTG-2)

(1)探头输出逻辑

FTG-2 小于 31.89 ℃,机组禁止盘车 L26FGL,并输出温度低报警 L26FGL_ALM。

FTG-2 大于 85 ℃,输出温度高报警 L26FGH_ALM。

(2)停机逻辑

FTG－2 大于 95 ℃，输出温度高高报警 L26FGHT_ALM，机组正常停机。

4. 燃料气供应压力(PGAS－A)

探头输出逻辑：

NGGSEL 大于 7 000 r/min，PGAS－A 小于 2 757.9 kPa，输出燃料气供应压力低报警。

NGGSEL 小于 7 000 r/min，PGAS－A 小于 1 378.95 kPa，输出燃料气供应压力低报警 PGASLO_ALM。

若燃料气供应压力 PGAS－A 小于 1 349.99 kPa，机组降至最小负载 PGASLODM。

若燃料气供应压力 PGAS－A 大于 4 729.8 kPa，输出高报警 PGASHI_ALM。

PGAS_A 故障时，输出燃料气供应压力故障报警 PGASFAIL_ALM。

5. 燃料气计量阀前压力(GP－1A/B)

(1)探头输出逻辑

燃料气计量阀前压力(GP－1A/B)由 VAR_HEALTH 模块判断为输入信号健康并输入自定义模块 A2M 对 GP－1A 和 GP－1B 选择判断输出值，即判断输出 GP－1A/B 平均值或者最大值，或非故障探头值，或两探头均故障时的默认输出值。

(2)停机逻辑

当 GP－1A/B 大于 740 psi 或者小于 10 psi 时，则判断为 GP－1A/B 均超限或者故障，逻辑输出 GP1FLT_ES，机组紧急停机。

6. 燃料气计量阀前压力(GP－2A/B)

(1)探头输出逻辑

燃料气计量阀前压力(GP－2A/B)由 VAR_HEALTH 模块判断为输入信号健康并输入自定义模块 A2M 对 GP－2A 和 GP－2B 选择判断输出值，即判断输出 GP－2A/B 平均值或者最大值，或非故障探头值，或两探头均故障时的默认输出值。

(2)停机逻辑

当 GP－2A/B 大于 740 psi 或者小于 10 psi 时，则判断为 GP－2A/B 均超限或者故障，逻辑输出 GP2FLT_ES，机组紧急停机。

7.1.2 燃料气系统西门子燃驱机组

7.1.2.1 燃料气加热器逻辑

当燃料气加热器前温度 26FGRC 小于 38 ℃时，启动燃料气电加热器，大于 44 ℃时停加热器，加热器运行使能信号为 O3FUELH。

当有加热器运行使能信号且燃料气隔离阀打开使能信号时，加热器后温度 26FGRD 作为燃料气电加热器 PID 调节参数，参数主要目的是将 26FGRD 无限靠近 40 ℃。

7.1.2.2 燃料气供应压力低报警

当 63FGS 小于 3 330 kPa 时，触发机组燃料气供应压力低报警，机组产生报警。

7.1.2.3　燃料气压力检测失效停机逻辑

当机组正常运行时(大于怠速),燃调阀上游压力小于 600 kPa 或者燃调阀上游压力 63FGR 小于燃调阀下游压力 63FGM 时,机组触发 SDN。

当机组正常运行时(大于怠速),燃调阀下游压力小于 0 kPa 或者燃调阀下游压力小于等于 P30(63GG30) * 0.9 时,延时 0.5 s 机组触发 SDN。

7.1.2.4　燃料气供应温度低报警及温度低低冷停逻辑

燃料气供应温度主要由 26FGRA 作为主要变量参数,但用于程序表决值进行了再次换算。根据文本语言可知,用于逻辑表决的 tgactC＝tgactC * 0.9＋tg * 0.1,即每一次扫描周期用于逻辑表决的 tgactC 数值,等于上一个扫描周期 tgactC 的数值加上 26FGRA 当前值的 10%。

因此,机组实际用于触发报警值的变量为 tgactC,即当 tgactC(HMI 上以 26FGRA 为准)低于 29.4 ℃时,触发燃料气供应温度低报警;当 26FGRA 持续低于 26.7 ℃,2 h 后机组触发机组冷停 CS。

燃料气供应温度信号失效报警:当 tgactC 的值超出-50～150 ℃范围内,控制系统认为该参数失效。

燃料气供给过多导致点火失败停机报警(机组启机过程中):当机组启机过程中,燃调阀下游压力 63FGM 大于或等于 80.95 kPa 时,延时 0.5 s 触发 SDN。

7.2　合成油系统

7.2.1　GE 燃驱机组合成油系统

该系统分为基板上的合成润滑油系统和燃气发生器合成润滑油系统两部分。

7.2.1.1　基板上的合成润滑油系统

燃气发生器的润滑油系统将滑油供给压气机前、后轴承,高压涡轮轴承及输入齿轮箱和垂直传动轴的轴承,还为压气机转子前,后传动花键提供润滑油,为附件齿轮箱和传动齿轮等磨擦、啮合发热的地方提供滑油,起润滑和散热的作用,另外也为可调导叶作动筒提供动力油。

合成润滑油撬的作用是给燃气发生器滑油系统提供符合要求的滑油。合成润滑油撬装置的组成及执行逻辑如下。

1. 合成润滑油油箱液位 LT125(96QL－1)

LT125 具有现场液位指示并提供不同的油箱液位高,低报警,信号由就地传输至 Mark VIe。当油箱内液位低到报警值 210 mm 时,会发出一个低报警 LAL,同时启动程序被隔离,若机组已经开始启动,则点火被隔离。合成油箱加热器 23QT－2 电源切断,显示在 HMI 上。

当油箱内液位达到 422 mm 时会发出一高报警 LAH,并在 HMI 上显示。当液位 LT125 失效时,启动被隔离。

2. 合成油箱温度 TE127

燃气发生器滑油箱侧面，安装有 LG126 玻璃液位计和 TE127 油箱温度探头。TE127 将温度信号传递给 TT127。

TE127 传送油箱油温并有现场指示，具有高、低温报警功能，信号由就地传输至 Mark VIe。当油温达到 40 ℃时，会发出一个高报警，同时合成油箱加热器 23QT－2 电源切断，并在 HMI 上显示。

当油温下降至 33 ℃时，会发出一个低报警 TAL，合成油箱加热器 23QT－2 接通，并在 HMI 上显示。

当油温下降至－7 ℃时，会发出一个低报警 TAL，启动被隔离，并在 HMI 上显示。

3. 合成油回油滤压差 PDIT193(PSCVF)

测量滑油回油过滤器压差，安装于滑油滤两端，压差信号由就地传输至 Mark VIe。当压差达到高报警值 135 kPa 时，会发出一个高报警并在 HMI 上显示。当压差达到高报警值 150 kPa 时，必须立即切换过滤器，否则，被污染的过滤器继续运行，这会严重影响燃气发生器寿命。

当 PDIT193 失效时，会发出一个报警并在 HMI 上显示。

4. 合成油进油滤压差 PDIT137(PLUBF)

测量滑油进油过滤器压差，安装于滑油进油滤两端，压差信号由就地传输至 Mark VIe。当压差达到高报警值 135 kPa 时，会发出一个高报警，并在 HMI 上显示。当压差达到高报警值 150 kPa 时，必须立即切换过滤器，否则，被污染的过滤器继续运行，这会严重影响燃气发生器寿命。

当 PDIT137 失效时，会发出一个报警，并在 HMI 上显示。

5. 合成油供应管路完全打开位置开关 ZSH131(33QP－10)

位置开关 ZSH131 安装于油箱出口总管上，当开关完全打开时，ZSH 容许启动，否则，启动被隔离，位置信号由就地传输至 Mark VIe，并在 HMI 上显示。

6. 合成油回油总管压力 PIT－171(PSCV)

测量燃气发生器回油总管压力，安装于合成油基板的就地支架上，具有现场显示功能，压力信号由就地传输至 Mark VIe。当回油压力达到 760 kPaG 时，会发出一个高报警并在 HMI 上显示。

当 PIT171 失效时，会发出一个报警，并在 HMI 上显示。

7. 合成油供油总管压力 PIT145(PLUB－A/B)

测量滑油总管压力，压力信号由就地传输至 PLC，安装于合成油基板的就地支架上，当总管压力低于 172 kPaG 时，会发出一个低报警 PAL，并在 HMI 上显示。当总管压力低于 103 kPaG 时，会发出一个低低报警 PALL，若在启动，则会被中止。若机组正在运行，则机组执行增压紧急停机 ESN，并被锁定 4 h，燃料气切断阀 XY224 关闭，燃料气切断阀 XY226 关闭，燃料气放空阀 XY222 打开，燃料气自动隔离阀 XY159 关闭，并在 HMI 上显示。

当 GG 转速 4 500 r/min＜NGG＜8 000 r/min 时，低压报警设为 40 kPaG。

当 PIT145 两个信号同时故障时，机组执行增压紧急停机 ESN，燃料气切断阀 XY224 关闭，燃料气切断阀 XY226 关闭，燃料气放空阀 XY222 打开，燃料气自动隔离阀 XY159 关闭，并在 HMI 上显示。

8. 燃气发生器高压液压油滤压差 PDIT139(PVGF)

测量 VSV 增压泵高压油滤压差，安装于就地支架上，信号由就地传输至 Mark VIe。安装有就地指示表，当高压油滤压差达到 200 kPa 时，发出一个高报警，并在 HMI 上显示，当压差 PDIT139 故障时，启动被隔离。

9. 燃气发生器高压液压油压力 PIT140(PVG)

测量 VSV 增压泵高压油压力，安装于就地支架上，信号由就地传输至 Mark VIe。安装有就地指示表，当高压油压力低于 3 500 kPa 时，发出一个低报警 PAL，并在 HMI 上显示，当 PIT140 失效时，启动被隔离。

10. 合成油箱加热器 23QT－2

用于给合成滑油箱滑油加温，额定功率为 3.6 kW，动力为 380 V/50 Hz/3 ph，由 MCC 供电，加热器温度开关启动及切断受 TE127 控制，当油温达到 40 ℃时，会发出一个高报警，同时合成油箱加热器 23QT－2 电源切断，并在 HMI 上显示。

当油温下降至 33 ℃时，会发出一个低报警 TAL，启动合成油箱加热器 23QTV2 接通。并在 HMI 上显示。

当油温下降至－7 ℃时，会发出一个低报警 TAL，启动被隔离，并在 HMI 上显示。

11. 合成润滑油油箱 TK－1

合成润滑油油箱总容量为 640 L，标准的运行范围为 125 L，设计压力/温度为 ATM/180 ℃，运行压力/温度为 ATM/71 ℃，最小/最大运行液位为 440/565 L。

滑油箱安装在箱体前部右上方，材料为不锈钢制造，油箱上安装有两个检查孔，平时用盲堵封住，检查油箱内部时可以打开。油箱上还安装有滑油加温器 23QT－2，液位观察窗 LG126，该观察窗便于油箱加油时和巡检时直观地了解油箱液位。液位变送器 LIT125，高报警油位 422 mm，低报警油位 210 mm，当油位低报警时，加热器切断。滑油温度电偶 TE127。油箱底部安装有滑油加油管。油箱内压力高报警的限值为 500 mmH_2O。

12. 合成滑油回油双联油滤 FL2－1/2

油滤等级为 10 μ，最大流量为 80 L/min，设计压力/温度为 6 500 kPaG/175 ℃，运行压力/温度为 200 kPaG/45 ℃，最大压差为 2 000 kPa，自然环境下解体。

油滤为双联油滤，运行时一个油滤工作另一个备用，当运行油滤压差报警时可用切换手柄，切换到备用油滤。油滤滤芯可以在任何情况下更换(在线及离线)。当压差达到 135 kPaG 时，报警，150 kPaG 时，必需切换。

13. FL1－1/2 合成油系统进口双联油滤

油滤等级为 10 μ，最大流量为 80 L/min，设计压力/温度为 6 500 kPaG/175 ℃，运行压力/温度为 200 kPaG/45 ℃,最大压差为 2 000 kPa,自然环境下解体。

油滤为双联油滤,运行时一个油滤工作另一个备用,当运行油滤压差报警时可用切换手柄切换到备用油滤。油滤滤芯可以在任何情况下更换(在线及离线)。当压差达到 135 kPaG 报警,150 kPaG 时必需切换。

14. 油箱液位压差 PDIT138(96SQV-1)

利用油箱液位与大气压的压差测量油箱液位变化,压差变送器低压端为大气压力 101.3 kPaG,高压端为滑油产生的油压,利用压差的变化来检测液位的变化。PDIT138(96SQV-1)具有现场显示及高油位报警功能。

7.2.1.2 燃气发生器合成润滑油系统

燃气发生器滑油系统是正排量再循环型,油流量是随发动机转速直接变化的。油从一个油箱供到滑油和回油泵,滑油单元泵将油经管道分配到轴承和齿轮区的油喷头,油喷到轴承和齿轮后,在回油池中被收集。从回油池流到回油泵单元,并重新回到油箱。滑油系统提供给轴承,齿轮和花键防止过热。泵的供应经油管到元件和要求润滑的地方。油嘴将油直注入轴承、齿条和花键。

燃气发生器润滑油系统为压气机前、后轴承,高压涡轮轴承及输入齿轮箱轴承及输入齿轮箱和垂直传动轴的轴承提供润滑油,并可为可调导叶片提供控制油,还为压气机转子前、后传动花键提供润滑油,供应到启动机的离合装置,为附件齿轮箱的传动齿轮提供滑油,它要保证燃气发生器的正常运行和调节控制。

发动机合成滑油系统装置的组成及执行逻辑如下。

1. 附件齿轮箱磁性检屑器 QE152、QE153

检测附件齿轮箱中滑油回油中的金属含量,以分析齿轮箱内轴承及齿轮磨损情况,检屑器安装于滑油回油泵 PS-1,PS-2 进口处。信号为电阻信号,由就地传输至 Mark VIe。当电阻达到 100 Ω 或失败时,会发出一个高报警,并在 HMI 上显示。

2. "A"收油池磁性检屑器 QE157

检测燃气发生器"A"收油池内及传输齿轮箱内滑油回油内的金属含量,以分析前轴承及传输齿轮箱的运行及磨损情况。检屑器安装于滑油回油泵 PS-3 进口处,信号为电阻信号,由就地传输至 Mark VIe。当电阻达到 100 Ω 或失败时,会发出一个高报警,并在 HMI 上显示。

3. "B"收油池磁性检屑器 QE162

检测燃气发生器"B"收油池内的金属含量,以分析中轴承的运行及磨损情况。检屑器安装于滑油回油泵 PS-4 进口处,信号为电阻信号,由就地传输至 Mark VIe。当电阻达到 100 Ω 或失败时,会发出一个高报警,并在 HMI 上显示。

4. "C"收油池磁性检屑器 QE167

检测燃气发生器"C"收油池内的金属含量,以分析后轴承的运行及磨损情况。检屑器安装于滑油回油泵 PS-5 进口处,信号为电阻信号,由就地传输至 Mark VIe。当电阻达到

100 Ω 或失败时，会发出一个高报警，并在 HMI 上显示。

5. 可调进口导向叶片位置 ZT143－A、ZT143－B

可调进口导向叶片位置 ZT143－A，ZT143－B 安装于可调导叶作动筒上。检测导向叶片位置，位置信号由就地传输至 Mark VIe。当任一个失效时，会发出一个报警信号，并在 HMI 上显示。当两个信号故障时，机组执行停机。

6. 合成滑油供应温度 TE147A/B

合成滑油供应温度 TE147A/B 测量合成油供油总管温度，温度信号由就地传输至 Mark VIe。当测量的滑油温度达到 93.3 ℃时，会发出一个高报警，并在 HMI 上显示。当温度降到－6.7 ℃时，发出一个低报警，并在 HMI 上显示。当两个温度电偶指示有差异时，会在 HMI 上发出一个报警。

当两个电偶任一个失效时，会发出一个报警并在 HMI 上显示。

当两个电偶都失效时，机组执行正常停机 NS。

7. 附件齿轮箱（AGB）回油温度 TE151A/B

附件齿轮箱回油温度电偶安装于附件齿轮箱至回油泵 PS－1、PS－2 之间的管路上，温度信号由就地传输至 Mark VIe。当滑油回油温度达到 149 ℃时，会发生一个高报警，并显示在 HMI 上。当滑油回油温度达到 171 ℃时，会发出一个高高报警，机组执行 DM 程序，机组缓慢的降低到最小负荷，并在 HMI 上显示。

8. “A”收油池滑油回油温度 TE156A/B

“A”收油池及传输齿轮箱滑油回油温度 TE156A/B 电偶安装于传输齿轮箱至回油泵 PS－3 之间的管路上，测量“A”收油池的滑油回油温度，温度信号由就地传输至 Mark VIe。当滑油回油温度达到 149 ℃时，会发生一个高报警，并显示在 HMI 上。当滑油回油温度达到 171 ℃时，会发出一个高高报警，机组执行 DM 程序，机组缓慢的降低到最小负荷，并在 HMI 上显示。

9. “B”收油池滑油回油温度 TE161A/B

“B”收油池滑油回油温度 TE161A/B 电偶安装于“B”收油池至滑油回油泵 PS－4 之间的管路上，测量“B”收油池的滑油回油温度，温度信号由就地传输至 Mark VIe。当滑油回油温度达到 149 ℃时，会发生一个高报警，并显示在 HMI 上。当滑油回油温度达到 171 ℃时，会发出一个高高报警，机组执行 DM 程序，机组缓慢的降低到最小负荷，并在 HMI 上显示。

10. “C”收油池滑油回油温度 TE166A/B

“C”收油池滑油回油温度 TE166A/B 电偶安装于“C”收油池至滑油回油泵 PS－5 之间的管路上，测量“C”收油池的滑油回油温度，温度信号由就地传输至 Mark VIe。当滑油回油温度达到 149 ℃时，会发生一个高报警，并显示在 HMI 上。当滑油回油温度达到 171 ℃时，会发出一个高高报警，机组执行 DM 程序，机组缓慢的降低到最小负荷，并在 HMI 上显示。

合成润滑油撬与在发动机上的合成润滑油流程。当燃气发生器被驱动,合成润滑油系统便开始运行。

装在附件齿轮箱(AGB)后端面上的油泵组件上的供油泵 PL-1,从油箱吸油增压,滑油从一个容量为 640 L 的油箱 TK-1(用不锈钢制造)的离箱底 1.5 in(38 mm)的吸入口吸入。滑油经过一 1.5 in 的管路经过润滑油供应总阀 ZSH131,该阀带有位置开关,运行时开关应在全开位置。然后通过一进口油滤到达安装在附件齿轮箱上的组合滑油泵上的供应滑油泵 PL-1 入口,被附件齿轮箱(AGB)驱动的供油泵 PL-1 将滑油供应到 FL1-1/2 合成油系统进口双联油滤进口。在供应泵 PL-1 两端安装有压力安全阀 PSV132,该阀设定回油压力为 1 370 kPaG,当 PL-1 出口压力大于 1 370 kPaG 时,安全阀将多余滑油泄放至 PL-1 进口,以保护 PL-1。

FL1-1/2 为双联滑油滤,油滤两端安装有压差变送器 PDIT137,当压差达到 135 kPa 时,会发出一个压差高报警,运行人员应及时将油滤切换至备用油滤。油滤出口管路上还安装有一个设定压力为 27 kPaG 打开的单向阀。

滑油从单向阀出口通过一根 1 英寸管道进入在燃气发生器上的滑油系统,然后分成两路。

第一路流程:部分滑油进入液压泵 PH-1,滑油在由附件齿轮箱(AGB)驱动的液压泵 PH-1 的作用下压力进一步提高,出口油压约为 5 200 kPaG 左右。再经一 25 μm 的出口油滤 FH-1 到达可调导叶伺服阀,伺服阀进口有一油滤,有涡轮控制的四路伺服阀 XV141A/B 按照转速变化的要求改变伺服阀 XV141A/B 出口开度以控制作筒打开/关闭位置及打开/关闭速度,在作动筒外套上安装有可调静叶位置传感器 ZT143A/B,以返馈可调导叶实际工作位置。伺服阀 XV141A/B 有四路,一路为高压滑油进口,一路为工作过后的滑油出口,一路为到达作动筒活塞上部,一路为到达作动筒活塞下部。工作过后的滑油由伺服阀 XV141A/B 出口到达滑油供应泵 PL-1 出口管路,与供应泵 PL-1 出口滑油汇合。

第二路流程:通过一设定压力为 27 kPaG 的单向阀到达燃气发生器滑油分配总管,在分配总管上安装有合成滑油供应温度热电偶 TE147A/B,当测量的滑油温度达到 93.3 ℃时,会发出一个高报警,并在 HMI 上显示。当温度降到-6.7 ℃时加载被隔离(ITL),并在 HMI 上显示。滑油总管被分成五路,分别到达相应的工作点。下面分别介绍每一路的流程。

1)第一路:从滑油总管到油气分离器,以润滑油气分离器轴承,轴承回油至附件齿轮箱(AGB)内,在总管至油气分离器上还分出一根 1/4 英寸细管,将部分滑油引到液压启动机上的启动离合器内,以润滑和冷却离合器,离合器回油通过一 1/2 英寸管又返回至燃气发生器上的附件齿轮箱(AGB)内,附件齿轮箱的回油由回油泵 PS-1 和 PS-2 共同承担。回油抽至回油总管,在回油管路上安装有滑油回油温度传感器 TE151A/B,测量附件齿轮箱回油温度,当滑油回油温度达到 149 ℃时,会发生一个高报警并显示在 HMI 上。当滑油回油温度达到 171 ℃时,会发出一个高高报警,机组缓慢的降低到最小负荷。

2)第二路:从滑油总管到传输齿轮箱(TGB),以润滑及冷却齿轮箱内轴承及齿轮。回油由回油泵 PS-3 抽回至回油总管,在传输齿轮箱(TGB)至回油泵 PS-3 的管路上安装有滑油回油温度传感器 TE156A/B,当滑油回油温度达到 149 ℃时,会发生一个高报警,并显示在 HMI 上。当滑油回油温度达到 171 ℃时，会发出一个高高报警，机组缓慢的降低到最小负荷。

3)第三路：从滑油总管到燃气发生器前轴承，润滑冷却前轴承，回油由前轴承的“A”收油池先返回到传输齿轮箱，再和第二路使用共同的回油管路。

4)第四路：从滑油总管到燃气发生器中央轴承，润滑中央轴承的支承轴承和止推轴承。回油通过中央轴承的“B”收油池经滑油回油泵 PS-4 抽回至滑油总管。在“B”收油池至回油泵 PS-4 的管路中装有“B”收油池回油温度电偶 TE161A/B。当滑油回油温度达到 149 ℃时，会发生一个高报警，并显示在 HMI 上。当滑油回油温度达到 171 ℃时，会发出一个高高报警，机组缓慢的降低到最小负荷。

5)第五路：从滑油总管到燃气发生器后轴承，润滑和冷却后轴承，回油通过后轴承的“C”收油池经滑油回油泵 PS-5 抽回至滑油总管。在“C”收油池至回油泵 PS-5 的管路中装有“C”收油池回油温度电偶 TE166A/B。当滑油回油温度达到 149 ℃时，会发生一个高报警，并显示在 HMI 上。当滑油回油温度达到 171 ℃时，会发出一个高高报警，机组缓慢的降低到最小负荷。

6)总滑油回油管的流程：滑油回油泵 PS-1、PS-2、PS-3、PS-4 和 PS-5 五个回油泵把各自的回油抽至汇合到一根 1 英寸的回油管，然后分成两路，一路经一手阀到达滑油温度控制阀 TCV191 进口，控制阀为三通阀，接口“C”为来自合成油冷却器经过冷却的滑油，“A”接口为控制阀出口，“B”接口为滑油泵回油。从冷却器来的冷滑油和从回油泵来的热滑油经控制阀调节至出口温度为 55 ℃，控制阀 TCV191 为一机械调节阀，根椐来油温度自动调节开度，以达到恒定的出口温度的要求，另外与温度控制阀并列安装有一旁通球阀，运行时该阀需关闭。

在温度控制阀 TCV191 进口安装有一压力安全阀 PSV173。当压力超过设定压力 1 200 kPa 时，阀打开多余滑油经阀直接返回油箱。

从温度控制阀出口的滑油再经过滑油回油滤 FL2-1/2 过滤后回油箱。在回油滤上安装有压差变送器 PDIT193 。

另一路从滑油回油泵出口经一 1 英寸导管到达箱体通风通道内的合成油冷却器，经冷却器冷却后再回到滑油温度控制阀 TCV191 进口。

7.2.2　西门子燃驱机组合成油系统

7.2.2.1　合成油泵请求逻辑

以下任一逻辑触发时，触发合成油泵请求命令：

1)启动燃机的阀门状态正确，矿物油系统已准备就绪，收到机组运行信号 L3RUN。

2)燃机低压压气机 NL≥2 800 r/min 时，机组未运行且模块供电正常。

3)机组未运行时，手动触发燃机顺控启动。

以下逻辑全部触发时，触发合成油泵使能：

1)未发生火气系统故障。

2)未触发燃机本体温度低报警。

3)未触发燃机本体温度高高报警。

26GG05A、26GG05B、26GG05C 三个温度探头未发生通道故障。

7.2.2.2 GG 燃机本体温度逻辑

燃机本体温度由 26GG05A、26GG05B、26GG05C 三个温度探头监控，当燃机本体温度温度探头数值＜70 ℃，燃机低压压气机 GGNL＞3 250 r/min 且温度探头无故障时，输出温度探头的温度低报警。燃机本体温度低报警执行三选二逻辑，当任意两个温度探头发生温度低报警时，输出燃机本体温度低报警信号。

当 26GG05A、26GG05B、26GG05C 三个探头任意两个中一个大于 550 ℃、一个大于 540 ℃时，触发燃机本体温度高高报警并停机 LHH26GG05A/B/C。

7.2.2.3 燃机液压油压力满足逻辑

当液压泵压力 63QGHP≥4 482 kPa，触发燃机液压油压力满足信号 L3QGGH。

以下所有逻辑同时满足时，触发合成油系统准备就绪命令：

1)燃机液压油压力满足条件，液压泵压力 63QGHP≥4 482 kPa。

2)触发合成油泵请求命令。

3)机组启机命令已下达或手动启动燃机顺控命令。

7.2.2.4 主备泵选择逻辑

点击 HMI 界面 1＃泵 DUTY 按钮，触发 1＃泵被选为主泵命令 LQGP1D，当 1＃泵已经被选为主泵且 2＃泵没有被选为主泵时，也能触发 1＃泵被选为主泵命令 LQGP1D。2＃泵逻辑同理。

以下任一逻辑触发时，触发合成油泵故障逻辑：

1)合成油泵系统准备就绪后，液压泵压力 63QGHP＜4 482 kPa。

2)当已触发合成油泵请求命令，但液压泵压力 63QGHP＜4 482 kPa，合成油系统未就绪，开始计时 15 s，15 s 内液压泵压力 63QGHP 仍然不满足条件。

3)1＃泵启动控制命令下达 4 s 内，1＃泵没有运行。

4)2＃泵启动控制命令下达 4 s 内，2＃泵没有运行。

7.2.2.5 合成油泵自动控制逻辑

满足合成油泵系统使能，1＃泵被选为主泵，1＃合成油泵未故障或 2＃泵发生故障条件时，当机组发出合成油泵请求命令时，1＃泵自动启动。

满足合成油泵系统使能，2＃泵被选为主泵，2＃合成油泵未故障或 1＃泵发生故障条件时，当机组发出合成油泵请求命令时，2＃泵自动启动。

7.2.2.6 燃机合成油三通阀预润滑逻辑

机组启动或手动启燃机过程中，液压泵压力 63QGHP≥4 482 kPa 且持续 15 s 后，液压启动器启动 5 s 后，三通阀导通燃机预润滑流程对机组进行预润滑。

7.2.2.7 合成油过滤器压差逻辑

若液压泵压力 63QGHP≥4 482 kPa 触发过滤器压差检测计时器，30 s 后开始检测过滤器压差。当过滤器压差 63QGJF > 100 kPa 时，输出合成油滤芯压差高报警 LHA63QGJF。

1. 液压油滤芯压差逻辑

当液压泵压力 63QGHP≥4 482 kPa，30 s 后开始检测过滤器压差，当液压油滤芯压差 63QGHJF>100 kPa，输出液压油滤芯压差高报警 LHA63QGHJF。

2. 合成油电加热器逻辑

当合成油温度 26QGT≤52 ℃，触发加热器控制命令，当满足机组未运行、合成油泵使能、消防系统停机未触发、ECS 系统未触发合成油箱液位低报警条件时，加热器启动。

7.3　矿物油系统

7.3.1　GE 电驱机组矿物油系统

7.3.1.1　矿物油汇管温度

1. 矿物油汇管温度逻辑

(1)HIMA F35 SPLC 中

SPLC A 中接收到 TE-3105 信号后通过 AI_SCALE_ALM 对信号进行判断与转换，输出信号 TI-3782，若 TE-3105 信号超限(低于 150，即 3 mA，或高于 1 050，即 21 mA)，输出仪表故障信号 TAU-3105(1→0)，若 TE-3105 信号转换后高于高高报警设定值 70 ℃，输出 TSHH-3105_A/B 信号(1→0)，TE-3105 信号低于 68 ℃时复位 TSHH-3105 信号(0→1)。

SPLC A 中接收到 TE-3105_COM 信号后通过 AI_SCALE_ALM 对信号进行判断与转换，输出信号 PI-3782_COM，若 TE-3105_COM 信号超限(低于 150，即 3 mA，或高于 1 050，即 21 mA，由 SPLC B 进行判断后将结果数字量 TE-3105_UF_B_A 和 TE-3105_OF_B_A 通过 safeethernet 传输至 HIMA F35 PLC A)，输出仪表故障信号 PAU-3782_COM(1→0)，若 TE-3105_COM 信号转换后高于高高报警设定值 70 ℃，输出 TSHH-3105_COM 信号(1→0)，TE-3105_COM 信号低于 68 ℃时复位 TSHH-3105_COM 信号(0→1)。

TSHH-3105_A/B 与 TSHH-3105_COM 信号同时触发时，触发 TSHH-3105 信号(1→0)。

TSHH-3105 信号通过 F1M_TRIP 功能块触发报警信号 TAHH-3105，同样使用联锁复位按钮通过 F1M_TRIP 功能块复位报警信号 TAHH-3105。

矿物油汇管温度联锁未旁路时：TSHH-3105 信号触发保压紧急停机逻辑(1→0)。

矿物油汇管温度联锁旁路或 TSHH-3105 信号复位后，按下联锁复位按钮，复位保压紧急停机逻辑(0→1)。

TI-3105 与 TI-3105_COM 通过 2OO2_AI 功能块计算平均值 TI-3105_AVG，但该

值并未取用。

信号 TAU－3105 与 TAU－3105_COM 通过 ISA_ALM 功能块触发报警信号 TAU－3105_SEQ 与 TAU－3105_COM_SEQ，使用联锁复位按钮通过 ISA_ALM 功能块复位报警信号。

信号 TSHH－3105、TAHH－3105 通过 MODBUS TCP 协议传至 Fanuc PLC 中变量 L26QH1HH/L26QH1HH_ALM，用于在 HMI 显示跳机信息，L26QH1HH_ALM 同时触发综合报警。

信号 TI－3105 与 TI－3105_COM 通过 MODBUS TCP 协议传至 Fanuc PLC 中变量 A26QH1A/A26QH1B，用于 HMI 显示并在 Fanuc PLC 中判断报警。

信号 TAU－3105 与 TAU－3105_COM 通过 MODBUS TCP 协议传至 Fanuc PLC 中变量 L26QH1A_FLT/L26QH1B_FLT，用于判断信号故障状态。

信号 TAU－3105_SEQ 与 TAU－3105_COM_SEQ 通过 MODBUS TCP 协议传至 Fanuc PLC 中变量 L26QH1A_FLT_ALM/L26QH1B_FLT_ALM，触发综合报警。

(2)FANUC PLC 中

通过 A2M_ALARM 对 A26QH1A/A26QH1B 进行选择，输出信号 A26QH1、A26QH1A 和 A26QH1B 均无故障时输出两者算数平均值。A26QH1A 故障、A26QH1B 无故障时输出 A26QH1B。A26QH1A 无故障、A26QH1B 故障时输出 A26QH1A。A26QH1A 和 A26QH1B 均故障输出预设值 0。

输出信号 A26QH1 高于设定值 65 ℃时输出高信号 L26QH1H，并触发报警信号及综合报警信号，A26QH1 低于 65 ℃后使用复位按钮可复位报警信号。

输出信号 A26QH1 低于设定值 35 ℃时触发低信号 L26QH1L，不允许启动机组(L3PERM＝0)，并触发报警信号，及综合报警信号，A26QH1 高于 35 ℃后使用复位按钮可复位报警信号。

输入信号 A26QH1A/A26QH1B 偏差大于设定值 1 ℃时，输出偏差信号 L26QH1_DEV 及综合报警信号，A26QH1A/A26QH1B 偏差小于 1 ℃后，使用复位按钮可复位报警信号。

当 A26QH1 信号大于 55 ℃时，主用油冷器风扇无故障时启动主用油冷器风扇，当 A26QH1 信号小于 50 ℃时，停止主用油冷器风扇。

当 A26QH1 信号大于 62 ℃时，备用油冷器风扇无故障时启动备用油冷器风扇，当油冷器负荷低于 50％时，停止备用油冷器风扇。

当 A26QH1 信号大于 55 ℃时，自动打开油冷器挡板。

2. 设计对比(优化可能性分析)

在“UNIT CONTROL SYSTEM CAUSE/EFFECT DIAGRAM(控制系统因果图)”中，矿物油汇管温度高高执行保压紧急停机(ESP)逻辑，矿物油汇管温度低禁止启机，通过矿物油温度调节温控阀及油冷器，与控制逻辑一致。

现有逻辑满足运行需要。

7.3.1.2　矿物油汇管压力

1.矿物油汇管压力信号采集

矿物油汇管压力信号 PIT－3182/A 经过浪涌保护器后接入 HIMA F3 AIO－01－1 A，写入变量 PIT－3182，并将 PIT－3182 的值写入 PIT－3182_A_B 通过 safeethernet 传输至 HIMA F35 PLC B，写入 PIT－3182_COM。

矿物油汇管压力信号 PIT－3182/B 经过浪涌保护器后接入 HIMA F3 AIO－01－2 B，写入变量 PIT－3182，并将 PIT－3182 的值写入 PIT－3182_B_A 通过 safeethernet 传输至 HIMA F35 PLC A，写入 PIT－3182_COM。

矿物油汇管压力低低跳机设定值通过 HMI 进行设定 140 kPa，写入 Fanuc PLC 的 K63QH1LL 变量中，通过 MODBUS TCP 协议传至 HIMA SPLC 中 PSLL－3182－SET。

矿物油汇管压力低低旁路信号 L63QH1LL_OVR_CMD 通过 HMI 进行设定，写入 Fanuc PLC 的 L63QH1LL_OVR_CMD 变量中，通过 MODBUS TCP 协议传至 HIMA SPLC 变量 PSLL－3182_COM_OV。

2.矿物油汇管压力逻辑

(1)HIMA F35 SPLC 中

SPLC A 中接收到 PIT－3182 信号后通过 AI_SCALE_ALM 对信号进行判断与转换，输出信号 PI－3182，若 PIT－3182 信号超限(低于 150，即 3 mA，或高于 1050，即 21 mA)，输出仪表故障信号 PAU－3182(1→0)，若 PIT－3182 信号转换后低于低低报警设定值 140 kPa，输出 PSLL－3182_A/B 信号(1→0)，PIT－3182 信号高于 152 kPa 时复位 PSLL－3182 信号(0→1)。

SPLC A 中接收到 PIT－3182_COM 信号后通过 AI_SCALE_ALM 对信号进行判断与转换，输出信号 PI－3182_COM，若 PIT－3182_COM 信号超限(低于 150，即 3 mA，或高于 1 050，即 21 mA，由 SPLC B 进行判断后将结果数字量 PIT－3182_UF_B_A 和 PIT－3182_OF_B_A 通过 safeethernet 传输至 HIMA F35 PLC A)，输出仪表故障信号 PAU－3182_COM(1→0)，若 PIT－3182_COM 信号转换后低于低低报警设定值 140 kPa，输出 PSLL－3182_COM 信号(1→0)，PIT－3182_COM 信号高于 152 kPa 时复位 PSLL－3182_COM 信号(0→1)。

PSLL－3182_A/B 与 PSLL－3182_COM 信号同时触发时，触发 PSLL－3182 信号(1→0)。

PSLL－3182 信号通过 F1M_TRIP 功能块触发报警信号 PALL－3182，同样使用联锁复位按钮通过 F1M_TRIP 功能块复位报警信号 PALL－3182。

矿物油汇管压力联锁未旁路时：PSLL－3182 信号触发保压紧急停机逻辑(1→0)，SPLC A 与 SPLC B 均触发保压紧急停机逻辑方才执行保压紧急停机。

矿物油汇管压力联锁旁路或 PSLL－3182 信号复位后，按下联锁复位按钮，复位保压紧急停机逻辑(0→1)。

PI－3182 与 PI－3182_COM 通过 2OO2_AI 功能块计算平均值 PI－3182_AVG，但该

值并未取用。

信号 PAU-3182 与 PAU-3182_COM 通过 ISA_ALM 功能块触发报警信号 PAU-3182_SEQ 与 PAU-3182_COM_SEQ，使用联锁复位按钮通过 ISA_ALM 功能块复位报警信号。

信号 PSLL-3182、PALL-3182 通过 MODBUS TCP 协议传至 Fanuc PLC 中变量 L63QH1LL/L63QH1LL_ALM，用于在 HMI 显示跳机信息，L63QH1LL_ALM 同时触发综合报警。

信号 PI-3182 与 PI-3182_COM 通过 MODBUS TCP 协议传至 Fanuc PLC 中变量 A63QH1A/A63QH1B，用于 HMI 显示并在 Fanuc PLC 中判断报警。

信号 PAU-3182 与 PAU-3182_COM 通过 MODBUS TCP 协议传至 Fanuc PLC 中变量 L63QH1A_FLT/L63QH1B_FLT，用于判断信号故障状态。

信号 PAU-3182_SEQ 与 PAU-3182_COM_SEQ 通过 MODBUS TCP 协议传至 Fanuc PLC 中变量 L63QH1A_FLT_ALM/L63QH1B_FLT_ALM，触发综合报警。

(2)FANUC PLC 中

SPLC 中信号 PSLL-3182 传至 FANUC PLC 后进行取反，写入变量 L63QH1LL。

压缩机运行状态(BN3500 键相卡输出转速信号大于 10 r/min)，L63QH1LL 触发(0→1)时启动应急矿物油泵(L3QE_START=1)。

L63QH1LL=0 时置位 L63QH1LLX(0→1)，L63QH1LL=1 后延时 5 s 复位 L63QH1LLX(1→0)。

L63QH1LLX 通过变量 L4qsys_run、l86qsf(二者逻辑一致)，经 XS-3212、XS-3213，使用硬线，将润滑油系统运行和润滑油系统故障信号传输至 VSDS。

通过 A2M_ALARM 对 A63QH1A/A63QH1B 进行选择，输出信号 A63QH1、A63QH1A 和 A63QH1B 均无故障时输出两者算术平均值。A63QH1A 故障、A63QH1B 无故障时输出 A63QH1B。A63QH1A 无故障、A63QH1B 故障时输出 A63QH1A。A63QH1A 和 A63QH1B 均故障输出预设值 0。

输出信号 A63QH1 高于设定值 600 kPa 时输出高信号，并触发报警信号及综合报警信号，A63QH1 低于 600 kPa 后使用复位按钮可复位报警信号。

输出信号 A63QH1 低于设定值 180 kPa 时输出低信号，触发以下逻辑：

1)主电机运行且泵无故障时，自动启动辅助矿物油泵。

2)主电机停机 30 min 以内，禁止手动停矿物油泵。

3)不允许启动机组(L3PERM 由 1→0)。

4)同时触发报警信号，及综合报警信号，A63QH1 高于 180 kPa 后使用复位按钮可复位报警信号。

输入信号 A63QH1A/A63QH1B 偏差大于设定值 6 kPa 时，输出偏差信号 L63QH1_DEV，及综合报警信号，A63GD1A/A63GD1B 偏差小于 6 kPa 后使用复位按钮可复位报警信号。

3. 设计对比(优化可能性分析)

在“UNIT CONTROL SYSTEM CAUSE/EFFECT DIAGRAM(控制系统因果图)”中，矿物油汇管压力低低执行保压紧急停机(ESP)逻辑，矿物油汇管压力低时禁止启机，启动矿物油泵，与控制逻辑一致。

矿物油汇管压力低低 L63QH1LL 触发(0→1)时启动应急矿物油泵(L3QE_START＝1)，可考虑应急矿物油泵提前介入，矿物油汇管压力低时启动应急油泵。

7.3.1.3　矿物油系统其余信号逻辑

1. 矿物油箱温度逻辑

矿物油箱温度探头 TE－3180 经过现场浪涌保护器 SDRTD 后接入机柜中隔离栅 MTL5074，其后接入信号分配器，分出两路信号分别接入 VERSAMAX IO 模块 V1. 1/2. 1，分别写入 Fanuc PLC 中变量 TE_3180A、TE_3180B。

TE_3180A、TE_3180B 通过功能块 AI_SCALE_ALM，将 4 000～20 000 原始值转换为 0～100 ℃工程值，原始值在 3 800～22 000 之外时输出信号 L26QT_FLT，触发报警 L26QT_FLT_ALM，并触发综合报警。

AI_SCALE_ALM 功能块输出信号通过 A1M_ALMLHLL 功能块进行信号选择并判断低、高、低低报警，L26QT_FLT 触发(0→1)时输出 0 ℃，否则输出输入信号至 a26qt。

输出信号小于 49 ℃时输出低信号 L26QTL，矿物油加热器 HMI 设置为启动状态时自动启动，同时触发低报警 L26QTL_ALM，输出信号大于 49 ℃时使用复位按钮复位报警。

输出信号大于 56 ℃时输出高信号 L26QTH，自动停止矿物油加热器，同时触发高报警 L26QTH_ALM，输出信号小于 56 ℃时使用复位按钮复位报警。

输出信号小于 45 ℃时输出低信号 L26QTLL，禁止手动启动主矿物油泵(电机运行且泵无故障时，矿物油泵出口压力低或矿物油汇管压力低可自动启动辅助矿物油泵，一矿物油泵运行状态下也可手动启动另一矿物油泵)，同时触发低低报警 L26QTLL_ALM，输出信号大于 45 ℃时使用复位按钮复位报警。

2. 矿物油箱液位逻辑

矿物油箱液位信号 LIT－3174 经过浪涌保护器后接入信号分配器，分出两路信号分别接入 VERSAMAX IO 模块 V1. 1/2. 1，分别写入 Fanuc PLC 中变量 LIT_3174A、LIT_3174B。

LIT_3174A、LIT_3174B 通过功能块 AI_SCALE_ALM，将 4 000～20 000 原始值转换为 0～900 mm 工程值，原始值在 3 800～22 000 之外时输出信号 L71QT_FLT，触发报警 L71QT_FLT_ALM，并触发综合报警。

AI_SCALE_ALM 功能块输出信号通过 A1M_ALML 功能块进行信号选择并判断低报警，L71QT_FLT 触发(0→1)时输出 0 ℃，否则输出输入信号至 A71QT。

输出信号小于 428 mm 时输出低信号 L71QTL，执行以下逻辑：

1)禁止手动启动主矿物油泵(电机运行且泵无故障时，矿物油泵出口压力低或矿物油汇管压力低可自动启动辅助矿物油泵，一矿物油泵运行状态下也可手动启动另一矿物油泵)。

2)切断润滑油加热器。

3)不允许启动机组(L3PERM 由 1→0)。

4)同时触发低报警 L26QTL_ALM,输出信号大于 428 mm 时使用复位按钮复位报警。

3. 矿物油箱压差逻辑

矿物油箱压差信号 PDIT-3176 经过浪涌保护器后接入信号分配器,分出两路信号分别接入 VERSAMAX IO 模块 V1.1/2.1,分别写入 Fanuc PLC 中变量 PDIT_3176A、PDIT_3176B。

PDIT_3176A、PDIT_3176B 通过功能块 AI_SCALE_ALM,将 4 000～20 000 原始值转换为－6～6 mbar 工程值,原始值在 3 800～22 000 之外时输出信号 L63QV_FLT,触发报警 L63QV_FLT_ALM,并触发综合报警。

AI_SCALE_ALM 功能块输出信号通过 A1M_ALMH 功能块进行信号选择并判断高报警,L63QV_FLT 触发(0→1)时输出 0 mbar,否则输出输入信号至 A63QV。

输出信号大于 4 mbar 时输出高信号 L63QVH,同时触发高报警 L63QVH_ALM,输出信号小于 4 mbar 时使用复位按钮复位报警。

4. 设计对比(优化可能性分析)

在“UNIT CONTROL SYSTEM CAUSE/EFFECT DIAGRAM(控制系统因果图)”中,矿物油箱相关动作与控制逻辑一致。

与西二线控制逻辑相比,矿物油箱压差不作为跳机项,仅采用高报警,但报警情况属于较为极端情况,可酌情减小高报警设定值。

7.3.2 GE 燃驱机组矿物油系统

7.3.2.1 矿物油油箱液位不健康逻辑

矿物油油箱液位不健康触发报警。

7.3.2.2 矿物油油箱液位高逻辑

液位计检测到矿物油油箱液位高于 790 mm,输出矿物油油箱液位高报警。液位计检测到矿物油油箱液位低于 790 mm,报警状态消除。

7.3.2.3 矿物油油箱液位低逻辑

液位计检测到矿物油油箱液位低于 480%,触发矿物油油箱液位低逻辑,同时输出矿物油油箱液位低报警。液位计检测到矿物油油箱液位高于(480±3)%,矿物油油箱液位低逻辑解除,同时报警状态消除。矿物油油箱液位低具体逻辑如下。

1)矿物油箱加热器停止且禁止启动。

2)辅助矿物油泵禁止手动启动。

3)压缩机组禁止启动。

4)压缩机组禁止盘车。

注:①括号内数值为霍尔果斯压气站参数设定;②单纯矿物油油箱液位低不会导致运行

中压缩机停机，但可能会对矿物油温度产生影响从而导致停机；③后润滑过程中单纯矿物油油箱液位低不会停辅助矿物油泵。

7.3.2.4　矿物油油箱压差输出逻辑

矿物油油箱压差 a63mqv1a、a63mqv1b 经过健康判断，取－25 400 000～25 400 000 mmH_2O 为压差变送器正常输出区间，变送器 A 的健康判断未通过而变送器 B 健康判断通过且数值正常则输出变送器 B 的数值。变送器 B 的健康判断未通过而变送器 A 健康判断通过且数值正常则输出变送器 A 的数值。变送器 A 与变送器 B 的数值偏差在 10.16 mmH_2O 内，输出变送器 A 与变送器 B 数值的平均值。变送器 A 与变送器 B 的数值偏差大于 10.16 mmH_2O，输出变送器 A 和变送器 B 数值的最大值，且延时 10 s 后输出矿物油箱压差偏差报警。

7.3.2.5　矿物油油箱压差变送器故障逻辑

变送器 A 不健康或 STAI 相应通道故障或板卡故障，输出矿物油箱压力 A 不健康报警。变送器 B 不健康或 STAI 相应通道故障或板卡故障，输出矿物油箱压力 B 不健康报警。

变送器 A 与变送器 B 不健康报警同时触发，触发矿物油箱压力高报警，同时触发矿物油箱压力高高报警，并执行保压紧急停机逻辑。任一变送器恢复正常后报警消除。

7.3.2.6　矿物油油箱压差高逻辑

矿物油箱压差输出大于 40 mmH_2O 后，输出矿物油箱压力高报警。压差输出小于 40 mmH_2O 后报警消除。矿物油箱压差输出大于 50 mmH_2O 后，延时 2 s 输出矿物油箱压力高高报警，并执行保压紧急停机逻辑。压差输出小于 50 mmH_2O 后报警消除。

注：括号内数值为霍尔果斯压气站参数设定，矿物油油箱压差信号作为跳机趋势进行采集。

7.3.2.7　矿物油油箱温度不健康逻辑

矿物油油箱温度不健康触发报警。

7.3.2.8　矿物油加热器逻辑

环境温度低于 0 ℃时，温度变送器检测到矿物油油箱温度低于 122 ℉(50 ℃)，自动启动矿物油加热器(加热器处于自动模式且无其余异常报警如矿物油油箱液位低、箱体检测到火焰等)。温度变送器检测到矿物油油箱温度高于 127.4 ℉(53 ℃)，自动停止矿物油加热器。

环境温度高于 0 ℃时，温度变送器检测到矿物油油箱温度低于 104 ℉(40 ℃)，自动启动矿物油加热器(加热器处于自动模式且无其余异常报警如矿物油油箱液位低、箱体检测到火焰等)。温度变送器检测到矿物油油箱温度高于 113 ℉(45 ℃)，自动停止矿物油加热器。

7.3.2.9　矿物油油箱温度低逻辑

环境温度低于 0 ℃时，温度变送器检测到矿物油油箱温度低于 119 ℉(48.33 ℃)后：①压缩机组禁止启动(ITS)；②压缩机组禁止盘车(ITC)。温度变送器检测到矿物油油箱温度高于 122 ℉(50 ℃)后解除 ITS 及 ITC(无其余异常情况)。温度变送器检测到矿物油油箱温度低于 119 ℉ (48.33 ℃)，停止自动状态下的油雾分离器风机，并输出矿物油油箱温度低报警。温度变送器检测到矿物油油箱温度高于 122 ℉(50 ℃)后解除油雾分离器风机停命令(仍需辅助矿物油泵启动等条件启动风机)并消除报警。

环境温度高于 0 ℃时,温度变送器检测到矿物油油箱温度低于 119 ℉(48.33 ℃)后:①压缩机组禁止启动(ITS);②压缩机组禁止盘车(ITC)。温度变送器检测到矿物油油箱温度高于 104 ℉(40 ℃)后解除 ITS 及 ITC(无其余异常情况)。温度变送器检测到矿物油油箱温度低于 101 ℉(38.33 ℃),停止自动状态下的油雾分离器风机,并输出矿物油油箱温度低报警。温度变送器检测到矿物油油箱温度高于 104 ℉(40 ℃)后解除油雾分离器风机停命令(仍需辅助矿物油泵启动等条件启动风机)并消除报警。

注:①括号内数值为霍尔果斯压气站参数设定;②矿物油油箱温度信号作为跳机趋势进行采集;③矿物油油箱温度并不直接导致跳机,但可能影响矿物油汇管温度从而导致跳机。

7.3.2.10 矿物油油箱温度不健康逻辑

矿物油油箱温度不健康触发报警。

7.3.2.11 矿物油加热器逻辑

环境温度低于 0 ℃时,温度变送器检测到矿物油油箱温度低于 122 ℉(50 ℃),自动启动矿物油加热器(加热器处于自动模式且无其余异常报警如矿物油油箱液位低、箱体检测到火焰等)。温度变送器检测到矿物油油箱温度高于 127.4 ℉(53 ℃),自动停止矿物油加热器。

环境温度高于 0 ℃时,温度变送器检测到矿物油油箱温度低于 104 ℉(40 ℃),自动启动矿物油加热器(加热器处于自动模式且无其余异常报警如矿物油油箱液位低、箱体检测到火焰等)。温度变送器检测到矿物油油箱温度高于 113 ℉(45 ℃),自动停止矿物油加热器。

7.3.2.12 矿物油油箱温度低逻辑

当境温度低于 0 ℃时,温度变送器检测到矿物油油箱温度低于 119 ℉(48.33 ℃)后:①压缩机组禁止启动(ITS);②压缩机组禁止盘车(ITC)。温度变送器检测到矿物油油箱温度高于 122 ℉(50 ℃) 后解除 ITS 及 ITC(无其余异常情况)。温度变送器检测到矿物油油箱温度低于 119 ℉(48.33 ℃),停止自动状态下的油雾分离器风机,并输出矿物油油箱温度低报警。温度变送器检测到矿物油油箱温度高于 122 ℉(50 ℃)后解除油雾分离器风机停命令(仍需辅助矿物油泵启动等条件启动风机)并消除报警。

当境温度高于 0 ℃时,温度变送器检测到矿物油油箱温度低于 119 ℉(48.33 ℃)后:①压缩机组禁止启动(ITS);②压缩机组禁止盘车(ITC)。温度变送器检测到矿物油油箱温度高于 104 ℉(40 ℃)后解除 ITS 及 ITC(无其余异常情况)。温度变送器检测到矿物油油箱温度低于 101 ℉(38.33 ℃),停止自动状态下的油雾分离器风机,并输出矿物油油箱温度低报警。温度变送器检测到矿物油油箱温度高于 104 ℉(40 ℃)后解除油雾分离器风机停命令(仍需辅助矿物油泵启动等条件启动风机)并消除报警。

注:①括号内数值为霍尔果斯压气站参数设定;②矿物油油箱温度信号作为跳机趋势进行采集;③矿物油油箱温度并不直接导致跳机,但可能影响矿物油汇管温度从而导致跳机。

7.3.2.13　矿物油总管供油温度输出逻辑

矿物油总管供油温度 lmtth1a、lmtth1b 经过健康判断，取－80～1 200 ℉(－62.2～648.9 ℃)为温度变送器正常输出区间，变送器 A 的健康判断未通过而变送器 B 健康判断通过且数值正常则输出变送器 B 的数值。变送器 B 的健康判断未通过而变送器 A 健康判断通过且数值正常则输出变送器 A 的数值。变送器 A 与变送器 B 的数值偏差在 10 ℉(5.56 ℃)内，输出变送器 A 与变送器 B 数值的平均值。变送器 A 与变送器 B 的数值偏差大于 10 ℉(5.56 ℃)，输出变送器 A 和变送器 B 数值的最大值，且延时 300 s 后输出矿物油总管供油温度偏差报警。

7.3.2.14　矿物油总管供油温度变送器故障逻辑

变送器 A 不健康或 SRTD 相应通道故障或板卡故障，输出矿物油总管供油温度变送器 A 不健康报警。变送器 B 不健康或 STAI 相应通道故障或板卡故障，输出矿物油总管供油温度变送器 B 不健康报警。

变送器 A 与变送器 B 不健康报警同时触发，同时触发：

1)矿物油总管供油温度高报警，并启动油冷器主用风扇，启动油冷器备用风扇。

2)矿物油总管供油温度高高报警，并执行保压紧急停机逻辑。

3)矿物油总管供油温度高，液压启动系统失效报警，并停止液压启动系统，压缩机组禁止启动，压缩机组禁止盘车。

任一变送器恢复正常报警消除逻辑解除。

7.3.2.15　矿物油总管供油温度低逻辑

矿物油温度小于 104 ℉(40 ℃)时，压缩机组禁止盘车。矿物油温度大于 106 ℉(41.11 ℃)时解除禁止盘车。

7.3.2.16　矿物油总管供油温度高逻辑

矿物油总管温度大于温度设定点 132.8 ℉(56 ℃)时，打开矿物油油冷器挡板。矿物油总管温度小于 127.4 ℉(53 ℃)时，关闭油冷器挡板。

矿物油总管温度大于 149 ℉(65 ℃)时，输出矿物油总管供油温度高，液压启动系统失效报警，并停止液压启动系统，压缩机组禁止启动，压缩机组禁止盘车。矿物油总管温度小于 149 ℉(65 ℃)时，报警消除，逻辑解除。

矿物油总管温度大于 161.6 ℉(72 ℃)时，输出矿物油总管供油温度高报警，并启动油冷器主用风扇，启动油冷器备用风扇。矿物油总管温度小于 154.6 ℉(68.1 ℃)时，报警消除。

矿物油总管温度大于 174.2 ℉(79 ℃)时，输出矿物油总管供油温度高高报警，并执行保压紧急停机逻辑，矿物油总管温度小于 174.2 ℉(79 ℃)时报警消除。

矿物油总管温度通过 PID 控制，控制温度调节阀 TCV110 开度。

矿物油总管温度通过 PID 控制，控制油冷器变频器输出。

注：①括号内数值为霍尔果斯压气站参数设定；②矿物油总管温度信号作为跳机趋势进行采集；③矿物油总管温度高报解除后并不自动停止油冷器备用风机。

7.3.2.17 矿物油总管供油压力输出逻辑

矿物油总管供油压力 a63mqt1a、a63mqt1b 经过健康判断,取－1.133～58 psi(－7.8～400 kPa)为压力变送器正常输出区间,变送器 A 的健康判断未通过而变送器 B 健康判断通过且数值正常则输出变送器 B 的数值。变送器 B 的健康判断未通过而变送器 A 健康判断通过且数值正常则输出变送器 A 的数值。变送器 A 与变送器 B 的数值偏差在 290 psi(2 000 kPa)内,输出变送器 A 与变送器 B 数值的平均值。变送器 A 与变送器 B 的数值偏差大于 290 psi(2 000 kPa),延时 0.1 s 后输出变送器 A 和变送器 B 数值的最小值,且延时 10 s 后输出矿物油总管供油压力偏差报警。

7.3.2.18 矿物油总管供油压力变送器故障逻辑

变送器 A 不健康或 STAI 相应通道故障或板卡故障,输出矿物油总管供油压力变送器 A 不健康报警。变送器 B 不健康或 STAI 相应通道故障或板卡故障,输出矿物油总管供油压力变送器 B 不健康报警。

变送器 A 与变送器 B 不健康报警同时触发,触发保压紧急停机逻辑。任一变送器恢复正常且执行主复位命令后跳机逻辑触发条件解除。

7.3.2.19 矿物油总管供油压力低逻辑

矿物油总管供油压力小于 20.3 psi(140 kPa)时,延时 60 ms 输出矿物油总管供油压力低报警,再延时 0.5 s 后启动矿物油辅助油泵,同时启机过程辅助系统(矿物油)条件不通过,同时禁止盘车、禁止启动。矿物油总管供油压力恢复后解除报警及相关,矿物油总管压力大于 23.2psi(60 kPa)时启机过程辅助系统(矿物油)条件通过,允许盘车、允许启动。

机组运转状态,当矿物油总管供油压力小于 13.1 psi(90 kPa)时,输出矿物油总管供油压力低低报警,同时执行矿物油压力低跳机逻辑。机组停机状态,矿物油总管供油压力小于 13.1 psi(90 kPa)时,执行工艺阀门保护逻辑(关压缩机进出口阀门,关加载阀,关防喘隔离阀)。矿物油总管供油压力大于 13.1 psi(90 kPa)时报警消除,逻辑触发条件解除。

矿物油总管压力大于 23.2 psi(160 kPa)时,停矿物油应急油泵。

注:①括号内数值为霍尔果斯压气站参数设定;②矿物油总管压力信号作为跳机趋势进行采集。

7.3.2.20 油冷器电机振动高逻辑

油冷器电机 1 振动高后输出油冷器电机 1 振动高报警,同时停止油冷器电机 1,油冷器电机 1 正常运行或手动复位后报警复位。油冷器电机 2 振动高后输出油冷器电机 2 振动高报警,同时停止油冷器电机 2,油冷器电机 2 正常运行或手动复位后报警复位。

信号说明:油冷器电机振动开关对应的变量为 l39qfc1/l39qfc2,该变量为 1 代表油冷器电机振动正常,0 代表油冷器电机振动高。

注:①油冷器电机振动高并不直接导致停机,但可能由于矿物油汇管温度导致 ESP;②油冷器电机振动开关信号作为跳机趋势进行采集;③油冷器 2 台电机均振动高会导致电机无法启动从而影响启机。

7.3.2.21 矿物油油冷器回油温度逻辑

矿物油油冷器回油温度低于 57 ℉(13.89 ℃),禁止矿物油泵启动,ITS(禁止启动),并输出矿物油油冷器回油温度低报警。温度变送器检测到矿物油油箱温度高于 70 ℉(21.11 ℃)后解除，矿物油泵禁止启动命令，并解除矿物油油冷器回油温度低报警。

注：括号内数值为霍尔果斯压气站参数设定。

7.3.2.22　油冷器通风挡板限位逻辑

当油冷器两个风机均停止时，油冷器通风挡板开限位，或任一油冷器风机启动时，油冷器通风挡板关限位均禁止启机(ITS)。

信号说明：油冷器通风挡板限位对应的变量为 l33fc3，该变量为 1 代表油冷器通风挡板关限位，该变量取反作为油冷器通风挡板开限位。

7.3.2.23　离合器温度输出逻辑

离合器温度 a26sda、a26sdb 经过健康判断，取－70～390 ℉(56.67～198.89 ℃)为温度变送器正常输出区间，变送器 A 的数值超限而变送器 B 数值正常则输出变送器 B 的数值。若变送器 B 的数值超限(无论变送器 A 是否正常)，则输出变送器 A 的数值。变送器 A 与变送器 B 的数值均超限，延时 1 s 后输出离合器温度变送器故障报警，同时执行正常停机(NS)。变送器 A 与变送器 B 的数值偏差在 10 ℉(5.56 ℃)内，输出变送器 A 与变送器 B 数值的平均值。变送器 A 与变送器 B 的数值偏差大于 10 ℉(5.56 ℃)，输出变送器 A 和变送器 B 数值的最大值，且延时 60 s 后输出离合器温度偏差报警。

7.3.2.24　离合器温度变送器故障逻辑

变送器 A 不健康或 STTC 相应通道故障或板卡故障输出，离合器温度变送器 A 不健康报警。变送器 B 不健康或 STTC 相应通道故障或板卡故障输出，离合器温度变送器 B 不健康报警。

7.3.2.25　离合器温度与合成油供油温度差逻辑

合成油供油温度本逻辑中选取 ATLUBHS，与合成油供油温度选择值(TLUBSEL)略有不同，取－70～390 ℉(－56.67～198.89 ℃)为温度变送器正常输出区间，变送器 A 的数值超限或错误，输出变送器 B 的数值。变送器 B 的数值超限或错误，输出变送器 A 的数值。变送器 A 的数值和变送器 B 的数值均超限或故障时输出－999.9 ℉(573.278 ℃)。变送器 A 与变送器 B 的数值偏差在 10 ℉(5.56 ℃)内，输出变送器 A 与变送器 B 数值的平均值。变送器 A 与变送器 B 的数值偏差超过 10 ℉(5.56 ℃)，输出两探头的最小值。

离合器温度选择值与合成油供油温度差大于 45 ℉(25 ℃)时，延时 1 s 输出启动系统离合器温度偏差报警，离合器温度与合成油供油温度差不大于 45 ℉(25 ℃)时，报警消除。液压启动系统拖转时离合器温度与合成油供油温度差大于 45 ℉(25 ℃)时，延时 1 s 输出启动系统离合器温度偏差跳机报警，同时执行 ESP，轴停止或主复位后，报警消除。

注：①括号内数值为霍尔果斯压气站参数设定；②离合器温度信号作为跳机趋势进行采集。

7.3.2.26　启动电机转速输出逻辑

取－1～1 1500 r/min 为转速探头正常输出区间，双探头均正常时输出两探头的最大值，探头 A 的数值超限或不健康而探头 B 数值正常则输出探头 B 的数值。探头 B 的数值超限或不健康(无论探头 A 是否正常),则输出探头 A 的数值。探头 A 与探头 B 的数值均超限或不健康,执行液压启动系统速度探头故障逻辑。探头 A 与探头 B 数值之差大于 50 r/min,延时 5 s 后输出液压气动系统离合器转速故障报警。

7.3.2.27 液压启动系统速度探头故障逻辑

触发条件(以下任一):启动电机转速与 GG 转速之差大于 50 r/min,延时 1 s 后触发;启动电机拖转且点火前 GG 转速与启动电机转速之差大于 50 r/min,延时 1 s 后触发;两个启动电机转速探头数据均超限或不健康触发。

执行逻辑(同时执行):触发液压启动系统速度探头故障报警;辅助系统正常停机(NS)。

解除条件:触发条件解除并主复位。

7.3.2.28 液压启动系统脱离故障逻辑

触发条件:液压启动系统停止且启动电机转速大于 4 968 r/min。

执行逻辑:触发液压启动系统脱离故障报警。

解除条件:触发条件解除。

7.3.2.29 液压启动系统减速率高逻辑

触发条件:启动电机转速加速度小于－1 000 r/min。

执行逻辑:触发液压启动系统减速率高报警。

解除条件:触发条件解除。

7.3.2.30 液压启动系统停止检查跳机逻辑

触发条件(同时触发):液压启动系统停止后 20 s;启动电机转速大于 900 r/min,延时 0.4 s。

执行逻辑(同时执行):触发液压启动系统停止检查跳机报警;执行机组紧急停机(切断燃料气)。

解除条件:触发条件解除。

7.3.2.31 液压启动系统超速跳机逻辑(WREA－HIMA)

触发条件:启动电机转速大于 5 400 r/min。

执行逻辑(同时执行):触发液压启动系统超速跳机报警;执行机组紧急停机(切断燃料气)。

解除条件:触发条件解除并重启 WREA。

注:①括号内数值为精河压气站参数设定;②启动电机转速探头 A 与探头 B 差值并未取绝对值,探头 B 数值大于探头 A 数值不触发报警。

7.3.3 沈鼓电驱机组矿物油系统

7.3.3.1 矿物油泵测试逻辑

对备用泵进行测试,再对主用泵进行测试,测试时间为 60 s。

矿物油泵允许启动逻辑:矿物油箱温度 TIA311≥20 ℃;矿物油箱液位 LIA311≥15%;干气密封隔离器压力 PISA503≥0.3 MPaG。

7.3.3.2　矿物油润滑泵自动启动逻辑

润滑油总管压力 PISA351≤0.15 MPaG。

润滑油泵出口压力 PIA323≤0.6 MPaG。

7.3.3.3　矿物油箱加热器控制逻辑

启动逻辑:矿物油箱温度 TIA311≤35 ℃;矿物油箱液位 LIA311≥57%。

停止逻辑:矿物油箱温度 TIA311≥40 ℃。

7.3.3.4　矿物油箱排烟风机控制逻辑

当 1#或 2#矿物油泵运行时,排烟风机自启动。

当 1#或 2#矿物油泵都停止时,排烟风机自动停止。

当 1#或 2#矿物油泵都停止时,可手动启动或停止排烟风机。

7.3.3.5　顶升油泵控制逻辑

当压缩机转速 31_BENTLY－S≤3 000 r/min,且润滑油总管压力 PISA351≥0.25 MPaG,自动启动 1、3#顶升油泵或 2、4#顶升油泵。

当压缩机转速 31_BENTLY－S≥3 000 r/min 时,且润滑油总管压力 PISA351≥0.25 MPaG,自动停止 1、3#顶升油泵或 2、4#顶升油泵。

当润滑油总管压力 PISA351≥0.25 MPaG,且机组停止时,可手动启/停顶升油泵。

7.3.4　西门子燃驱机组矿物油系统

7.3.4.1　矿物油系统被需求

当仪表风压力 63SGBA＞5 kPa,启机命令已下达,矿物油系统被需要时,输出矿物油系统被需要。

7.3.4.2　矿物油系统准备就绪条件

当仪表风压力 63SGBA＞5 kPa。

矿物油温度 26QM≥30 ℃。

矿物油供油压力 63QM≥117 kPa。

高位油箱液位 71QMRDT≥500 mm。

启机命令已经下达。

7.3.4.3　矿物油系统泵故障逻辑

矿物油系统运行过程中,矿物油供油压力 63QM≤117 kPa,触发故障报警。

当给 1#或 2#矿物油泵启动命令时,若矿物油泵没有启动,则延时 5 s 触发故障报警。

当矿物油系统未准备就绪,且矿物油供油压力 63QM≤83 kPa 时,延时 150 s 触发主泵启动失败故障报警。

当任意触发一个报警时,触发矿物油系统泵启动失败故障报警。

7.3.4.4　矿物油泵自动运行控制逻辑

当矿物油系统被需要,1#泵被选为主泵,1#泵未故障时,矿物油泵使能,输出 1#泵运行控制命令。

当 2＃泵故障，且 1＃泵未故障时，矿物油泵使能，输出 1＃泵运行控制命令。

当 1＃泵启动命令并且 1＃泵未选为主泵，1＃泵未故障时，矿物油泵使能，输出 1＃泵运行控制命令。

当矿物油系统被需要，2＃泵被选为主泵，2＃泵未故障时，矿物油泵使能，输出 2＃泵运行控制命令。

当 1＃泵故障，且 2＃泵未故障时，矿物油泵使能，输出 2＃泵运行控制命令。

当 2＃泵启动命令并且 2＃泵未选为主泵，2＃泵未故障时，矿物油泵使能，输出 2＃泵运行控制命令。

7.3.4.5 矿物油泵超驰控制逻辑

当机组没有发出矿物油系统请求命令时，矿物油泵使能，输出矿物油泵可超驰控制命令。

当满足 1＃泵现场 STOP 按钮没有被按下，1＃泵超驰控制命令使能，2＃泵没有被超驰启动的条件时，按下 1＃泵 START 按钮，1＃泵超驰启动。

当满足 2＃泵现场 STOP 按钮没有被按下，2＃泵超驰控制命令使能，1＃泵没有被超驰启动的条件时，按下 2＃泵 START 按钮，2＃泵超驰启动。

7.3.4.6 矿物油电加热器运行逻辑

当矿物油箱温度 26QMT≤40 ℃时，触发矿物油电加热器需求命令。

当满足电加热器需求命令触发后，机组处于停机状态，火气系统未触发故障停机的条件，并且矿物油箱液位 71QMTL≥1 035 mm 时，电加热器启动。

当矿物油箱温度 26QMT＞45 ℃时，电加热器停止。

7.3.4.7 矿物油油冷风机被请求命令逻辑

机组运行过程中，当油冷风机冷却后温度 26QMCO≥49 ℃时，触发油冷风机请求启动命令。

当机组没有火气系统故障停机报警时，油冷风机使能。

7.3.4.8 油冷主风机启动失败逻辑

当 1＃或 2＃风机振动开关触发高振动报警时，触发风机启动失败报警。

当给了 1＃或 2＃风机启动命令时，5 s 后实际风机没有启动，触发风机启动失败报警。

7.3.4.9 油冷风机启动控制命令逻辑

当油冷风机被请求命令已触发且使能，1＃风机未发生故障报警，1＃风机被选为主机或 2＃风机发生故障时，1＃风机启动。

当油冷风机被请求命令已触发且使能，2＃风机未发生故障报警，2＃风机被选为主机或 1＃风机发生故障时，2＃风机启动。

当油冷风机没有触发被请求命令时，可使用超驰控制命令启动风机。

7.3.4.10 油冷风机超驰控制逻辑

当机组没有发出油冷风机请求命令时，但油冷风机使能，输出油冷风机可超驰控制命令。

当满足 1＃风机现场 STOP 按钮没有被按下，1＃风机超驰控制命令使能，2＃风机没有被超驰启动的条件时，按下 1＃风机 START 按钮，1＃风机超驰启动。

当满足 2＃风机现场 STOP 按钮没有被按下，2＃风机超驰控制命令使能，1＃风机没有被超驰启动的条件时，按下 2＃风机 START 按钮，2＃风机超驰启动。

7.4　干气密封系统

7.4.1　GE 电驱机组干气密封系统

7.4.1.1　阀门控制逻辑

1. 干气密封供气阀 XV3770

机组启机进程中、机组到达最小负载后(机组运行状态)、机组停机(包括正常停机、保压紧急停机和泄压紧急停机)逻辑触发，阀门为自动控制状态，非以上条件延时 5 s 后阀门为手动控制状态。

(1)阀门手动控制状态下

当干气密封调节阀 PDCV3153 关度大于 95％时，可通过机组 HMI 中按钮手动开启供气阀。

当压缩机入口压力小于 70 kPa 时，可通过机组 HMI 中按钮手动关闭供气阀。

(2)阀门自动控制状态下

启机顺控第一步干气密封吹扫过程中，当干气密封调节阀 PDCV3153 关度大于 95％时，自动开启供气阀。

正常停机或保压紧急停机时，自动开启供气阀。

机组正常运行时(无停机命令或保压紧急停机命令)，压缩机到达最小转速 3 380 r/min 后自动关闭供气阀。

供气阀开启 60 s 后，未达到最小转速，干气密封加热器下游温度低(TT3207＜30 ℃)，且压缩机入口压力小于 70 kPa 时，自动关闭供气阀。

吹扫过程中中止启机(停机命令或保压紧急停机发出)后，自动关闭供气阀。

泄压紧急停机后自动关闭供气阀。

2. 干气密封调节阀 PDCV3153

启机顺控第一步干气密封吹扫过程中，若压缩机入口压力小于 2 MPa，全关干气密封调节阀 PDCV3153。

干气密封供气与平衡管线压差 a63sg 大于 380 kPa 时触发干气密封平衡管线压力不健康信号 L63SG_NOTOK，强制关干气密封供气阀 PDCV3153(具体做法为将干气密封供气阀的最终阀位命令设置为 100，通过线性调节控制其阀位)，a63sg 小于 360 kPa 时复位干气密封平衡管线压力不健康信号 L63SG_NOTOK，干气密封供气阀恢复 PID 阀位。

其余情况下，将干气密封供气与平衡管线压差 a63sg 作为当前值 PV，通过 GEPID 功能块，采用 PI 方式（设定值 SP=300 kPa，$P=1$，$I=3$，$D=0$，无死区）调节干气密封供气阀的阀位，GEPID 功能块同时支持手动模式，可通过 HMI 相应按钮切换为手动状态，通过输入参数调整阀位。

3. 干气密封排气调节阀 PDCV3163

干气密封排气调节阀 PDCV3163 的控制完全由 GEPID 功能块完成，将干气密封一级排气压力 a63sv3 作为当前值 PV，采用 PI 方式（设定值 SP=150 kPa，$P=1$，$I=5$，$D=0$，无死区）调节干气密封供气阀的阀位，GEPID 功能块同时支持手动模式，可通过 HMI 相应按钮切换为手动状态，通过输入参数调整阀位。

7.4.1.2 加热器控制逻辑

西三线 GE 电驱机组干气密封加热器接收 UCS 传来的启动、停止命令及温度设定信号。

加热器接收到 HMI 中的干气密封加热器启动按钮发出的加热器启动命令后启动。

当压缩机入口压力小于 100 kPa 时，泄压紧急停机触发或加热器接收到 HMI 中的干气密封加热器停止按钮发出的加热器停止命令后停止。

温度设定仅可由 HMI 画面设定，输入的温度设定值转化为 16 位无符号整数的原始值后，通过数模转换以 4～20 mA 信号的方式传给加热器，据此通过设置的 3 个温控器对加热器进行控制。

温控器 1 根据 UCS 传来的温度设定信号与加热器下游温度 TE3207 检测值，进行 PID 计算（PID 计算为说明书描述，具体计算过程由温控器内部完成）后，调整加热器的负荷。加热器的电气回路仅可在电流 25 A 的工作负荷下运行，实际调整负荷的方式为通过控制加热器的通断时间，实现等效负荷。同时温控器 1 设置有切断温度（AL1，67 ℃）与启动温度（AL2，62 ℃），高于切断温度会停运加热器（无需复位），低于启动温度方可启动加热器。

加热器内部设 2 个温度探头 TE3208－1 和 TE3208－2，分别接入温控器 2 和温控器 3，TE3208－1 高于 100 ℃时温控器 2 输出内部超温高报警，TE3208－2 高于 115 ℃时温控器 3 输出内部超温高高报警，两个报警信号均会切断加热器，需现场手动复位后加热器方可继续工作。

加热器收到 UCS 传来的停止命令后，停止运行。

7.4.1.3 增压撬控制逻辑

1. UCS 逻辑

(1)干气密封增压撬请求逻辑

1)以下任一逻辑触发时，触发干气密封增压撬启动请求 L4SGB_REQ(0→1)，L4SGB_REQ 触发干气密封增压撬出口阀 XV3169 开阀命令 L20SG_DIS(0→1)：

①按下干气密封增压撬启动按钮；

②压缩机出口汇管压力 PIT－3771 与压缩机入口压力 PIT－3770 的差小于 200 kPa 时，触发 L63GASL(0→1)；

③保压紧急停机或正常停机状态下压缩机入口压力大于 100 kPa。

2)以下任一逻辑触发时，复位干气密封增压撬启动请求 L4SGB_REQ(1→0)，L4SGB_REQ 复位干气密封增压撬出口阀 XV3169 开阀命令 L20SG_DIS(1→0)：

①压缩机出口汇管压力 PIT－3771 与压缩机入口压力 PIT－3770 的差大于 210 kPa 时，复位 L63GASL(1→0)；

②压缩机入口压力小于 100 kPa 时按下干气密封增压撬停止按钮；

③泄压紧急停机状态下压缩机入口压力小于 100 kPa；

④MCS 发出泄压紧急停机命令。

复位干气密封增压撬启动请求的梯形图位于下方，因此当置位与复位逻辑同时触发时，执行复位逻辑。

2. MCS 逻辑

接收到任一机组的干气密封增压撬启动请求 L4SGB_REQ 后，增压撬 A 供气阀 XV3751A 打开后发出增压撬 A 启动命令 L4SGBA(0→1)，增压撬 B 供气阀 XV3751B 打开后发出增压撬 B 启动命令 L4SGBB(0→1)。

增压撬 A/B 启动命令 L4SGBA/L4SGBB(0→1)发出 5 s 后未收到增压撬 A 运行反馈(L52SGBA/L52SGBB＝0)，输出增压撬 A/B 未启动 L30SGBAR/L30SGBBR(0→1)，触发增压撬 A/B 未启动报警 L30SGBAR_ALM/L30SGBBR_ALM(0→1)，增压撬启动命令复位或增压撬运行反馈后使用报警复位按钮可复位报警。

增压撬 A/B 停止命令 L4SGBA/L4SGBB(1→0)发出 5 s 后仍收到增压撬 A 运行反馈(L52SGBA/L52SGBB＝1)，输出增压撬 A/B 未停止 L30SGBAS/L30SGBBS(0→1)，触发增压撬 A/B 未停止报警 L30SGBAS_ALM/L30SGBBS_ALM(0→1)，增压撬停止命令复位或增压撬无运行反馈后使用报警复位按钮可复位报警。

增压撬入口阀 A/B 开启命令 L20SGBA/L20SGBB(0→1)发出 5 s 后未收到增压撬入口阀 A/B 开启反馈(L33SGBA/L33SGBB＝0)，输出增压撬入口阀 A/B 未开启 L30SGBAO/L30SGBBO(0→1)，触发增压撬 A/B 未启动报警 L30SGBAO_ALM/L30SGBBO_ALM(0→1)，增压撬入口阀 A/B 开启命令复位或增压撬入口阀 A/B 开启反馈后使用报警复位按钮可复位报警。

机组的干气密封增压撬启动请求发出且干气密封增压撬 A/B 前后压差均小于 20 kPa 时，禁止启机。

机组的干气密封增压撬启动请求发出且干气密封增压撬 A/B 前后压差均小于 10 kPa 时，延时 5 s，触发机组泄压紧急停机，机组无干气密封增压撬启动请求或干气密封增压撬 A/B 前后压差大于 10 kPa 时，可通过机组联锁复位按钮复位逻辑。

7.4.1.4　停机逻辑

1. 干气密封一级放空压力

干气密封一级放空压力信号分为入口侧(驱动端)的 PIT－3161 和出口侧(非驱动端)的 PIT－3160，二者信号回路方向及接入模块完全一致，执行逻辑也相同(仅变量有区别)，以下以 PIT－3160 为例进行描述，PIT－3161 的信号采集及逻辑不做赘述。

2. 干气密封一级放空压力信号采集

干气密封一级放空压力信号 PIT－3160/A 经过浪涌保护器后接入 HIMA F3 AIO－01－2 A，写入变量 PIT－3160，并将 PIT－3160 的值写入 PIT－3160_A_B 通过 safeethernet 传输至 HIMA F35 PLC B，写入 PIT－3160_COM。

干气密封一级放空压力信号 PIT－3160/B 经过浪涌保护器后接入 HIMA F3 AIO－01－2 B，写入变量 PIT－3160，并将 PIT－3160 的值写入 PIT－3160_B_A 通过 safeethernet 传输至 HIMA F35 PLC A，写入 PIT－3160_COM。

干气密封一级放空压力高高跳机设定值通过 HMI 进行设定 500 kPa，写入 Fanuc PLC 的 K63SV1HH 变量中，通过 MODBUS TCP 协议传至 HIMA SPLC 中 PSHH－3160－SET。

干气密封一级放空压力高高旁路信号 L63SV1HH_OVR_CMD 通过 HMI 进行设定，写入 Fanuc PLC 的 L63SV1HH_OVR_CMD 变量中，通过 MODBUS TCP 协议传至 HIMA SPLC 变量 PSHH－3160_COM_OV。

3. 干气密封一级放空压力逻辑

(1)HIMA F35 SPLC 中

SPLC A 中接收到 PIT－3160 信号后通过 AI_SCALE_ALM 对信号进行判断与转换，输出信号 PI－3160，若 PIT－3160 信号超限(低于 150，即 3 mA，或高于 1 050，即 21 mA)，输出仪表故障信号 PAU－3160(1→0)，若 PIT－3160 信号转换后高于高高报警设定值 500 kPa，输出 PSHH－3160_A/B 信号(1→0)，PIT－3160 信号低于 480 kPa 时复位 PSHH－3160 信号(0→1)。

SPLC A 中接收到 PIT－3160_COM 信号后通过 AI_SCALE_ALM 对信号进行判断与转换，输出信号 PI－3160_COM，若 PIT－3160_COM 信号超限(低于 150，即 3 mA，或高于 1 050，即 21 mA，由 SPLC B 进行判断后将结果数字量 PIT－3160_UF_B_A 和 PIT－3160_OF_B_A 通过 safeethernet 传输至 HIMA F35 PLC A)，输出仪表故障信号 PAU－3160_COM(1→0)，若 PIT－3160_COM 信号转换后高于高高报警设定值 500 kPa，输出 PSHH－3160_COM 信号(1→0)，PIT－3160_COM 信号低于 480 kPa 时复位 PSHH－3160_COM 信号(0→1)。

PSHH－3160_A/B 与 PSHH－3160_COM 信号同时触发时，触发 PSHH－3160 信号(1→0)。

PSHH－3160 信号通过 F1M_TRIP 功能块触发报警信号 PAHH－3160，同样使用联锁复位按钮通过 F1M_TRIP 功能块复位报警信号 PAHH－3160。

干气密封一级放空压力联锁未旁路时：PSHH－3160 信号触发泄压紧急停机逻辑(1→0)。

干气密封一级放空压力联锁旁路或 PSHH－3160 信号复位后，按下联锁复位按钮，复位泄压紧急停机逻辑(0→1)。

PI－3160 与 PI－3160_COM 通过 2OO2_AI 功能块计算平均值 PI－3160_AVG，但该值并未取用。

信号 PAU－3160 与 PAU－3160_COM 通过 ISA_ALM 功能块触发报警信号 PAU－3160_SEQ 与 PAU－3160_COM_SEQ，使用联锁复位按钮通过 ISA_ALM 功能块复位报警信号。

信号 PSHH－3160、PAHH－3160 通过 MODBUS TCP 协议传至 Fanuc PLC 中变量 L63SV1HH/L63SV1HH_ALM，用于在 HMI 显示跳机信息，L63SV1HH_ALM 同时触发综合报警。

信号 PI－3160 与 PI－3160_COM 通过 MODBUS TCP 协议传至 Fanuc PLC 中变量 A63SV1A/A63SV1B，用于 HMI 显示并在 Fanuc PLC 中判断报警。

信号 PAU－3160 与 PAU－3160_COM 通过 MODBUS TCP 协议传至 Fanuc PLC 中变量 L63SV1A_FLT/L63SV1B_FLT，用于判断信号故障状态。

信号 PAU－3160_SEQ 与 PAU－3160_COM_SEQ 通过 MODBUS TCP 协议传至 Fanuc PLC 中变量 L63SV1A_FLT_ALM/L63SV1B_FLT_ALM，触发综合报警。

(2)FANUC PLC 中

通过 A2M_ALARM 对 A63SV1A/A63SV1B 进行选择，输出信号 A63SV1_AVG，A63SV1A 和 A63SV1B 均无故障时输出两者算数平均值。A63SV1A 故障，A63SV1B 无故障时输出 A63SV1B。A63SV1A 无故障，A63SV1B 故障时输出 A63SV1A。A63SV1A 和 A63SV1B 均故障输出预设值 0。

输入信号 A63SV1A/A63SV1B 偏差大于设定值 10 kPa 时，输出偏差信号 L63SV1_DEV，及综合报警信号，A63SV1A/A63SV1B 偏差小于 10 kPa 后使用复位按钮可复位报警信号。

4. 干气密封隔离气供气压力

(1)干气密封隔离气供气压力信号采集

干气密封隔离气供气压力信号 PIT－3255/A 经过浪涌保护器后接入 HIMA F3 AIO－01－1 A，写入变量 PIT－3255，并将 PIT－3255 的值写入 PIT－3255_A_B 通过 safeethernet 传输至 HIMA F35 PLC B，写入 PIT－3255_COM。

干气密封隔离气供气压力信号 PIT－3255/B 经过浪涌保护器后接入 HIMA F3 AIO－01－1 B，写入变量 PIT－3255，并将 PIT－3255 的值写入 PIT－3255_B_A 通过 safeethernet 传输至 HIMA F35 PLC A，写入 PIT－3255_COM。

干气密封隔离气供气压力低低跳机设定值通过 HMI 进行设定 500 kPa，写入 Fanuc PLC 的 K63SN1LL 变量中，通过 MODBUS TCP 协议传至 HIMA SPLC 中 PSLL－3255－SET。

干气密封隔离气供气压力低低旁路信号 L63SN1LL_OVR_CMD 通过 HMI 进行设定，写入 Fanuc PLC 的 L63SN1LL_OVR_CMD 变量中，通过 MODBUS TCP 协议传至 HIMA SPLC 变量 PSLL－3255_COM_OV。

(2)干气密封隔离气供气压力逻辑

1)HIMA F35 SPLC 中：SPLC A 中接收到 PIT－3255 信号后通过 AI_SCALE_ALM 对信号进行判断与转换，输出信号 PI－3255，若 PIT－3255 信号超限(低于 150，即 3 mA 或高于 1 050，即 21 mA)，输出仪表故障信号 PAU－3255(1→0)，若 PIT－3255 信号转换后低于低低报警设定值 150 kPa，输出 PSLL－3255_A/B 信号(1→0)，PIT－3255 信号高于 170 kPa 时

复位 PSLL－3255 信号(0→1)。

SPLC A 中接收到 PIT－3255_COM 信号后通过 AI_SCALE_ALM 对信号进行判断与转换,输出信号 PI－3255_COM,若 PIT－3255_COM 信号超限(低于 150,即 3 mA,或高于 1 050,即 21 mA,由 SPLC B 进行判断后将结果数字量 PIT－3255_UF_B_A 和 PIT－3255_OF_B_A 通过 safeethernet 传输至 HIMA F35 PLC A),输出仪表故障信号 PAU－3255_COM(1→0),若 PIT－3255_COM 信号转换后低于低低报警设定值 150 kPa,输出 PSLL－3255_COM 信号(1→0),PIT－3255_COM 信号高于 170 kPa 时复位 PSLL－3255_COM 信号(0→1)。

PSLL－3255_A/B 与 PSLL－3255_COM 信号同时触发时,触发 PSLL－3255 信号(1→0)。

PSLL－3255 信号通过 F1M_TRIP 功能块触发报警信号 PALL－3255,同样使用联锁复位按钮通过 F1M_TRIP 功能块复位报警信号 PALL－3255。

干气密封隔离气供气压力联锁未旁路时:PSLL－3255 信号触发保压紧急停机逻辑(1→0)。

干气密封隔离气供气压力联锁旁路或 PSLL－3255 信号复位后,按下联锁复位按钮,复位保压紧急停机逻辑(0→1)。

PI－3255 与 PI－3255_COM 通过 2OO2_AI 功能块计算平均值 PI－3255_AVG,但该值并未取用。

信号 PAU－3255 与 PAU－3255_COM 通过 ISA_ALM 功能块触发报警信号 PAU－3255_SEQ 与 PAU－3255_COM_SEQ,使用联锁复位按钮通过 ISA_ALM 功能块复位报警信号。

信号 PSLL－3255、PALL－3255 通过 MODBUS TCP 协议传至 Fanuc PLC 中变量 L63GD1ALL/L63GD1LL_ALM,用于在 HMI 显示跳机信息。

信号 PI－3255 与 PI－3255_COM 通过 MODBUS TCP 协议传至 Fanuc PLC 中变量 A63SN1A/A63SN1B,用于 HMI 显示并在 Fanuc PLC 中判断报警。

信号 PAU－3255 与 PAU－3255_COM 通过 MODBUS TCP 协议传至 Fanuc PLC 中变量 L63SN1A_FLT/L63SN1B_FLT,用于判断信号故障状态。

信号 PAU－3255_SEQ 与 PAU－3255_COM_SEQ 通过 MODBUS TCP 协议传至 Fanuc PLC 中变量 L63GD1A_FLT_ALM/L63GD1B_FLT_ALM,触发综合报警。

2)FANUC PLC 中:通过 A2M_ALARM 对 A63SN1A/A63SN1B 进行选择,输出信号 A63SN1_AVG,A63SN1A 和 A63SN1B 均无故障时输出两者算数平均值。A63SN1A 故障,A63SN1B 无故障时输出 A63SN1B。A63SN1A 无故障,A63SN1B 故障时输出 A63SN1A。A63SN1A 和 A63SN1B 均故障输出预设值 0。

输出信号 A63SN1_AVG 高于设定值 900 kPa 时输出高信号 L63SN1H,并触发报警信号,及综合报警信号,A63SN1_AVG 低于 880 kPa 后使用复位按钮可复位报警信号。

输出信号 A63SN1_AVG 低于设定值 250 kPa 时输出低信号 L63SN1L,禁止手动启动主矿物油泵(电机运行且泵无故障时,矿物油泵出口压力低或矿物油汇管压力低可自动启动辅助矿物油泵,一矿物油泵运行状态下也可手动启动另一矿物油泵),并触发报警信号,及综合报警信号，A63SN1_AVG 高于 270 kPa 后使用复位按钮可复位报警信号。

输入信号 A63SN1A/A63SN1B 偏差大于设定值 10 kPa 时，输出偏差信号 L63SN1_DEV，及综合报警信号，A63SN1A/A63SN1B 偏差小于 10 kPa 后，使用复位按钮可复位报警信号。

7.4.2　GE 燃驱机组干气密封系统

干气密封是一种新型的非接触轴封，与其他密封相比，干气密封具有泄漏量少，摩擦磨损小，寿命长，能耗低，操作简单可靠，维修量低，被密封的流体不受油污染等特点。此外，干气密封可以实现密封介质的零逸出，从而避免对环境和工艺产品的污染，密封稳定性和可靠性明显提高，对工艺气体无污染，密封辅助系统大大简化，运行维护费用显著下降。

干气密封利用流体动压效应，使旋转的两个密封端面之间不接触，而被密封介质泄漏量很少，从而实现了既可以密封气体又能进行干运转操作。

机组运行时，干气密封气是从压缩机入口引入气源，通过 PI 控制调节输出控制调节阀 A20SG，控制干气密封压差 A63SG 使密封压差保持控制在 1.0 bar。

在停机时，压缩机进出口阀关闭后，控制程序控制切换阀 XV－769 把密封气切换到压缩机出口汇管引入天然气进入干气密封，保证压缩机管线和出口汇管有一定压差，保证干气密封气体正向流动。整个过程有系统控制自动完成。

当干气密封气出口流量低于 5%时，输出报警，当密封气出口压力高高报时，会发出停机信号。

过滤器为双联过滤器，安装有切换手柄，以让气体通过过滤器之一进入到密封气体线路中。在运行过程中可以有任一过滤器停用，以进行维护而不影响流入到压缩机的气体。过滤器上安装有压差变送器 PDIT768，当压差达到 100 kPaG 就发出一个高报警，则过滤器必须切换及该滤芯就应更换，或者，每过一年，不论压力差是多少都必须更换。

压差 PDCV765 控制阀安装于密封气体线路和平衡气体管线之间，压差变送器 PDIT 给控制阀 PDCV765 一个信号用以控制控制阀开度，使密封气体线路上的气体压力要保持在高于平衡管线上的压力 100 kPaG 的水平上。这样，从压缩机外向内通过内迷宫型密封产生一个止动流体，从而防止工艺气体从内压缩机外壳漏出。本控制阀用以在第一通气管上保持 150 kPaG 的常压力。

流量指示变送器 FIT751/753。在压力控制阀的上游有一台流量指示变送器 FIT751/753，流量计具有 L10%低报及 H90%高报功能，能在压力高高的情况下发出报警信号并使装置跳机。

启动阀 XV769 从站出口总管来的工艺气通过由电磁阀控制的气动操纵阀 XV769 到达过滤器进口。此阀为一通/断阀，用于机组启动升速。

从上述控制过程，我们可将上述这部分控制程序归纳为如下子程序。

7.4.2.1　干气密封一级泄放压力逻辑

1. 干气密封出口侧一级放空压力输出逻辑

取－29～174.05 psi(－200～1 200 kPa)为压力变送器正常输出区间，变送器 A 的数值超限而变送器 B 数值正常则输出变送器 B 的数值；变送器 B 的数值超限(无论变送器 A 是否正常)则输出变送器 A 的数值;变送器 A 与变送器 B 的数值偏差在 3 psi(20.684 kPa)内,输出变送器 A 与变送器 B 数值的平均值;变送器 A 与变送器 B 的数值偏差大于 3 psi(20.684 kPa),输出变送器 A 和变送器 B 数值的最大值,且延时 10 s 后输出干气密封出口侧一级放空压力偏差报警。

2. 干气密封出口侧一级放空压力变送器故障逻辑

变送器 A 不健康或 MTL 相应通道故障或板卡故障,输出干气密封出口侧一级放空压力变送器 A 不健康报警;变送器 B 不健康或 MTL 相应通道故障或板卡故障,输出干气密封出口侧一级放空压力变送器 B 不健康报警。

变送器 A 与变送器 B 不健康报警同时触发,触发泄压紧急停机逻辑;任一变送器恢复正常后跳机逻辑触发条件解除。

停机逻辑:当干气密封出口侧一级放空压力大于 72.51 psi(500 kPa)时,延时 100 ms 输出干气密封出口侧一级放空压力高跳机报警,同时执行泄压紧急停机(ESD);当干气密封出口侧一级放空压力小于 72.51 psi (500 kPa)时报警消除,跳机触发条件解除。

7.4.2.2 压缩机进出口汇管压差变送器故障逻辑

变送器不健康或 MTL 相应通道故障或板卡故障输出压缩机进出口汇管压差变送器不健康报警。

压缩机进出口汇管压差逻辑:加载阀打开时:压缩机进出口汇管压差小于 14.5 psi(100 kPa)时,延时 100 ms 启动干气密封增压撬(BOOSTER);压缩机进出口汇管压差大于 29 psi(200 kPa)时,延时 100 ms 停止干气密封增压撬(BOOSTER)。

7.4.2.3 第三级辅助密封仪表气压力变送器故障逻辑

变送器不健康或 MTL 相应通道故障或板卡故障,输出第三级辅助密封仪表气压力不健康报警,同时触发保压紧急停机逻辑,输出第三级辅助密封仪表气压力低跳机报警;变送器恢复正常后跳机逻辑触发条件解除。

7.4.2.4 第三级辅助密封仪表气压力低逻辑

第三级辅助密封仪表气压力小于 36.26 psi(250 kPa)时,延时 100 ms 输出第三级辅助密封仪表气压力低报警,同时禁止启机(ITS),禁止盘车(ITC),停机状态下禁止矿物油辅助油泵启动;第三级辅助密封仪表气压力大于 36.26 psi(250 kPa)时报警消除。

7.4.2.5 第三级辅助密封仪表气压力低低逻辑

第三级辅助密封仪表气压力小于 21.76 psi(150 kPa)时,延时 100 ms 触发保压紧急停机逻辑,输出第三级辅助密封仪表气压力低跳机报警;第三级辅助密封仪表气压力大于 21.76 psi(150 kPa)时报警消除,跳机触发条件解除。

7.4.3 沈鼓电驱机组干气密封系统

干气密封总体原理各机组基本相同,此处不再赘述。

机组运行时,干气密封气是从压缩机入口引入气源,通过 PID 控制调节输出控制调节阀，控制干气密封压差使密封压差保持控制在 210 kPa。

在停机时，压缩机进出口阀关闭后，控制程序打开干气密封切断阀(从增压撬引气)，把密封气从压缩机出口汇管引入干气密封，保证压缩机管线和出口汇管有一定压差，保证干气密封气体正向流动。整个过程由系统控制自动完成。

当干气密封供气压差低于 150 kPa 时，输出报警，当密封气出口压差高高报(0.65 MPa)时，会发出停机信号。

过滤器为双联过滤器，安装有切换手柄，以让气体通过过滤器之一进入到密封气体线路中。在运行过程中可以有任一过滤器停用，以进行维护而不影响流入压缩机的气体。过滤器上安装有压差变送器，若压差高报警时就发出一个高报警，则过滤器必须切换及该滤芯就应更换。

从上述控制过程，可将上述这部分控制程序归纳为如下子程序。

7.4.3.1　干气密封一级泄放压力逻辑

干气密封驱动/非驱动端一级放空压差输出逻辑：取现场远传模块采集工程值经换算后得实际输出值。

停机逻辑：当驱动端、非驱动端 PISA502A、PISA501A 任意一端计算值高于 0.65 MPa 时，触发机组泄压停车。

7.4.3.2　压缩机增压撬启停逻辑

当压缩机启动时，机组吹扫充压前启动干气密封增压撬(BOOSTER)。

注意：三线电驱机组，手动打开加载阀进行手动充压时，并不会像西门子燃驱机组一样，干气密封也同步投用，因此，当对电驱机组进行手动充压时，应手动先投用干气密封，再对机组进行手动充压。

压缩机进出口压差大于 0.5 MPa，且干气密封供气压差 PDIA502 大于 160 kPa 时，停止干气密封增压撬(BOOSTER)。

7.4.3.3　第三级辅助密封仪表气压力变送器输出逻辑

取现场远传模块采集工程值经换算后得实际输出值。

7.4.3.4　第三级辅助密封仪表气压力低逻辑

第三级辅助密封仪表气压力 PISA503 小于 0.2 MPa 时，输出第三级辅助密封仪表气压力低报警。

仪表风供给使能电磁阀与矿物油泵互锁，当油泵运行，仪表风同时供给，若是无仪表风供给无法启泵。

7.4.4　西门子燃驱机组干气密封系统

干气密封总体原理各机组基本相同，此处不再赘述。

机组运行时，干气密封气是从压缩机入口引入气源，通过 PID 控制调节输出控制调节阀 SGCV，控制干气密封压差 A63SGJS 使密封压差保持控制在 269 kPa。

在停机时，压缩机进出口阀关闭后，控制程序打开干气密封切断阀 20SG(从增压撬引气)把密封气从压缩机出口汇管引入干气密封，保证压缩机管线和出口汇管有一定压差，保证干气密封气体正向流动。整个过程由系统控制自动完成。

当干气密封压差 A63SGJS 低于 230 kPa 或者高于 285 kPa 时，输出报警，当密封气出口压差高高报(240 kPa)时，会发出停机信号。

过滤器为双联过滤器，安装有切换手柄，以让气体通过过滤器之一进入到密封气体线路中.在运行过程中可以有任一过滤器停用，以进行维护而不影响流入到压缩机的气体。过滤器上安装有压差变送器 A63SGJF，若压差达到 70 kPa 就发出一个高报警，则过滤器必须切换及该滤芯就应更换.或者，每过一年，不论压力差是多少都必须更换。

从上述控制过程，我们可将上述这部分控制程序归纳为如下子程序。

7.4.4.1　干气密封一级泄放压力逻辑

1. 干气密封驱动/非驱动端一级放空压差输出逻辑

取现场远传模块采集工程值经换算后得实际输出值，换算公式为 $\frac{\text{该工程值}\times 1.25}{31\ 208}\times 600-(0.25\times 600)$。

停机逻辑：当驱动端、非驱动端任意一端计算值高于 240 kPa 时触发机组 SDV 停机放空。

2. 干气密封驱动/非驱动端一级放空压差故障逻辑

取现场远传模块采集工程值小于 6 000 时，判断为该变送器故障。

7.4.4.2　压缩机增压撬启停逻辑

当压缩机进出口压力变送器值其中任意一块变送器的值大于 200 kPa 时，此时压缩机进出口压差值 A63PGJ 小于 540 kPa 时，启动干气密封增压撬(BOOSTER)；当压缩机进出口压差值 A63PGJ 大于 560 kPa 时，停止干气密封增压撬(BOOSTER)。

7.4.4.3　第三级辅助密封仪表气压力变送器输出逻辑

取现场远传模块采集工程值经换算后得实际输出值，换算公式为 $\frac{\text{该工程值}\times 1.25}{31\ 208}\times 600-(0.25\times 600)$。

1. 第三级辅助密封仪表气压力低逻辑

第三级辅助密封仪表气压力 63SGBA 小于 35 kPa 时，输出第三级辅助密封仪表气压力低报警；第三级辅助密封仪表气压力大于 110 kPa 时，输出第三级辅助密封仪表气压力高报警

当 N3 转速小于 100 r/min 且仪表风压力小于 20 kPa 时，延时 30 min 后强制停矿物油泵。

仪表风供给使能电磁阀与矿物油泵互锁，当油泵运行，仪表风同时供给，若无仪表风供给，则无法启泵。

2. 第三级辅助密封仪表气压力故障逻辑

取现场远传模块采集工程值小于 6 000 时，判断为该变送器故障。

7.5　进气通风系统

7.5.1　GE 燃驱机组进气通风系统

7.5.1.1　进气通风系统介绍

一方面，燃机机匣壳体一般较薄，噪声传递迅速。在机组外装一个箱装体，外壳采用吸音材料的结构，内复穿孔钢板，外复结构钢板，能达到良好的消音效果。箱装体具有较多优越性，但亦出现一些问题。发热量散发不出去，箱体内温度会很高，泄漏的油、气具有一定的火灾隐患。为此在采用箱装体时必须配有通风系统。

另一方面，燃气轮机是一个空气消耗量非常大的一种热力发动机，从大气中吸入的空气，进入压气机增压，送到燃烧室与燃料混合燃烧产生高温燃气，而这种高温燃气就是燃气轮机作功的工质。燃气轮机作功能力与吸入的空气量成正比。进气流动损失会影响机组的出力和效率。另外，吸入压气机的空气必需是相当的干净，否则，会严重影响机组的输出功率，增加燃料消耗和损坏机件和降低机组的使用寿命。

因此，进气通风系统目的：①用冷却或低温空气来置换箱体内的热空气，达到降温和消除隐患的目的；②在低的阻力下为压气机提供清洁且经过过滤的空气。

7.5.1.2　箱体通风空气流程

从空气进气滤来的通风空气在通风风扇的吸入作用下，经过通风管道进入箱体，以降低箱体内因燃气发生器工作所引起的箱体温度升高，在箱体通风空气进口管道中安装有从燃气发生器第九级抽气到动力涡轮冷却及空气封严系统的冷却管，还安装有冷却从合成油系统的滑油的冷却管。合成油油雾分离器出口管也经过箱体通风进口管中的冷却管。

有一部分通风空气经过管道被引入动力涡轮后舱，以降低后舱温度，在箱体通风空气的所有进出口均安装有风门，运行时，所有风门应处于打开位置，只有当箱体内发生火警时，所有风门在由灭火系统来的 CO_2 通过管道作用于风门关闭开关，使所有风门关闭。

在箱体通风空气出口管道内安装有燃料气探头，以检测箱体内燃料气管路是否有泄漏。

通风空气出口管道内安装有消音器，以降低排气噪音，并通过管道排入大气。

从空气进气滤来的清洁空气在发生器的抽吸作用下经过管道，进入箱体进气室，在进气室内的空气被吸入燃气发生器，空气在发生器内被压缩，经与燃料气混合燃烧，作功推动动力涡轮，废气经扩压器排烟道排入大气。

箱体通风空气系统和燃气发生器空气系统是各自独立的两个系统。

7.5.1.3　进气通风系统逻辑介绍

进气通风系统的正常运行和系统主要部件及其控制逻辑时密不可分的，下面介绍系统的主要部件和相关逻辑。

1. 箱体风机 88BA－1/2

通风系统有两台通风风机，按主/备机逻辑运行。操作员可通过 HMI 上按钮选择，只要启动程序一开始，UCS 就启动主风机，一旦冷却程序完成，主风机就停止。正常运行期间，箱体增压实现后，会出现以下三种不正常的通风状态。

1)箱体压差低，PDAL－563(96BA－1A/1B)有效，若箱体门开着，根据程序，操作员通过“HMI”上按钮，确认后可允许运行，则报警解除。

如果不进行确认且继续运行，正常停机程序就会启动。若箱体门关，备用风机已经运行，则正常停程序也启动。如果备用风机停止，正常停机启动，则主风机也停止。最初设定的 10 s 延时之后，再一次检测通风是否正常。若非正常状态存在，则停机。

2)箱体内温度高，TAH－553 有效，报警发生，温度继续升高，则 TAHH－553 有效，停机发生；箱体温度 HH 定时器(60 s)启动，等到定时器到点之后，再一次检查箱体内温度，若总是超过 HH 设定点，则执行应急停机卸压程序。

3)检测出排风出口有可燃气体，AAH－557(45HA1A－45HA－1D)有效，报警发生。如果可燃气体浓度进一步增加，AAHH－557(45HA－4－45HA－6)有效，之后应急停机卸压程序启动。

同时，若下列所有状态被确认，则主或备用风机启动，并有自动和手动两种模式。

1)通过 ZAH－546(33ID－1)，ZAH－549(33ID－2A)，检查所有的排风扇进口处阻尼器均打开。

2)通过 ZAH－548(33OD－1A)，检查排风出口阻尼器均打开。

3)火焰报警信号未发生。

2. 进气滤可燃气体探头 45HT1/2/3、45HT4/5/6

6 个可燃气探头安装于进气滤芯下方，当 45HT1/2/3(45HT4/5/6)中的任一探头数值高于 10%，则输出对应探头高报警。45HT1/2/3 为一组探头，45HT4/5/6 为第二组探头。45HT1/2/3(45HT4/5/6)三个探头中，若任意两个同时出现数值高于 20%或者故障，则机组保压停机(ESP)。任意两个探头中，若一个数值高于 20%，另一个探头出现故障，则机组同样保压停机(ESP)。

3. 进气滤芯压差变送器 PDIT－538A/B

压差变送器 PDIT538 安装在进气滤芯部位，PDIT－538A/B 进气滤芯压差输出逻辑：(Mark VIe 程序里单位是 inchH_2O)

PDIT－538A 与 PDIT－538B 两个探头值介于－7.81 mmH_2O 与 257.81 mmH_2O 之间时，输出平均值。其中任意一个探头值超过该范围，输出范围内正常值，并在 60 s 后显示偏差报警 L63TF_SENSR。PDIT－538A 与 PDIT－538B 偏差大于 10.16 mmH_2O 输出两个探头其中的最大值，并在 60 s 后输出进气滤芯压差偏差报警 L63TF_SENSR。PDIT－538 大于 132.56 mmH_2O，2 s 后输出压差高报警 L63TFA_ALM。

当以下情况出现时，会触发机组停机逻辑。

1)PDIT－538A与PDIT－538B同时故障输出探头故障L63TF_FLT，输出L94ASHD_IAF触发机组ESP，HMI显示高报警L63TF_ALM和L63TFA_ALM。

2)PDIT－538大于152.96 mmH_2O输出高高报警，输出L63TF，输出L94ASHD_IAF触发机组ESP，HMI显示高报警L63TF_ALM和L63TFA_ALM。

4. 箱体通风通道风门位置开关ZSH545/546/547/548/549

安装于箱体进出口风门开关位置信号由现场传输至Mark VIe，当位置开关都处于打开位置时、启动被允许，箱体通风电机允许启动。若箱体通风出口风门位置开关在关闭位置，则紧急停机ES执行，箱体通风电机关闭，同时有一个信号传输至Mark VIe，并在HMI显示。

5. 箱体温度变送器TT553－A/B

箱体内部安装有两个箱体温度变送器TT553－A/B，TT553温度输出逻辑：TT553－A与TT553－B偏差大于10 ℉，输出箱体温度偏差报警L26BT_SENSR。当TT553－A与TT553－B偏差大于10 ℉时，TT553输出两个探头中的最大值。当TT553－A与TT553－B偏差小于10 ℉时，TT553输出两个探头的平均值。而当TT553－A与TT553－B同时故障时，输出箱体温度探头故障L26BT_FLT。

当箱体温度TT553大于110 ℃时，输出箱体温度高报警L26BA_ALM，联锁启动箱体通风风机，机组辅助系统进程禁止启动(禁止启机)。

当以下情况出现时，会触发机组停机逻辑。

1)当TT553－A与TT553－B两个探头同时故障时，输出L26BT_FLT触发机组ESD，HMI显示高报警L26BA_ALM。

2)当TT553大于115 ℃时，输出箱体温度高高报警，输出L26BT触发机组ESD，HMI显示高高报警L26BA_ALM。

6. 箱体压差变送器PDIT563A/B

压差变送器PDIT563安装于箱体前部，检测运行时箱体内外压差，并有现场指示。若箱体内外压差大于61.874 9 mmH_2O或小于－1.875 mmH_2O，则输出该探头fault；若两个探头均输出fault，则输出failboth。

若箱体压差A63BT小于8 mmH_2O，则输出L63BTL_ALARM，即箱体压差低报警，该报警与L33DTC(箱体门是否处于关闭状态)和L2BT_BYP(箱体门是否被旁路)参与逻辑判断，在机组运行过程中，若箱体门处于关闭状态且未被旁路，则输出L4BT_ESDV(箱体通风丢失)，从而输出L63BTLOSS_ALM(LOSS OF VENTILATION TRIP)，最终输出trip，机组正常停机。

7. GT箱体门关闭信号ZSL571/A/B/C/D/E/F/G

GT箱体门上安装有关闭信号开关，当门被完全关闭时，启动被容许，任何一扇门没有被关闭，都会产生一个报警，并且禁止启动。完全关闭信号由现场传输至Mark VIe，并在

HMI 上显示。

8. 箱体通风出口可燃气体探头 AE557/A/B/C

安装于箱体出口通道内，信号由现场传输至 PLC，当 GT 箱体通风空气出口被探到燃料气浓度达到 5%时，发出一个高报警，启动被禁止。当燃料气浓度达到 10%时，会发出一个高高报警，此时紧急泄压停机 ESN 被执行，机组被锁定 4 h，所有信号传输至 HMI 上显示，燃料气切断阀 FCV224，FCV226 关闭，燃料气自动隔离阀 XV159 关闭，燃料气升温放空阀 XV222 开。

若有一个探头(不管哪一个)故障或高高报，则只在 HMI 显示，若有两个探头故障或高高报，则正常停机 NS 被执行，并在 HMI 上显示。若有三个探头故障或高高报，则正常停机 NS 被执行，并在 HMI 上显示。

9. 环境温度 TT－531

安装于箱体外部，环境温度探头 TT－531 大于 40 ℉，GG 转速大于 6 800 r/min，防冰电磁阀 L4AIX 输出为 true。当环境温度探头 TT－531 低于 30 ℉，环境温度探头 TT－531 与 T2 偏差大于 0.9 时，输出防冰高偏差 L26AIA。

10. 反吹就地控制盘

反吹就地控制盘安装在进气滤芯下方，若该控制盘报警，则由现场反吹就地控制盘输出故障报警(L30PJ)。该报警接入到 Mark6e，输出报警显示 L30PL_ALM。该报警作为机组辅助系统启机通过条件之一。若机组出现该报警，则启机条件不通过，机组禁止启机 ITS。

7.5.2　西门子燃驱机组进气通风系统

进气通风系统总体原理各机组基本相同，此处不再赘述。

7.5.2.1　箱体通风逻辑

1. 箱体通风压差低低逻辑

A63EVJAM 取现场远传模块采集工程值经换算后得实际输出值，换算公式为该工程值×1.25/31 208×1 －(0.25×1)。

停机逻辑：当实际输出值低于 0.045 kPaG 时，且机组箱体温度 26EVGTA 大于或等于 75 ℃时，则延时 30 s 触发机组 ESD 紧急停机。当箱体通风压差值数据失效且箱体温度 26EVGTA 大于或等于 70 ℃时，触发机组 SDL 锁定停机。当 63EVJAM 实际输出值低于 0.045 kPad 时，且机组任意一个可燃气体探头报警，则延时 30 s 触发机组 ESD 紧急停机。

2. 箱体通风压差故障逻辑

当取现场远传模块采集工程值小于 6 000 时，判断为该变送器故障。

7.5.2.2　箱体进气逻辑

1. 箱体进气压差高高逻辑

A63GGIAF(供给给燃气轮机燃烧的空气)、A63GGIAV(供给给箱体通风的空气)取现场远传模块采集工程值经换算后得实际输出值，换算公式为该工程值×1.25/31 208×2.5－（0.25×2.5）。

停机逻辑：当两者实际输出值，一个高高报即大于 1.5 kPaG，另一个高报即大于 1.0 kPaG 时，触发机组 CS 冷停，降至怠速。

2. 箱体进气压差故障逻辑

当取现场远传模块采集工程值小于 6 000 时，判断为该变送器故障。

7.5.2.3　箱体温度逻辑

1. 箱体温度高高报警

A26EVGTA/B(箱体温度 A/B)取现场远传模块采集工程值经换算后得实际输出值，换算公式为该工程值/10。

停机逻辑：当箱体温度 A/B 同时大于 75 ℃时，延时 5 s 触发机组停机 SDL 锁定停机。

2. 箱体进排气挡板异常关闭报警

当机组正常运行时，箱体进气/排气挡板 I33EVGTIO/I33EVGTOO 位置开关处于常 1，当其值为 0 时，可判断挡板关闭。

停机逻辑：当机组正常运行时，箱体进气/排气挡板任意一个挡板关闭且箱体温度 26EVGTA 大于或等于 70 ℃时，触发机组 SDL 锁定停机。

7.5.2.4　箱体门限位逻辑

33EVGTD1C、33EVGTD2C 为箱体门开关限位，正常时探头测量电流小于或等于 1 mA，打开时探头测量电流大于或等于 3 mA。

报警逻辑：当机组运行时，开启任意一道门都会触发机组运行箱门开启报警，同时箱体压差不足启运高速风机。

7.5.2.5　燃机进气温度探头逻辑

26GG10_1A 为燃机进气温度探头，取现场远传模块采集工程值经换算后得实际输出值，换算公式为该工程值/10。

涉及逻辑：当 26GG10_1A 小于 0 ℃时，机组暖机转速为 30 min。当其大于或等于 0 ℃时，机组暖机转速为 15 min。当 26GG10_1A 大于或等于 20 ℃，液压启动器暖机时间为 5 s，小于 20 ℃时，液压启动器暖机时间为 10 s。

7.5.2.6　箱体风机逻辑

88EV1、2 是机组的两台通风风机，正常运行时，一台主用风机以低速状态运行，另一台备用。

启停逻辑：正常启机、盘车时，箱体风机一台运行并低速运行。当存在箱体温度高报警、箱体温度大于 65 ℃，箱体压差小于 0.05 kPa 时，该风机转换为高速运行。若该风机转换为高速运行 5 s 后仍不满足箱体压差要求，则起备用风机，其余逻辑相同。

第8章　站场工艺系统停机逻辑解读对比

8.1　GE电驱机组站场工艺系统停机逻辑

8.1.1　GE电驱机组停机过程

8.1.1.1　正常停机NS

操作员可以通过HMI(HS 3164)或UCP(HS 3702)上的停止命令停止GE电驱压缩机组。

负载分配控制器向VSDS发出命令使电机逐渐降低到最小转速，期间通过负载分配和防喘控制器控制，快速全开防喘阀，然后停止电机。

正常停机过程工艺阀门状态参数见表8-1。

表8-1　正常停机过程工艺阀门状态参数

阀　门	正常运行时	停机命令发出	降至最小转速	防喘阀全开后	停机命令发出90 s且机组转速为0	停机命令发出360 s且机组转速为0	入口压差大于100 kPa
入口阀4101	全开	全开	全开	全开	关闭	关闭	全关
加载阀3775	全关	全关	全关	全关	全关	全关	开启
防喘阀3776	防喘控制	防喘控制	开启	全开	全开	全开	全开
防喘隔离阀4104	全开	全开	全开	全开	全开	关闭	全关
出口阀4103	全开	全开	全开	关闭	全关	全关	全关
放空阀3784	全关	全关	全关	全关	全关	全关	全关
干气密封供气阀3770	全关	开启	全开	全开	全开	全开	全开

机组停止后，阀XV-3106将打开，来自润滑油冷却器的矿物油油将排放至润滑油箱以排空冷却器。

8.1.1.2　保压紧急停机ESP

紧急停机由SPLC(HIMA)统一控制。

跳机时，SPLC 逻辑向 UCS 和 VSDS 发送紧急跳机命令，立即停止主电机。防喘振电磁阀也将通过 SPLC 的动作立即断电，快速全开防喘阀。同时，UCS 禁用防喘振/负载分担控制器功能。防喘振控制器的输出将立即被强制为最小信号（即防喘振阀打开），负载分配控制器对 VSDS 的速度输出命令将立即强制为 0。

保压紧急停机过程工艺阀门状态参数见表 8-2。

表 8-2　保压紧急停机过程工艺阀门状态参数

阀　门	正常运行时	ESP 命令发出	ESP 命令发出 90 s 且机组转速为 0	入口压差大于 100 kPa
入口阀 4101	全开	全开	关闭	全关
加载阀 3775	全关	全关	全关	开启
防喘阀 3776	防喘控制	开启	全开	全开
防喘隔离阀 4104	全开	全开	关闭	全关
出口阀 4103	全开	关闭	全关	全关
放空阀 3784	全关	全关	全关	全关
干气密封供气阀 3770	全关	开启	全开	全开

机组停止后，阀 XV-3106 将打开，来自润滑油冷却器的矿物油油将排放至润滑油箱以排空冷却器。

8.1.1.3　泄压紧急停机 ESD

若干气密封一级排气压力高高（PAHH 3160/PAHH 3161），UCP 或控制室的 ESD 按钮激活，则有必要立即对压缩机进行泄压紧急停机，对于所有其他情况，不需要泄压。

跳机时，SPLC 逻辑向 UCS 和 VSDS 发送紧急跳机命令，立即停止主电机。防喘振电磁阀也将通过 SPLC 的动作立即断电，快速全开防喘阀。同时，UCS 禁用防喘振/负载分担控制器功能。防喘振控制器的输出将立即被强制为最小信号（即防喘振阀打开），负载分配控制器对 VSDS 的速度输出命令将立即强制为 0。

泄压紧急停机过程工艺阀门状态参数见表 8-3。

表 8-3　泄压紧急停机过程工艺阀门状态参数

阀　门	正常运行时	ESD 命令发出	ESD 命令发出 90 s 后	ESD 命令发出 90 s 且机组转速为 0	ESD 命令发出 360 s 且机组转速为 0
入口阀 4101	全开	全开	全开	关闭	关闭
加载阀 3775	全关	全关	全关	全关	全关
防喘阀 3776	防喘控制	开启	全开	全开	全开
防喘隔离阀 4104	全开	全开	全开	全开	关闭
出口阀 4103	全开	关闭	关闭	全关	全关
放空阀 3784	全关	全关	开启	全开	全开
干气密封供气阀 3770	全关	全关	全关	全关	全关

机组停止后，阀 XV-3106 将打开，来自润滑油冷却器的矿物油油将排放至润滑油箱以排空冷却器。

8.2　GE 燃驱机组站场工艺系统停机逻辑

当站场工艺系统出现异常情况时，有可能会导致机组联锁停机，下面以霍尔果斯作业区站场工艺系统为例，介绍会导致机组联锁停机的几种情况。

8.2.1　站场 ESD 触发机组联锁停机

8.2.1.1　ESD 分级情况说明

霍尔果斯压气首站 ESD 分为 4 级，分别为单台压缩机组 ESD、压缩机厂房 ESD、单站 ESD 和全站 ESD。

8.2.1.2　ESD 触发情况说明

1. 第一级(全站 ESD)

触发条件如下。

1)站场 ESD 按钮动作(站内工艺装置区巡检道路上设置 11 个站场 ESD 按钮，用于巡检人员在现场发现火灾或紧急事故时人工触发站场 ESD 程序。

2)接到调度控制中心的 ESD 命令。

3)二线厂房内任意 2 个或 2 个以上的火焰探测仪报警。

4)三线厂房内任意 2 个或 2 个以上的火焰探测仪报警。

机组执行操作：停二三线压缩机。

2. 第二级(单站 ESD)

二线触发条件：站控制室操作台上设置 1 个西二线站场 ESD 按钮，西二线机柜间 SM 机柜上设置 1 个 ESD 按钮。

机组执行操作：停二线压缩机。

三线触发条件：站控制室操作台上设置 1 个西三线站场 ESD 按钮，西三线机柜间 SM 机柜上设置 1 个 ESD 按钮。

机组执行操作：停三线压缩机。

3. 第三级(压缩机厂房 ESD)

西二线触发条件如下。

1)二线压缩机厂房周边 ESD(4001－4008)按钮动作。

2)压缩机厂房可燃气体浓度超限，即厂房内任意 2 个或 2 个以上的可燃气体探测仪检测到可燃气体浓度高高报警。

3)压缩机出口 PT4004、PT4005、PT4006 压力超过 12 MPa。

执行操作：停运二线所有压缩机组，关燃料截断阀，打开燃料气撬放空阀，全开厂房屋顶风机，触发厂房声光报警系统。

西三线触发条件如下。

1)三线压缩机厂房周边 ESD(34001－34008)按钮动作。

2)压缩机厂房可燃气体浓度超限,即厂房内任意 2 个或 2 个以上的可燃气体探测仪检测到可燃气体浓度高高报警。

3)压缩机出口 PT34004、PT34005、PT34006 压力超过 12 MPa。

执行操作:停运三线所有压缩机组,关燃料截断阀,打开燃料气撬放空阀,全开厂房屋顶风机,触发厂房声光报警系统。

4. 第四级(单机组 ESD)

触发条件如下。

1)单机组 ESD 按钮动作(站控室和机组旁)。

2)单台压缩机组超速。

3)单台压缩机组或燃气发动机轴、电机轴承振动超高信号。

4)单台压缩机组或燃气轮机轴承温度超高信号。

5)单台机组润滑系统故障。

6)单台压缩机机罩火焰探测器报警。

7)单台压缩机组箱罩内可燃气体浓度超过高高报。

8)单台机组进气模块固定点式可燃气体浓度超高报。

9)单台机组 GG 机箱温度超高报或信号丢失。

10)单台机组 PT 后舱温度信号丢失或超高报。

11)单台机组消防系统压力开关 CO_2 快速释放启动。

12)单台机组干气密封放空压力超高报。

13)单台机组干气密封压缩空气压力超低报。

执行操作:执行单机组 ESD 停车,此操作由压缩机组安全仪表系统自行控制完成。

8.2.2　站场联锁仪表保护停机

8.2.2.1　西二线站场联锁仪表保护停机

1. 机组入口低压保护逻辑

PT4001、PT4002、PT4003 中任意一块表压力小于 4.5 MPa,输出入口压力低报警;任意两块表压力小于 3.8 MPa,停二线所有机组,二线机组低压保护带压停机,不影响三线工艺运行。

2. 机组出口高压保护逻辑

PT4004、PT4005、PT4006 中任意一块表压力大于 11.85 MPa,输出出口压力高报警;任意两块表压力大于 12.0 MPa,停二线所有机组,二线机组高压保护不带压停机,不影响三线工艺运行。

3. 机组出口超温保护逻辑

TT1301、TT1302、TT1303 中任意一块表温度大于 53 ℃,输出出口温度高报警;任意两块表温度大于 55 ℃,停二线所有机组,二线机组高温保护带压停机,不影响三线工艺运行。

4. 空压机低压联锁保护逻辑

PT10101、PT10102、PT10103 中任意一块表压力小于 0.65 MPa，输出空压机出口压力低报警；任意两块表压力小于 0.6 MPa，停三线所有机组，三线机组空压机低压保护带压停机，不影响二线工艺运行。

8.2.2.2 西三线站场联锁仪表保护停机

1. 机组入口低压保护逻辑

PT34001、PT34002、PT34003 中任意一块表压力小于 4.5 MPa，输出入口压力低报警；任意两块表压力小于 3.8 MPa，停三线所有机组，三线机组低压保护带压停机，不影响二线工艺运行。

2. 机组出口高压保护逻辑

PT34004、PT34005、PT34006 中任意一块表压力大于 11.85 MPa，输出出口压力高报警；任意两块表压力大于 12.0 MPa，停三线所有机组，三线机组高压保护不带压停机，不影响二线工艺运行。

3. 机组出口超温保护逻辑

TT31301、TT31302、TT31303 中任意一块表温度大于 53 ℃，输出出口温度高报警；任意两块表温度大于 55 ℃，停三线所有机组，三线机组高温保护带压停机，不影响二线工艺运行。

4. 空压机低压联锁保护逻辑

PT310101、PT310102、PT310103 中任意一块表压力小于 0.65 MPa，输出空压机出口压力低报警；任意两块表压力小于 0.6 MPa，停三线所有机组，三线机组空压机低压保护带压停机，不影响二线工艺运行。

8.3 沈鼓及西门子机组站场工艺系统停机逻辑解读对比

8.3.1 ESD 分级情况说明

乌苏压气站 ESD 分为四级，分别为单台压缩机组 ESD、单站场所有压缩机组 ESD、单站场 ESD 和合建站场 ESD。

8.3.2 ESD 分级介绍

8.3.2.1 第一级(合建站场 ESD)

1. 触发条件

1)站场 ESD 按钮动作(站内工艺装置区巡检道路上设置 10 个站场 ESD 按钮 HS2001～HS2005、HS32001～HS32005)，用于巡检人员在现场发现火灾或紧急事故时人工触发站场

ESD 程序。

2)接到调度控制中心的 ESD 命令。

3)二、三线压缩机单厂房内 2 个或 2 个以上的火焰探测仪报警，经过延时 2 s 后执行站 ESD 紧急停车。

8.3.2.2　第二级(单站场 ESD)

1. 二线 ESD

触发条件如下。

1)站控制室操作台上设置 1 个站场二 ESD 按钮(HS0001)，二线机柜间 SM 机柜上设置 1 个 ESD 站场按钮(HS1001)。

2)一级 ESD 触发二级 ESD。

2. 三线 ESD

触发条件如下。

1)站控制室操作台上设置 1 个站场三 ESD 按钮(HS30001)，三线机柜间 ESD 机柜上设置 1 个 ESD 站场按钮(HS00001)。

2)一级 ESD 触发二级 ESD。

3. 第三级(所有压缩机组 ESD)

触发条件如下。

1)压缩机组 ESD 按钮动作(ESD4001～ESD4004、ESD34001～ESD34005)。当触发任意一个按钮时，会触发二线或者三线机组 ESD。

2)单个压缩机厂房可燃气体浓度超限，厂房内共有 9 个可燃气体探测仪，即厂房内有 2 个或 2 个以上的可燃气体气体探头高高报，经过延时 2 s 后触发二线或者三线机组 ESD。

3)压缩机出口汇管压力高高报警(三选二)。

4) 、二级 ESD 触发三级 ESD。

执行操作：机组 ESD 停机，机组执行 ESD 停机逻辑，关燃料截断阀，厂房开风机，厂房报警喇叭响、报警灯亮。

8.3.3　联锁保护停机逻辑清单

西二线、西三线站场保护逻辑清单见表 8-4 和表 8-5。

表 8-4　西二线站场保护逻辑清单

序　号	逻辑名称	逻辑描述	联锁仪表/触发条件	执行动作	是否影响三线运行
1	机组入口低压保护逻辑	PT4001、PT4002、PT4003 中任意一块表压力小于 4.5 MPa，入口低压预报警；任意两块表压力小于 3.8 MPa，停二线所有机组	PT4001、PT4002、PT4003	二线机组低压保护正常停机	否

续表

序　号	逻辑名称	逻辑描述	联锁仪表/触发条件	执行动作	是否影响三线运行
2	机组出口高压保护逻辑	PT4004、PT4005、PT4006 中任意一块表压力大于 11.85 MPa，出口高压预报警；任意两块表压力大于 12 MPa，停二线所有机组	PT4004、PT4005、PT4006	二线三级 ESD	否
3	机组出口超温保护逻辑	TT1301、TT1302、TT1303 中任意一块表温度大于 53 ℃，出口高压预报警；任意两块表温度大于 55 ℃，停二线所有机组	TT1301、TT1302、TT1303	二线机组高温保护正常停机	否
4	空压机低压联锁保护逻辑	PT10101、PT10102、PT10103 中任意一块表压力小于 0.7 MPa，空压机低压预报警；任意两块表压力小于 0.6 MPa，停二线所有机组	PT10101、PT10102、PT10103	二线机组空压机低压保护正常停机	否

表 8－5　西三线站场保护逻辑清单

序　号	逻辑名称	逻辑描述	联锁仪表/触发条件	执行动作	是否影响三线运行
1	机组入口低压保护逻辑	PT34001、PT34002、PT34003 中任意一块表压力小于 4.5 MPa，入口低压预报警；任意两块表压力小于 3.8 MPa，停三线所有机组	PT34001、PT34002、PT34003	三线机组低压保护正常停机	否
2	机组出口高压保护逻辑	PT34004、PT34005、PT34006 中任意一块表压力大于 11.85 MPa，出口高压预报警；任意两块表压力大于 12 MPa，停三线所有机组	PT34004、PT34005、PT34006	三线三级 ESD	否
3	机组出口超温保护逻辑	TT31301、TT31302、TT31303 中任意一块表温度大于 53 ℃，出口高压预报警；任意两块表温度大于 55 ℃，停二线所有机组	TT31301、TT31302、TT31303	三线机组高温保护正常停机	否
4	空压机低压联锁保护逻辑	PT30101、PT30102、PT30103 中任意一块表压力小于 0.65 MPa，空压机低压预报警；任意两块表压力小于 0.6 MPa，停二线所有机组	PT30101、PT30102、PT30103	三线机组空压机低压保护正常停机	否

参考文献

[1] 邓李. ControlLogix 系统实用手册[M]. 北京:机械工业出版社,2008.

[2] 中国石化集团中原石油勘探局勘察设计研究院. 油气田及管道工程仪表控制系统设计规范:GB/T 50892—2013[S]. 北京:中国计划出版社,2013.

[3] 博伊斯. 燃气轮机工程手册:第 3 版[M]. 马丽敏,张永学,郭煜等译. 北京:石油工业出版社,2012.

[4] 中国化学工程第十一建设有限公司,全国化工施工标准化管理中心站. 自动化仪表工程施工及质量验收规范:GB 50093—2013[S]. 北京:中国计划出版社,2013.

[5] 徐忠. 离心式压缩机原理[M]. 北京:机械工业出版社,1990.